NONGCHANPIN JIAGONG YUANLI JI SHEBEI

农产品
加工原理及设备

周 江 王 昕 任丽丽 编

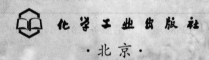

化学工业出版社

·北京·

图书在版编目（CIP）数据

农产品加工原理及设备/周江等编．—北京：化学工
业出版社，2015.7
ISBN 978-7-122-24223-5

Ⅰ.①农… Ⅱ.①周… Ⅲ.①农产品加工-教材②农
副产品加工机-教材 Ⅳ.①S37②S226

中国版本图书馆 CIP 数据核字（2015）第 123398 号

责任编辑：周　红　　　　　　　　　　　装帧设计：孙远博
责任校对：王素芹

出版发行：化学工业出版社（北京市东城区青年湖南街 13 号　邮政编码 100011）
印　　装：高教社（天津）印务有限公司
787mm×1092mm　1/16　印张 15　字数 378 千字　2015 年 9 月北京第 1 版第 1 次印刷

购书咨询：010-64518888（传真：010-64519686）　　售后服务：010-64518899
网　　址：http://www.cip.com.cn
凡购买本书，如有缺损质量问题，本社销售中心负责调换。

定　　价：39.00 元

前　言

农产品加工是以农业产品（粮、油、水果、蔬菜、肉、蛋、奶、水产品、棉麻、毛皮、林产品及野生动植物资源）为原料，按照一定的工艺要求进行的处理、加工和制造过程，其目的是生产人类消费品以及对农业资源进行转化。农产品加工原理及其设备涉及农产品加工中工程技术的基本理论和实践方法，是农业机械化及其自动化工程技术的重要组成部分，也是农业机械化及其自动化专业学生的必修课程。

本教材是为农业机械化及其自动化专业的学生编写的。目前国内出版的同类教材不仅较少，而且只是侧重于农产品加工机械与设备的功能和结构，较少涉及农产品加工原理的系统论述。依据农业机械化及其自动化专业的培养方案，结合本专业学生的知识背景，我们编写了《农产品加工原理及设备》这本教材，希望学生在掌握农产品加工技术基本理论的基础上，认识和理解相关设备的功能和结构，培养综合工程思维能力与创新能力。本书是在总结笔者多年讲授相关课程积累的大量素材以及参考国内外相关专著和文献的基础上编写而成的。

鉴于农产品种类繁多，涉及面非常广泛，其加工设备的类别也是多种多样，本教材的内容不可能面面俱到。本书以农产品加工过程中的主要单元操作为主线，在重点阐述各种单元操作目的和原理的基础上，对涉及的加工设备按单元操作分类介绍，并对主要工作部件的工作原理、结构和工作过程以及主要性能参数进行叙述。然后，结合农产品加工（包括粮油加工、果蔬加工和畜牧产品加工）的工艺过程，讲述单元操作的应用和加工设备的选择，使读者进一步加深对各种单元操作以及相关设备的认识和理解。本教材力求涉及面广、内容丰富，单元操作设备以共性为主、个性为辅，力争使读者能够抓住要领，举一反三。此外，本教材还反映了农产品加工领域的一些最新技术成果和发展趋势。

参加本书编写工作的有吉林大学周江（第一章、第五章、第八章）、吉林大学任丽丽（第二章、第三章、第四章、第六章）和吉林大学王昕（第七章、第九章、第十章）。吉林大学周作伸教授对部分章节的编写提出了建设性意见。全书由周江统稿及审核。本教材得到教育部高等学校"农业机械化及其自动化专业综合改革试点"项目的资助，出版过程中得到化学工业出版社的大力支持，在此表示感谢。同时，对本教材众多参考文献的作者表示感谢。

由于笔者水平有限，书中难免存在不足之处，敬请读者批评指正。

编　者

目　　录

第一章 绪 论

第一节 引 言

农产品是人类赖以生存的基础。农产品加工是以农业产品（粮、油、水果、蔬菜、肉、蛋、奶、水产品、棉麻、毛皮、林产品及野生动植物资源）为原料，按照一定的工艺要求进行的处理、加工和制造过程。按照中国国民经济分类划分，我国在统计上将农产品加工业分为五大类，即：食品、饮料和烟草加工；纺织、服装和皮革工业；木材和木材产品包括家具制造；纸张和纸产品加工、印刷和出版；橡胶产品加工。同时，还划分了与农产品加工业有关的 12 个行业，即食品加工业、食品制造业、饮料制造业、烟草加工业、纺织业、服装及其他纤维制品制造业、皮革毛皮羽绒及其制品业、木材加工及竹藤棕草制品业、家具制造业、造纸及纸制品业、印刷业记录媒介的复制和橡胶制品业。

本教材所涉及的农产品加工主要是对原粮、油料、果蔬、畜牧产品等的加工内容。根据农产品的加工程度，农产品加工可分为初加工和精深加工两个不同的加工过程。初加工是指对农产品原料进行的直接、简单的处理过程，如清理、分级、干燥等；对稻谷、小麦、玉米等原粮，通过碾、磨等方法，加工成粒状或粉状成品等；对油菜子、花生仁、芝麻等各种油料，用压榨、浸出等方法从中制取油脂等。随着经济的发展和人民生活水平的提高，特别是科学技术的进步，农产品加工逐步从初加工向深加工发展。农产品深加工，也称多层次加工，指的是对初加工产品做进一步的再加工或者对原料直接进行多层次的深加工，包括农产品及其副产品综合利用的各种加工。农产品深加工采用的加工技术及工艺设备一般比较复杂，必须根据原料在深加工过程中的物理、化学和生物学特性来决定所采取的加工方法和工艺设备。食品工业、饲料工业、制药业，甚至化学工业均可以以农产品为原料，进行深层次新产品的开发，其中一些产品已经改变了农产品原料原来的性态，不但发生了物理变化，而且发生了化学变化和生物变化。本教材所述的农产品加工内容主要涉及的是物料的物理变化。

现代农产品加工与食品加工的关系越来越密切，这两个方面正逐渐向融为一体的方向发展。事实上，食品加工是以农产品为主要原料的加工，是农产品加工的继续和延伸。一般说来，农产品加工主要以初加工为主，深加工为辅；而食品加工则以深加工为主。此外，农产品加工还包括饲料加工和动植物纤维加工等内容，涉及的范围更加广泛，内容更加丰富。虽然农产品加工和食品加工在生产技术和工艺要求上有所不同，但是它们采用的方法和使用的设备却有许多相同之处，而且都是以单元操作为基础，并对这些单元操作进行合理的组合和科学的运用。

一、我国农产品加工业的现状和特点

与国民经济增长的大环境相协调，我国农产品加工业已经从起步阶段开始进入全面成长的新时期。尽管如此，与发达国家相比，我国农产品加工业尚存在许多不足，主要包括初加工产品多深加工产品少、企业的效益和竞争力差、综合利用低和耗能高、企业缺乏技术创新能力和发展活力；技术装备相对落后，机电一体化水平低；产品标准和质量控制体系不完善等。

我国的农产品加工以中小型企业居多，生产规模小，具有国际竞争力的大型名牌企业较少。中小企业管理成本较高，与大企业争原料，又造成大企业设备的利用率降低，致使形成产品的生产成本居高不下和产品质量不稳定。另外，企业分布也不合理，过分集中或过分分散，造成产品成本的增加和资源难以有效利用。此外，无论是企业还是科研单位和大专院校，普遍缺乏适应农产品加工业发展的技术支撑和储备，特别是拥有自主知识产权的技术较缺乏，这是我国农产品加工业落后于发达国家的根本原因。

先进的加工工艺必须有先进的技术装备来保障，这样才会生产出高质量、低成本、强竞争力和高附加值的产品。我国农产品加工企业尽管引进了一些先进的设备，但整体水平与国外相比仍存在较大差距，一方面是由于装备制造业整体水平偏低；另一方面也有对引进设备消化吸收不够的原因。

近年来，我国主要农产品相对过剩的现象时有发生，严重影响了农民收入的增加和农村市场的繁荣，以致成为现阶段农业发展亟待解决的重要问题之一。在主要农产品由卖方市场转为买方市场后，人们对基本农产品的直接消费趋于下降，而对农产品的优质化和品种的多样化提出了更高要求。我国农产品加工能力低下与人们日益丰富的消费需求之间的矛盾突显出来。

我国农业发展已经进入新的阶段，为了迎接激烈的国际竞争，提高农产品的附加值和增加农业的整体效益，成为农业发展的首要任务。这就需要农产品加工业有较大的发展，承担起引导农业产业结构调整、增强国际竞争力和增加农民收入的重任。从农产品的总产量来看，我国主要农产品如粮食、水果、肉类和奶类等已位居世界前列，成为名副其实的农业大国。但是，从农产品加工产值和出口创汇等指标分析，与世界先进水平相比存在较大差距。

二、农产品加工在国民经济中的作用

农产品加工业对支撑农业发展和竞争，保证农民收益，调整与优化农村经济结构，提高农业质量和效益，增加就业等方面发挥了积极作用，对国家积累资金和争创外汇等，具有重要的意义。农产品加工业已成为国民经济的支柱产业，在国民经济中占有重要的地位。

农产品加工业的发展，能够为市场提供更多的农产品，这不仅能扩大农产品的销售品种，丰富市场，还可以从各个方面满足农产品消费者的需要。随着人民生活水平的不断提高，对农产品市场提出了更多、更高的需求。为实现农产品市场多样化、优质化、绿色化、营养化和方便化，改善食物产品结构和营养结构，农产品加工业的发展扮演着重要的角色。

发展农产品加工业，能引导农业生产结构调整，延伸农产品产业链。以高新技术促进农产品加工增值是一个新的产业和经济增长点。发展农产品加工业就是按照市场经济规律，用现代科学技术和发展工业的理念发展农业，以市场经济知识经营农业，最大限度地优化、配置好生产要素，形成以农产品加工为主的支柱产业，壮大农产品加工龙头企业，培植农产品加工产业化发展的服务体系。

发展农产品加工业对促进农业资源的综合利用和转化增值，提高农业综合效益和增加农民收入具有重要作用。建设社会主义新农村是我国现代化进程中的重大历史任务，促进农业产业化是解决"三农"问题的重要措施之一。国家支持在农产品主产区进行加工转化，作为增加农民收入的主要措施，并提出了一系列支持政策。在国家大力提倡发展"循环经济"和建设环境友好型和资源节约型社会的今天，农产品加工业通过提高农产品的加工深度，可以最大限度地提高资源的综合利用率和产品的附加值，为提高农业的综合效益、增加农民收入开辟了新的有效途径。由于农产品的集散地往往在小城镇，农产品加工业的发展又可以推动小城镇建设，同时带动第三产业的发展，安排更多的劳动力就业。

总而言之，农产品加工业作为农产品面向市场的主要后续加工业，具有农产品丰欠平衡器、增值转化器、效益放大器的重要作用。农产品加工业的技术进步和持续发展，直接影响着国家农产品产业结构的调整和综合能力的提升，对促进农业发展、农村繁荣和农民富裕，带动关联行业发展和提供大量就业机会，具有十分重要的意义。

三、农产品加工的基本任务

农产品加工的基本任务是以科技为先导，遵循市场规律，满足市场多层次的需要，并取得较好的经济效益。

要在市场调查与预测的基础上，结合我国国情，运用现代科学技术，使农产品加工从初加工向精加工和深加工发展，调整产品结构，研制新产品，满足生产消费、生活消费和对外贸易不断增长的需要。积极发展副产品综合利用，提高名、优、新、特产品比重。

依靠科技进步，加大技术改造力度，在保证产品质量的前提下，提高农产品原料利用率，这就要求农产品加工业要积极采用诸如超临界流体萃取，膜分离、超微粉碎等技术，开发高技术含量和高附加值的深加工产品。应用自动控制、信息化、生物、精细化工等高新技术改造传统的农产品加工业，开发研制一批先进的大型农产品加工装备，通过技术创新和设备改造实现对原料的节约和合理利用，降低能源消耗，提高资源利用率，走资源节约型和发展循环型经济的道路。

此外，农产品加工企业还需改善生产经营管理，节约劳动消费，提高经济效益。

第二节　农产品加工中的单元操作

虽然不同的农产品加工方法不同，产品形式也千差万别，但其加工过程中的操作原理却有许多共同之处。例如，奶粉的加工从原料乳的验收开始，需要经过离心分离及标准化处理、加热杀菌、浓缩、干燥等基本的工艺过程；而浓缩苹果汁的生产通常需要经过分选、洗涤、破碎、榨汁、过滤、杀菌、浓缩等工艺过程。这两种产品从原料到产品形式都有较大的不同，但却包含了流体的输送、物质的分离、加热杀菌、浓缩等相同的物理操作过程。我们将农产品加工生产工艺过程中所共有的基本操作称为单元操作。

单元操作的概念源于化工原理，它是人们经过长期的生产实践总结，根据所用设备相似、原理相近、基本过程相同的原则提出的，是工业生产过程中共有的操作。单元操作统一了通常被认为各不相同的独立的工业生产技术，使人们可以系统深入地研究每一单元操作的基本原理、内在规律和工程实现方法。

任何一个农产品的加工过程都是由若干个单元操作串联起来形成的。例如，玉米淀粉的生产过程就包含粉碎、分离、洗涤、干燥等单元操作。每一个单元操作都在一定的设备中进行，也就是说粉碎操作是在粉碎机中进行的；分离操作是在分离设备中进行的；干燥操作是在干燥器中进行的。将这些单元操作连接起来的则是物料输送这一单元操作。对于上述玉米淀粉的生产过程，物料输送包括固体颗粒物料的输送、固液混合物料的输送以及粉体物料的输送。

农产品加工设备的分类可以按单元操作（加工原理和功能）划分，如清选和分级设备、洗涤设备、物料输送设备、粉碎设备、干燥设备、分离浓缩设备等。但是，农产品加工设备有时也按加工对象划分,如粮油加工机械、饲料加工机械、种子加工机械、淀粉加工机械、果蔬加工机械、畜产品加工机械等。

把单元操作按其理论基础划分,将更便于学习和研究。在化工产品、生物工程产品、农产品(包括食品)的生产过程中,主要的单元操作可以归纳为以下几类过程。

流体流动过程:以动能传递过程原理作为主要理论基础的过程,包括流体的输送、悬浮物的沉降和过滤、颗粒物料的流态化等。

热量传递过程:以热量传递过程原理作为主要理论基础的过程,包括加热、冷却、蒸气的冷凝、溶液的蒸发等。

质量传递过程:以质量传递过程原理作为主要理论基础的过程,包括固体物料的干燥、液体溶液的蒸馏等。

机械过程:以机械力学为主要理论基础的过程,如物料的粉碎、分级等。

热力学过程:以热力学为主要理论基础的过程,如压缩、冷冻等。

化学反应及生物反应过程:以化学及生物学为主要理论基础的过程,如发酵等。

有些单元操作可能同时包含几种过程原理,如干燥操作就同时有热量传递和质量传递。

第三节 学习《农产品加工原理及设备》的目的与方法

本书结合农业机械化及其自动化专业学生的知识背景,首先以农产品加工过程中主要的单元操作为主线,在重点阐述各种单元操作目的和原理的基础上,对农产品加工涉及的机械设备按单元操作分类介绍,并对其结构、主要工作部件的工作原理和工作过程进行叙述。然后,结合农产品加工(包括粮油加工、果蔬加工和畜牧产品加工)的工艺过程,讲述单元操作的应用,使读者进一步加深对各种单元操作以及相关设备的认识和理解。

本书以农产品加工原理为主,初加工和深加工并重;单元操作设备以共性为主、个性为辅。本书力求涉及面广、内容丰富,同时力争使读者能够抓住要领,掌握农产品加工原理及设备的精髓。

本课程是农业机械化及自动化专业的一门必修课,在学生完成"工程图学"、"机械原理"、"传热学"、"工程流体力学"、"机械设计"等课程后讲授。其具体目的是:通过本课程的学习,使学生在掌握农产品加工各种单元操作原理的基础上,熟悉各种农产品加工机械设备的性能和构造,可以根据农产品加工的要求和生产需要,选择合适的加工机械与设备,实现某个环节或整个生产过程的机械化,并初步具有一定的改进现有设备和设计新机器的能力。

在本课程的学习过程中,应采用理论联系实践的学习方法,做到既要学习好教材中出现的农产品加工原理及相应的机械设备,也要联系在认识实习和生产实习中接触过的相关设备的工作原理和工作过程;既要掌握农产品加工各个操作单元中带有普遍性质的内容,也要注意农产品加工工艺及设备所具有的特殊性质的东西。由于农产品加工设备的种类很多,不可能在有限的课堂教学中详细分析各种机械设备。因此,在学习过程中,要十分注意学习和掌握分析问题的方法,对教材中出现的机械设备例子能够举一反三、融会贯通,这样在今后的工作中,即使遇到新的机械设备,也能正确分析其工作原理和使用中应该注意的事项。

第二章 物料输送及其设备

在农产品加工过程中，物料输送是连接不同加工处理步骤的桥梁，是重要的单元操作之一。农产品加工过程中的原料、辅料、废料、半成品和成品等的输送，需要采用各种输送机械与设备来完成。合理地选择和使用物料输送机械与设备，对保证生产连续性、提高产品质量、减轻工人劳动强度、降低生产成本、缩短生产周期等都有着重要的意义。

第一节 物料的流体输送

物料的流体输送是指用流体（气体或液体）作为介质输送固体物料的运输方式。流体输送采用通风机、泵等动力设备和相应的管路，将气固混合物或固液混合物输送到预定位置。

一、物料的气力输送

采用风机（或其他气源）使管道内形成具有一定速度的气流，将散粒物料沿管道输送的方法称为气力输送。在农产品加工中，气力输送是比较先进的输送方式，得到了广泛的应用。例如，谷物、麦芽、糖、可可等颗粒体物料以及面粉、饲料、淀粉、奶粉等粉体物料都可以采用气力输送。

1. 气力输送原理

（1）颗粒在垂直管路中的悬浮

在无界管路（物料颗粒尺寸远小于管路直径）的情况下，物料颗粒在静止的空气中自由降落，当颗粒重力、浮力及空气阻力三力平衡时，颗粒在空气中以不变的速度作匀速降落，此时颗粒所具有的运动速度称为颗粒的自由沉降速度。当空气以颗粒的沉降速度自下而上流过颗粒时，颗粒将自由悬浮在气流中，这时的气流速度称为颗粒的悬浮速度。如果气流速度进一步提高，大于颗粒的悬浮速度，则在气流中悬浮的颗粒将被气流带走，即发生气流输送。所以，在垂直管路中，气流速度大于颗粒的悬浮速度，是颗粒物料气流输送的流体力学条件。

（2）颗粒在水平管路中的悬浮

颗粒在水平管路中悬浮较为复杂，颗粒能克服重力而悬浮在气流中，是由于多种因素作用的结果。①当气流为湍流运动状态时，气流本身的波动速度在垂直方向的分量可使颗粒悬浮；②湍流状态的气流，沿管截面上的气速分布是较为复杂的抛物线形，管中心气速最大，越靠近管壁气速越低；这种沿管截面上的气速差，将产生沿管子截面上的压强差，在其作用下，颗粒可产生悬浮；③流体运动对管道底部颗粒水平方向的作用合力在颗粒中心上方，使颗粒向前运动的同时产生旋转，颗粒上下部的速度差产生静压差，即马卡诺夫效应；④颗粒之间以及颗粒与管壁之间碰撞产生的向上分力。

（3）颗粒在管路中的运动形式

通常在流场中，只有当垂直管路中的气流速度大于颗粒的悬浮速度时，颗粒才能被气流带走。在实际的气力输送系统中，由于弯头、挡板、阀门等处气流的不均匀性，物料颗粒之间、颗粒与管壁之间的摩擦和碰撞以及颗粒在水平管道中的下沉等因素的影响，所需的气流速度远大于颗粒的悬浮速度。

研究表明，输料管中颗粒体的流动形式与颗粒体的输送量、空气速度、系统的结构形式、管道的输送直径和长度以及颗粒体的大小和形状等因素有关，情况复杂。在给定的管路系统中，当物料的混合比（单位时间内输送的物料质量与空气质量之比）一定时，颗粒能否得到输送，与气流速度以及物料的物理性质密切相关。对于特定的物料，则主要受气流速度所支配，气流速度不同，管道中颗粒的流动形式有很大的差异，一般可能出现以下 6 种。

均匀流　当气流速度相当大时，颗粒在气流中呈悬浮状态，借气流的推力作用基本上得到均匀输送，是气力输送的理想流动状态。

底密流　若减小气流速度，接近输送管道底部空间的颗粒浓度增大，但还未出现停滞现象。由于颗粒形状不对称，受到不均匀的推力而产生碰撞，从而不规则地向前输送。

疏密流　若再减小气流速度，颗粒在管内疏密不均匀地流动，也有一部分颗粒在管底滑动，但还未停顿向前。疏密流是颗粒悬浮输送的极限状态。

停滞流　当气流速度小于某一极限值时，大部分颗粒失去悬浮能力，聚集在管底局部的颗粒使管道断面变窄，该处的气流速度增大，在一瞬间又把停滞的颗粒群吹走，因而颗粒时而停滞堆积，时而被吹走，输送不均匀。

部分流　若气流速度过小时，颗粒堆积于管底，气流在上部流动，堆积在表面层的部分颗粒在气流作用下作不规则移动，堆积层则作沙丘式移动，甚至导致堵塞。

柱塞流　当堆积的物料层在局部充满管道时，就靠空气压力来推动输送，因而形成柱状流动。

上述几种流动形式可归纳为悬浮运动和成团运动两大类，前三种属悬浮运动，靠气流的动能推动；后三种属成团运动，靠气体的压力能进行输送。

气力输送属气相和固相两相流动，输送管内气体和固体量的比例对输送过程影响很大。混合比是气流输送装置的一个重要技术参数，可用下列形式表示。

质量混合比 β　单位时间内输送的物料质量与空气质量之比，即

$$\beta = \frac{\dot{m}_s}{\dot{m}_a} = \frac{\rho_s Q_s}{\rho_a Q_a} \tag{2-1}$$

输送浓度 β_v　所输送的物料的质量流量与空气的体积流量之比，即

$$\beta_v = \frac{\dot{m}_s}{Q_a} = \rho_a \beta \tag{2-2}$$

式（2-1）、式（2-2）中，Q_a 为空气的体积流量；Q_s 为物料的体积流量；$\dot{m}_a$ 为单位时间内输送的空气质量；$\dot{m}_s$ 为单位时间内输送的物料质量；ρ_a 为所输送的空气的密度；ρ_s 为所输送的物料的密度。

一般情况下，气流速度一定时，混合比越大，单位时间内通过输料管的物料质量就越多，气力输送系统的能量损失也随之增大。混合比过大，将造成管道堵塞，降低输送的可靠性。

2. 气力输送机械的特点及应用

气力输送只能用于散粒体物料的输送。气力输送机械移动灵活，装配快捷方便，特别适用于大型粮库的补仓、出仓、翻仓、倒垛以及粮食加工等生产工艺中的物料装卸和输送，主要具有以下优点：气力输送设备结构简单，易于制造、安装和维护，便于实现自动化操作；在输送过程中可以与干燥、冷却、分选及混合等生产工艺结合起来，工艺布置灵活，不受距离、地形的限制；物料的输送在管道中进行，输送过程密封，因此物料不易吸湿、污损或混入其他杂质，降低了物料输送过程中的损耗，有效控制了粉尘飞扬，使工作环境良好、产品生产卫生；物料输送生产率较高，有利于实现物料的运输机械化，降低物料装卸成本，节约劳动力。

但是，气力输送也存在以下不足之处：动力消耗大，噪声高，输送磨削性大的物料时，管道易磨损；不宜输送湿度和黏度大的物料；气流速度选择不当，物料易破损，系统不能稳定工作。

在常规的气力输送装置中，动力消耗大以及工作构件磨损较快，主要原因在于单位空气流中所含的物料量很少，而输送气流的速度却很高。为了克服气力输送的上述缺点，发展起来了推动输送，其输送原理不是依靠管内速度为 $10\sim30m/s$ 的高速空气流使物料呈悬浮状态来输送物料，而是依靠速度不大（通常只有 $4\sim6m/s$）但压力较高的空气流来推动输送物料。因此，在同样的生产率下，推动输送所需的空气消耗量大大降低，并且输送速度小，因而使整个气力系统能量消耗降低，管壁磨损减少。

需要指出的是，气力输送装置的应用范围与被输送物料的物理性质有着十分密切的关系。物料特性对气力输送装置应用范围的影响主要表现在以下几个方面。

物料粒度　气力输送装置一般要求物料颗粒直径小于 $50mm$，或物料颗粒最大尺寸不超过输料管直径的 $0.3\sim0.4$；物料颗粒最小尺寸是不受限制的，但是需要考虑小尺寸物料对分离和除尘装置的影响。

物料重度　物料重度影响气力输送装置的结构设计尺寸和能量消耗的大小。物料重度增加，输送管道中气流的速度就必须提高，这将使动力消耗增加、管壁磨损加快，故气力输送不适宜输送重度太大的物料。

物料湿度　物料湿度与气力输送装置的工作可靠性有很大的关系。湿度过高将破坏物料的松散性，使物料黏附在装置构件的内壁上，从而引起供料不均匀、能量消耗增加及生产率降低，甚至引起整个气力输送系统堵塞。

物料温度　在一定浓度和温度下，被输送物料产生的粉尘会引起爆炸，造成严重事故，故在输送粉状物料时，物料温度应低于该物料的发火点。粉尘发火所需要的最低温度，一般都小于 $400℃$，否则应该用惰性气体输送。同时还应防止金属工具撞击发火或者具有摩擦发火特性的物料进入气力输送装置。

物料磨琢性　物料磨琢性的大小与物料颗粒的硬度、表面特性、形状尺寸等有关，它影响气力输送装置的动力消耗和使用寿命。

总之，在农产品加工过程中采用气力输送装置输送各种物料时，应注意分析被输送物料的物理性质。

3. 气力输送装置

根据物料流动状态可以分为悬浮输送和推动输送两大类。目前采用较多的是使颗粒物料呈悬浮状态的输送形式，悬浮输送又分为吸送式、压送式和混合式（吸、压送相组合）三种（见图2-1）。

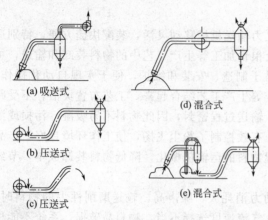

(a) 吸送式

(d) 混合式

(b) 压送式

(c) 压送式

(e) 混合式

图 2-1　气力输送装置类型

（1）吸送式气力输送装置

吸送式气力输送装置是借助压力低于 0.1MPa 的空气流来进行工作的。当风机启动后，整个系统被抽至一定的真空度；在压力差的影响下，大气中的空气流从物料堆间隙透过，并把物料携带入吸嘴，进而沿输料管移动至物料分离器中，空气与物料在此被分离；物料由分离器的底部卸出，而含尘空气流继续被送到除尘器，灰尘由除尘器底部卸出；经过除尘的空气流通过风机被排入大气中。

吸送式气力输送装置最大的优点是供料简单方便，能够从一个或多个物料堆吸取物料。但是由于输送装置的压力差不大，输送物料的距离和生产率将受到限制。吸送式气力输送装置对密封性要求很高，为了保证风机可靠工作、减少零件磨损，进入风机的空气必须预先除尘。

（2）压送式气力输送装置

压送式气力输送装置在高于 0.1MPa 的条件下进行工作，它依靠鼓风机械排出的高于大气压的气流，将输料管中的物料与气流混合物一起输送，系统内保持正压。鼓风机把具有一定压力的空气压入导管，被输送物料由料斗供入输料管中，空气和物料的混合物沿着输料管运动，物料通过分离器卸出，空气则经除尘器净化后排入大气。

压送式输送装置的特点与吸送式气力输送装置恰恰相反。由于它便于装设分岔管道，故可以同时将物料输送至几处，且输送距离较长、生产率较高。它的主要缺点是由于必须从低压向高压输料管中供料，故料斗结构较复杂，并且较难从几处同时吸取物料。

（3）混合式气力输送装置

混合式气力输送装置是吸送式和压送式气力输送装置的组合。在风机之前，属于真空（负压）系统，风机之后属于正压系统。真空部分可从几处吸料并集中送到一个分离器内，分离出来的物料经料斗送入压力系统，在送到指定位置之后，经第二个分离器分出物料并排出，分离出来的空气经净化后排出。

混合式气力输送装置综合了吸送式和压送式气力输送装置的优点，既可以从几处吸取物料，又可以把物料同时输送到几处，且输送的距离可以较长。其主要缺点是含尘的空气要通过鼓风机，使其工作条件变差，同时整个气力输送装置的结构也较复杂。

综上所述，气力输送装置不管采用何种形式，也不管风机以何种方式供应能量，它们总是由能量供应、物料输送和空气净化等几部分组成，只不过是不同场合采用不同形式的装置罢了。

（4）推动输送装置

推动输送是一种依靠空气压力来推动物料的新型气力输送方式。推动输送的原理就是利用较高压力的脉冲气流，将料柱分割成料栓，使料栓和气栓一段一段相间地向前运动。这种气力输送形式与悬浮输送不同，它是依靠静压，即依靠料栓两端的压力差 $(P_1 - P_2)$ 来推动料栓向前运动的，故又称柱塞流静压输送，输送原理如图 2-2 所示。

料栓的形成和稳定是推动输送的关键。料栓的形成与物料的粒度、性质及输料管管径有很大关系。在保证物料输送量的前提下，由于管径小易形成料栓，故要尽量减小管径；内摩

擦小、松散且无黏性、极易透气的物料，会导致料栓
两端压力差小，影响输送甚至不能形成料栓。

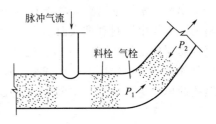

图 2-2　推动输送原理示意图

　　推动输送的特点如下：物料运动速度较慢，减少
了物料的破碎及设备的磨损，也防止了粉状物料因静
电效应在管壁上的黏附；因是一段物料一段空气向前
推动输送，因而需用空气量较少，可以降低能耗（能
耗为悬浮输送的 1/3～1/4）；输送浓度高，不仅使输送
能力大幅度提高，还可以减小输料管的管径，节约了
管材；设备构件尺寸小，分离除尘等可简化，一般情况下甚至不采用卸料、除尘设备而将物
料直接输送至料仓内，也丝毫不影响卫生。

　　推动输送的主要缺点表现在：需要较高的输送压力，设备要求耐高压，输送距离太短时
显得不经济；供料结构较复杂，一方面要保证达到高的混合比；另一方面又要使物料很好地
充气和输送；对于粒径大、流动性好的颗粒状物料输送比较困难。

4. 气力输送装置的主要部件

　　气力输送装置主要由供料器、输料管系统、分离器、除尘器、卸料（灰）器、风管及其
附件和气源设备等部件组成。

　　（1）供料器

　　供料器的作用是把物料供入气力输送装置的输料管中，形成合适的物料和空气的混合
比。它是气力输送装置的"咽喉"，其性能的好坏将直接影响气力输送装置的生产率和工作
稳定性。其结构特点和工作原理取决于被输送物料的物理性质以及气力输送装置的形式。供
料器可分为吸送式气力输送供料器和压送式气力输送供料器两大类。

　　吸送式气力输送供料器　其工作原理是利用输料管内的真空度，通过供料器使物料随空
气一起被吸进输料管。吸嘴和喉管是最常用的吸送式气力输送供料器。吸嘴主要用于车船、
仓库或场地装卸粉状、粒状或小块状物料；喉管主要用于车间固定地点的取料，如物料直接
从料斗或容器下落到输料管的场合。

　　压送式气力输送供料器　在压送式气力输送装置中，供料是在管路中的气体压力高于大
气压的条件下进行的，为了按所要求的生产率使物料进入输料管，同时又尽量不使管路中的
空气漏出，所以对压送式气力输送供料器的密封性要求较高，因而其结构较复杂。

　　根据作用原理的不同压送式气力输送供料器可分为旋转式、喷射式、螺旋式和容积式等几
种形式。旋转式供料器广泛应用于中、低压的压送式气力输送装置中，一般适用于流动性好，
磨琢性较小的粉状、粒状或小块状物料；喷射式供料器主要应用于低压、短距离的压送式气力
输送装置中；螺旋式供料器多用于输送粉状物料、工作压力低于 0.25MPa 的压送式气力输送
装置中；容积式供料器主要用于输送粉状、细粒状物料的高压压送式气力输送装置中。

　　（2）输料管系统

　　合理布置和选择输料管系统及其结构尺寸，可有效避免管道系统堵塞和减少磨损，降低
压力损失，对提高输送装置的生产率、降低能量消耗和提高装置的使用可靠性等都有很大好
处。输料管系统由直管、弯管、挠性管、增压器、回转接头和管道连接部件等根据工艺要求
配置连接而成。在设计输料管及其原件时，要求接头和焊缝的密封性好、运动阻力小、装卸
方便、具有一定的灵活性以及尽量缩短管道的总长度等。

　　（3）分离器

　　气力输送装置中的分离器通常是借助重力、惯性力和离心力使悬浮在气体中的物料沉降

分离出来，常用的物料分离器有容积式和离心式两种形式。容积式分离器的原理是空气和物料的混合物由输料管进入面积突然扩大的容器中，使空气流速降低且远低于悬浮速度（通常仅为悬浮速度的 0.03～0.1）。这样，气流失去了对物料颗粒的携带能力，物料颗粒便在重力的作用下从混合物中分离开来，经容器下部的卸料口卸出，如图 2-3 所示。容积式分离器结构简单，易制造，工作可靠，但尺寸较大。

图 2-3　容积式分离器

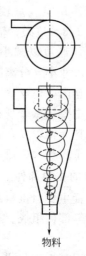

图 2-4　离心式分离器

离心式分离器是由切向进风口、内筒、外筒和锥筒体等几部分组成。气料流由切向进风口进入筒体上部，一面作螺旋形旋转运动，一面下降；由于到达圆锥部时，旋转半径减小，旋转速度逐渐增大，气流中的粒子受到更大的离心力，便从气流中分离出来甩到筒壁上，然后在重力及气流的带动下落入底部卸料口排出；气流（其中尚含有少量粉尘）到达锥体下端附近开始转而向上，在中心部作螺旋上升运动，从分离器的内筒排出，如图 2-4 所示。同样，离心式分离器结构很简单，制作方便。其中应用最广泛的是分离气溶胶的旋风分离器，常用于奶粉、蛋粉等喷雾干燥制品的后期分离回收，也用于气流干燥和气流输送物料的分离。对离心分离器的分离效率和压力损失影响最大的因素是气流进口流速和分离器的尺寸，如设计制作得当，可获得很高的分离效率。

（4）除尘器

从分离器排出的气流中尚含有较多 5～40μm 粒径的较难分离的粉尘，为防止污染大气和磨损风机，在引入风机前须经各种除尘器进行净化处理，收集粉尘后再引入风机或排至大气。除尘器的形式很多，目前应用较多的是离心式除尘器和袋式过滤器。离心式除尘器又称旋风除尘器，其结构和工作原理与离心式分离器相同，所不同的是离心式除尘器的筒径较小，圆锥部分较长。这样一方面使得在与分离器同样的气流速度下，物料所受到的离心力增大；另一方面延长了气流在除尘器内的停留时间，有利于除尘效率的提高。袋式过滤器是一种利用有机纤维或无机纤维的过滤布将气体中的粉尘过滤出来的净化设备，因过滤布多做成袋形，故称为袋式过滤器。

离心式除尘器和袋式过滤器均属于干式除尘器。除此之外，还有利用灰尘与水的黏附作用来进行除尘的湿式除尘器，以及利用高压电场将气体电离，使气体中的粉尘带电，然后在电场内静电引力的作用下，使粉尘与气体分离开来而达到除尘目的的电除尘器等。

（5）卸料（灰）器

在气力输送装置中，为了把物料从分离器中卸出以及把灰尘从除尘器中排出，并防止大气中的空气进入气力输送装置内部而造成输送能力降低，必须在分离器和除尘器的下部装设卸料器和卸灰器。

（6）风管及其附件

风管是用来连接分离器、除尘器、鼓风机，并与大气相通的排气管。对于压送式气力输送装置，从鼓风机至供料器之间也需用风管连接。在风管上还应装设必要的附件，如在吸送式气力输送装置的风管上，有时还需装设止回阀、节流阀、转向阀、贮气罐、油水分离器、气体冷却器和消声器等；在压送式气力输送装置的风管上，有时需装设安全阀、止回阀、转向阀和消声器等。

（7）气源设备

气力输送装置多用风机作气源设备，风机是把机械能传给空气而产生气流的机械。输送装置依靠风机所产生的具有一定压力的气流，携带物料克服系统中的沿程阻力，完成输送任务。风机的风量和风压大小直接影响气力输送装置的工作性能，风机运行所需的动力大小关系到气力输送装置的生产成本。因此，正确地选择风机对气力输送装置来说是十分重要的。下面对气力输送装置的气源设备作进一步的介绍。

5. 气力输送装置的气源

目前，气力输送装置所采用的气源设备可按其出口压力或压缩比（压缩后与压缩前压力之比）分成4类：通风机，出口压力不大于15kPa，压缩比为1～1.5；鼓风机，出口压力为15～294kPa，压缩比为1.15～4；压缩机，出口压力为294kPa以上，压缩比大于4；真空泵，出口压力为大气压，用于系统减压。

（1）离心式通风机

工业常用的通风机有轴流式和离心式两个类型。轴流式通风机产生的风压小，但风量大，多用于通风换气。低真空吸送式气力输送装置中常采用离心式通风机作为气源设备。以下仅介绍离心式通风机。

离心式通风机按其产生的风压大小分为：低压离心通风机（风压$\leqslant 1 \times 10^3$Pa）、中压离心通风机（风压为$1 \times 10^3 \sim 3 \times 10^3$Pa）、高压离心通风机（风压为$3 \times 10^3 \sim 5.5 \times 10^4$Pa）。图2-5为离心通风机的构造，由进风口、叶轮、机壳、风舌、出风口、轴和轴承、机架等部分组成。

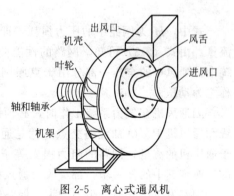

图2-5 离心式通风机

离心式通风机的工作原理是利用离心力的作用，使空气通过风机时的压力和速度都得以增大再被送出去。当风机工作时，叶轮在蜗壳形机壳内高速旋转，充满在叶片之间的空气便在离心力的作用下沿着叶片之间的流道被推向叶轮的外缘，使空气受到压缩，压力逐渐增加，并集中到蜗壳形机壳中。这是一个将原动机的机械能传递给叶轮内的空气使空气静压力（势能）和动压力（动能）增高的过程。这些高速流动的空气，在经过断面逐渐扩大的蜗壳形机壳时，速度逐渐降低，又有一部分动能转变为静压能，进一步提高了空气的静压力，最后由机壳出口压出。与此同时，叶轮中心部分由于空气变得稀薄而形成了比大气压力小的负压，外界空气在内外压差的作用下被吸入进风口，经叶轮中心去填补叶片流道内被排出的空气。由于叶轮旋转是连续的，空气也被不断地吸入和压出，这就完成了输送气体的任务。

通风机的主要参数为流量、压力、转速、功率和效率，它们之间是相互联系又互相制约的。用实验方法测得的通风机性能曲线是在风机试验标准所规定的条件下（如转速）实际测得的通风机压力、功率、效率与流量之间的关系曲线。通风机的压力有全压 P、静压 P_{st} 和动压 P_d 之分。一般具有相同全压的通风机其静压和动压不一定相同，所以其性能曲线要分别表示。

通风机的类型和结构不同，对气体的做功和损失也不一样，其性能曲线也就各不相同，大体上可以分成以下三种情况。

后弯叶片离心式通风机的性能曲线　流量从小到大的过程中，压力从大到小，流量为零时压力最高，曲线呈平滑型。当通风机在效率最高点（最佳工况点）的左侧运行时，其功率消耗随流量的增加而增加；过最佳工况点后，功率消耗随流量的增加而减小。因此，通风机不会过载。

径向叶片离心式通风机的性能曲线　流量从小到大的过程中，开始一段压力逐渐增加，到最高点后逐渐下降，呈高峰型，功率基本上随流量的增加而线性地增加，有可能产生过载现象。

前弯叶片离心式通风机的性能曲线　流量从小到大，压力呈马鞍形变化。压力处于波峰时效率最高，而功率随流量的增加而增加，也会产生过载。

一般情况下，通风机总是与网路联合工作的。任何网络都有自身的阻力特性曲线，即其压力和流量有一定的变化关系。因而，气力系统的工作状态，不仅与通风机的性能有关，而且还与网路的特性有关。为了选用合理的气力系统，需要了解网络特性和通风机性能之间的互相关系。

由流体力学可知，一般情况下网路的阻力特性方程为

$$H = RQ^2 \qquad\qquad (2-3)$$

式中，H 为网路中的压力损耗，即网路阻力；R 为网路的阻力系数；Q 为网路的气流流量。由式（2-3）可知，网路的性能曲线为抛物线，阻力系数越大，抛物线越陡。气力系统中，通风机的全压一部分用于克服网路阻力 H，称之为静压；另一部分给气流以动能，称之为动压。

因通风机在气力系统工作时，必须同时满足通风机和管路的性能曲线，所以网路性能曲线和通风机 P_{st}-Q 曲线的交点，就是通风机在气力系统中的工作点。在该点网路的流量等于通风机的流量，网路的阻力损失等于通风机的静压。因为工作点是由两条性能曲线决定的，改变其中的任一个，都可改变通风机的工作点，调节通风机的风量和风压。

网路发生堵塞时，阻力增大，网路性能曲线变陡，工作点左移，风量减小。为得到较佳工作点，需调节通风机的风量。通风机的调节就是利用网路或通风机的性能曲线，来改变通风机的流量，以满足实际工作需要，具体的方法有以下几个。

改变通风机的转速　因通风机风量与转速成正比，改变转速，就可改变通风机的性能曲线。这种调节方法虽无附加的压力损失，但须有能变速的传动装置。另外，通风机所需功率与转速成三次方的变化关系，所以增大转速，在经济上不一定可取，只宜在调节范围不大的情况下采用，且转速不应超过通风机允许的范围。

使用节流装置（阀门或孔板等）调节风量　可采用出口端节流，也可采用入口端节流。出口端节流只改变网路性能曲线，而入口端节流可同时改变通风机和网路的性能曲线。采用节流装置调节时，通风机产生的全压除用于克服网路阻力外，还有一部分需用于克服节流装置的阻力，但由于这种调节方法最为简单，得到普遍应用。

调整网路阻力　合理调整网路，减小网路的沿程阻力损失和网路与各工作部件的局部阻

力损失，可以增加气力系统的流量。

在实际工作中，有时需要将两台（或多台）通风机串联或并联使用，获得一台通风机不能达到的流量或压力。

通风机并联工作总进口和总出口应具有相同的压力，因此，机组的全压与每台通风机的全压相等，其流量和功率则分别为每台通风机的流量和功率之和。通风机并联工作的目的是增大风量，当网路阻力较小时，通风机并联工作才能获得较好的结果。

通风机串联工作时，吸气管道和排气管道中的流量与串联通风机中的流量完全相等，网络阻力由串联的通风机共同克服。通风机串联工作的目的是增大风压，当网路阻力较大时，通风机串联工作才能获得较好的结果。

（2）鼓风机

常用的鼓风机有离心式鼓风机和旋转鼓风机两种。

离心式鼓风机又称透平鼓风机，其基本结构和工作原理与离心式通风机相似。但鼓风机的外壳直径与轴向长度之比较大，叶轮的叶片数目较多，转速也较高，所以离心式鼓风机有更大的风量并能达到较大的风压。

图 2-6　罗茨鼓风机

旋转鼓风机最常用的是罗茨鼓风机，如图 2-6 所示。在一个椭圆形机壳内装有一对铸铁制成的"8"字形转子，它们分别装在两根平行轴上，在机壳外的两根轴端装有相同的一对啮合齿轮。在电动机的带动下，两个"8"字形转子等速相对旋转，使进气侧工作室容积增大形成负压而进行吸气，使出气侧工作室容积减小来压缩并输送气体。罗茨鼓风机出口与入口处之静压差即为风压。在工作状态下，鼓风机所产生的压力取决于管道中的阻力。为防止管道内真空度过大造成电动机过载损坏，应在连接鼓风机进口的风管上装设安全阀，当真空度超过正常生产的允许数值时，安全阀自动打开，放进外界大气。

罗茨鼓风机结构简单，制造方便，适用于低压力场合的气体输送和加压，也可用作真空泵。当风压损失增大时，因风量大幅度减少而使风速降低，会造成管道堵塞。因此，一些为了提高输送浓度、增大输料量的气力输送装置，较多地采用罗茨鼓风机。根据罗茨鼓风机的特性，不能用阀门来调节风量。其轴功率是随静压力的增加而增大的。因此，罗茨鼓风机应空载启动，以防发生事故。启动以后，逐渐增压。禁止完全关闭进、出空气管道的闸阀，以免造成爆裂。

罗茨鼓风机结构紧凑，管理方便，风压和效率较高。不足之处是气体易从转子与机壳之间的间隙及两转子之间的间隙泄漏；脉冲输气，使得运转时有强烈的噪声，而且噪声随转速增加而增大；要求进入的空气净化程度高，否则易造成转子与机壳很快磨损而降低使用寿命，影响使用效率。

（3）压缩机

常用压缩机主要有离心式压缩机和活塞式压缩机。

离心式压缩机的结构如图 2-7 所示，主要由机壳、叶轮、主轴和轴承等组成。离心式压缩机工作原理与离心式通风机相似，只是出口风压较强，如 3～5 级叶轮产生的压力可达 $2.94 \times 10^4 \sim 4.9 \times 10^4$ Pa。离心式压缩机可作为大风量低压压送式及吸送式气力输送装置的气源设备。离心

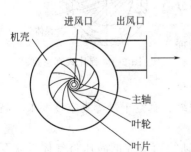

图 2-7　离心式压缩机

式压缩机结构简单，尺寸小，重量轻，易损件少，运转率高；气流运动是连续的，输气均匀无脉动，不需储气罐；没有往复运动，无不平衡的惯性力及力矩，故不需要笨重牢固的基础；主机内不必加润滑剂，所以空气中无油分。其缺点是效率一般比活塞式压缩机低，适应性差；稳定工况区比较窄，易发生喘振。同时，由于它的圆周线速度高，有灰尘时易产生磨损，并且灰尘附着在叶片或轴承部分时，会引起效率降低和不平衡，所以在前面应尽可能安装高效率的除尘器。

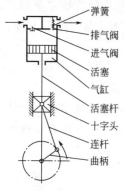

图 2-8　活塞式压缩机

活塞式压缩机的构造如图 2-8 所示，它主要由机身、气缸、活塞、曲柄连杆机构及气阀机构（进、排气阀）等组成。当活塞离开上止点向下移动时，活塞上部气缸的容积增大，产生真空度，在气缸内真空度的作用下（或在气阀机构的作用下），进气阀打开，外界空气经进气管充满气缸的容积；当活塞向上移动时，进气阀关闭，空气被压缩直至排气阀打开，压缩后的空气从气缸经排气管进入储气罐。进、排气阀一般是由气缸与进、排气管间空气压力差的作用而自动地开闭的。活塞式压缩机结构较简单，操作容易，压力变化范围大，特别适用于压力高的场合；同时它的效率也高，适用性强，压力变化时风量变化不大，高压性能好；材料要求低，因其为低速机械，普通钢材即可制造。它的缺点是：由于排气量较小，具有脉动流现象，需设缓冲装置（如储气罐）；机身有些过重，尺寸过大，加上储气罐占地面积就更大；压缩空气由于绝热膨胀要出现冷凝水，因此，在送入输料管之前还需加回水弯管把水分除掉。

（4）真空泵

真空泵用于产生低压空间，多在真空包装、真空蒸发、真空干燥等中应用，通常真空区域可分为以下几个范围：粗真空，绝对压力在 133.3～101300Pa；中真空，绝对压力在 0.133～133.3Pa；高真空，绝对压力在 $1.333×10^{-6}$～0.1333Pa；超高真空，绝对压力为 $1.333×10^{-10}$～$1.333×10^{-6}$Pa。

真空泵的类型很多，常为系列产品，主要有以下几种。

旋片式真空泵　如图 2-9 所示，带有两个旋片的偏心转子按箭头方向旋转时，旋片在弹簧力和离心力作用下，紧贴壁面滑动旋转，吸气室将扩大，气体被吸入，旋片转至垂直状态，吸气完毕；转子继续旋转，气体逐渐被压缩，室内压力升高，以致超过排气阀片上的压力，排气阀片打开，吸入的气体排出。该泵可达较高真空度，但抽气速率较小，适于抽出干燥或含少量可凝性蒸汽的气体。旋片真空泵的主要部分浸没于真空油中，使各部分间隙密封并被润滑。

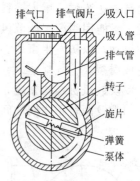

图 2-9　旋片式真空泵

往复式真空泵　如图 2-10 所示，往复式真空泵工作原理与往复式压缩机类似，只是真空泵在低压下运行，吸、排气阀门必须更加轻巧，启闭灵活。往复式真空泵可直接用来获得粗真空，其优点是抽气速率较大，可用于食品物料真空浓缩、真空干燥等真空度要求不高的场合。

喷射式真空泵　其利用高速流体射流时静压能转换为动能而造成的减压将气体吸入泵体，在泵内，吸入的气体与射流流体混合，气体及工作流体一并喷射出泵体，如图 2-11 所

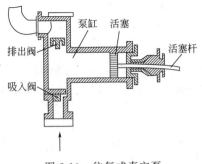

图 2-10 往复式真空泵

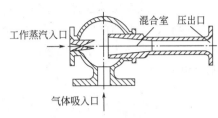

图 2-11 喷射式真空泵

示。喷射泵的工作流体可以是水，也可以是蒸汽。单级蒸汽喷射泵可以达到的真空度较低，为了获得更高的真空度，可以采用多级蒸汽喷射泵。喷射泵结构简单，无运动部件，但效率低，工作流体消耗大。

二、物料的液力输送

液力输送通常是指将粉粒状或块状的物料与液体（通常是水）混合后，利用液体作为介质在管道中输送物料。这种装置不受气候和地理条件影响，可构成任意形状的空间输送线路；输送过程中不污染环境，占地少；输送能力越大，运距越长，成本越低。用该方法输送块状物料时（如农场输送马铃薯），输送距离一般较短。输送粉粒状物料的装置称为浆料管道输送装置，输送距离和输送能力可以很大。水力输送装置多用来输送煤、精选的矿砂、沥青砂、淤泥、锅炉灰渣等遇水不变质或不怕变质的物料。在农产品加工中，采用液力输送方式运输固体物料的情况并不多见，但经常需要输送一些固液混合物料或液体物料，如玉米胚芽及淀粉与水的混合体、果汁、牛奶、糖浆等。由于料液性质千差万别，工艺上的输送任务也各不相同，所以输送问题十分复杂。

一般情况下，液力输送过程先经过前处理，即将物料破碎、磨细至适当的粒度，加水配成一定浓度的浆料，然后用泵将浆料打入管道，完成输送过程。运距大时，须根据泵的能力设若干个接力泵站。浆料到目的地后，必要时需要脱水、干燥，使物料达到合用的湿度，还要进行污水处理，这些称为后处理。

物料种类、粒度、流速、浓度、运距和输送能力诸因素相互影响，参数的选择要综合考虑，进行优选。物料粒度一般为 8～100 目，密度越大的物料，越要磨得细。粒度越小，前处理和后处理的设备越复杂，作业费用也越高。不同的物料和不同的粒度要选用不同的流速。流速过低会出现沉淀甚至堵塞；流速过高、耗能且加剧管道磨损。为此，应通过试验找出不发生沉淀的临界流速，实际流速应稍高于临界流速。浓度应针对不同的物料和输送条件通过试验选定。对煤、石灰石和铁精矿一般取物料的重量占浆料重量的 50%～70%。

液体物料的输送与物料的液力输送相比，过程较为简单，省去了部分前处理和后处理工序，但输送过程基本相同，都是利用低压吸入液体再高压送出液体的输送机械——泵及相应的管道，完成物料的输送任务。作为农产品加工中使用的液体输送泵，为保证农产品卫生和防止或减少物料对泵的腐蚀，凡与物料接触的零件多采用不锈钢材料，且要求有较完善的密封性。

泵的种类很多，按输送物料的不同可分为清水泵、污水泵、耐腐蚀浓浆泵、油泵和奶泵等，按工作原理不同可分为离心式、旋转式和往复式三种类型。

1. 离心泵

离心泵是目前使用最广泛的流体输送设备，具有结构简单、性能稳定及维护方便等优点。它既能输送低、中黏度的流体，也能输送含悬浮物的流体。

离心泵结构如图 2-12 所示，主要有泵前体和泵后体、叶轮、轴密封装置和电动机等部分组成。泵前体和泵后体通过一个不锈钢块拆箍连接在一起，以方便拆卸和清洗。在泵体内的主轴上装有若干弯曲的叶片，形成叶轮，叶轮有多种形式，按其结构可分为封闭式、半封闭式和开启式。食品工厂中采用封闭式叶轮，因其扬程和流量大，功率较高，但小型泵多采用开启式叶轮。

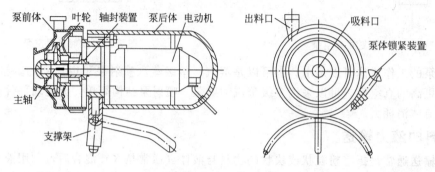

图 2-12　离心泵结构

离心泵的主轴与泵体之间的密封非常重要。一个好的轴封，不仅能防止所输送液体的泄漏和外界空气的渗入，还具有适宜的润滑性、耐磨性且符合卫生要求，目前多采用不透性石墨作为密封填料。泵体内叶轮叶片之间的间隙即为液体的流动空间。离心泵在启动前应先向泵体内注满被输送料液；启动泵后，主轴带动叶轮以及叶轮叶片间的料液一同高速旋转，在离心力的作用下，料液从叶片间沿半径方向被甩向叶轮外缘，进入泵体的泵腔内。由于泵腔中料液流道逐渐加宽，进入其中的料液流速逐渐降低，动能转变为静压能使压强提高，料液从而从出料口排出；与此同时，由于料液被甩向叶轮外缘，且主轴转速较高，于是在泵的叶轮中心形成一定的真空，与吸料口处产生压力差，在压力差的作用下，料液就不断地被吸入泵体内；由于叶轮不停地转动，液体会不断地被吸入和排出，保证料液排出的连续性。

离心泵的选型很重要，应根据所输送物料的性质和工艺要求，选择泵的形式及有关技术参数。安装离心泵时，管道不宜过长，尽量减少弯头，连接处要紧密，以防空气进入。此外，泵在工作前必须保证吸料口、吸料管及泵体内充满料液。在生产线上安装离心泵时，应使泵的吸液口低于储液槽的最低位置 100～200mm（视泵体高度而定），以便工作时泵内能充满料液，排除空气。在工作过程中有时会出现吸不上料的现象，主要原因为料液温度过高、安装位置不当（如吸料口高于储液槽的最低位置，使吸料管内含有空气）或料液过于黏稠等。

2. 螺杆泵

螺杆泵是一种旋转式容积泵，它利用一根或数根螺杆与螺腔的相互啮合使啮合空间容积发生变化来输送液体。螺杆泵有单螺杆、双螺杆和多螺杆之分，按安装位置的不同又可分卧式和立式两种。在农产品加工中多使用单螺杆卧式泵，用于输送高黏度的黏稠液体或带有固体物料的各种浆液，如番茄酱生产线和果汁榨汁线上常采用这种泵。

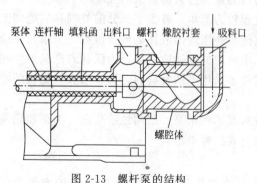

图 2-13　螺杆泵的结构

螺杆泵的结构如图 2-13 所示，工作时电动机将动力传给连杆轴，螺杆在连杆轴的带动下旋转，螺杆与橡胶衬套（又称为定子）相啮合并形成数个互不相通的封闭的啮合空间；当螺杆转动时，封闭啮合空间内的料液便由吸料口向出料口方向运动，当封闭腔运动至出料口末端时，封闭腔自行消失，液料便由出料口排出。与此同时在吸料口又形成新的封闭腔将料液吸入并向前推进，从而实现连续抽送料液的作用，完成料液的输送。

根据需要改变螺杆的转速，就能改变流量，通常转速为 750～1500r/min；螺杆泵的排出压力与螺杆长度有关，一般螺杆的每个螺距可产生 2 个大气压的压力，显然料液被推进的螺距越大，排出压力（或扬程）越大。

螺杆泵能连续均匀地输送液体，脉动小，效率比叶轮式离心泵高，且运转平稳、无振动和噪声，排出压力高，结构简单；但衬套由橡胶制成，不能断液空转，否则易发热损坏。

3. 齿轮泵

齿轮泵也是一种旋转式容积泵。齿轮泵分类方法较多，按齿轮的啮合方式可分为外啮合式和内啮合式；按齿轮形状可分为正齿轮泵、斜齿轮泵和人字形齿轮泵等。在农产品加工中，多采用外啮合（正）齿轮泵，主要用来输送黏稠的液体，如油类、糖类等。

齿轮泵的结构如图 2-14 所示，主要由泵体、泵盖（图中未画出）、主动齿轮和从动齿轮等部件所组成，主动齿轮和从动齿轮均由两端轴承支撑。泵体、泵盖和齿轮（主动齿轮和从动齿轮）的各个齿槽间形成密封的工作空间，齿轮的两端面与泵盖以及齿轮的内圆表面依靠配合间隙形成密封。工作时电动机带动主动齿轮旋转，当主动齿轮顺时针高速转动时，带动从动齿轮逆时针旋转。此时，吸入腔两齿轮的啮合齿轮逐渐分开，吸入腔工作空间的容积逐渐

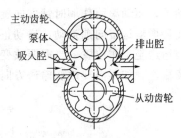

图 2-14 齿轮泵的结构

增大，形成一定的真空度，于是被输送料液在大气压作用下经吸入管进入吸入腔，并在两齿轮的齿槽间沿泵体的内壁被连续挤压推向排出腔，并进入排出管。由于主、从动齿轮连续旋转，齿轮泵便不断吸入和排出料液。

齿轮泵结构简单、工作可靠、应用范围较广，虽流量较小，但扬程较高。所输送的料液必须具有润滑性，否则齿面极易磨损，甚至发生咬合现象。

4. 滑片泵

滑片泵的结构如图 2-15 所示，主要由泵体、转子、滑片及两侧盖板（图中未示出）等部件所组成。泵体设有进料口、出料口和真空管口。转子是开有 8 个径向槽的圆柱体，每个槽中安放一块滑片，滑片可在槽中沿径向自由滑动，转子偏心地安装在泵体内。当电动机带动转子旋转时，滑片在离心力的作用下从转子上的槽中沿径向向外滑出并紧压在泵体的内壁上，在转子的上半圈，相邻滑片所包容的空间随转子的顺时针旋转逐渐增大，在经过真空口时滑片间形成真空，在进料口处物料被吸入转子滑片间；在转子的下半圈，已吸入物料的两滑片在泵体内壁圆面的限制下在转子的槽中沿径向向中心滑动，使两滑片间的空间逐渐减小，

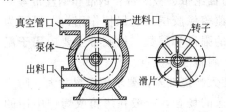

图 2-15 滑片泵的结构

对物料产生压力，于是物料便从出料口经排料管排出，转子连续旋转时便可完成对物料的连续输送任务。滑片泵适宜输送黏稠的物料，如肉制品生产中的肉糜等。

第二节　带式输送机

带式输送机是农产品加工中使用最广泛的一种固体物料输送机械。它常用于长距离、水平方向或倾斜度不大（＜25°）方向上粉状、粒状、块状物料和成型物品的输送，也可以兼作选择检查、清洗或预处理、装填、成品包装入库等生产工序的操作台。

带式输送机具有工作速度范围广（0.02～4.00m/s），输送距离长，运输量大，生产率高，动力消耗小，运料连续，工作平稳，结构简单可靠，使用方便，维护检修容易，输送中不损伤物料等特点，适合各种物料及场合使用。但缺点是倾斜角度不宜过大，轻质粉状物料在输送过程中易飞扬等。

一、带式输送机的结构和工作原理

带式输送机利用输送带与驱动滚筒之间的摩擦力对输送带及其承载的物料进行牵引，带动输送带绕驱动滚筒、转向滚筒及支撑托辊回转，将物料从装料端输送至卸料端，达到输送的目的。带式输送机如图 2-16 所示，主要构件有张紧滚筒、张紧装置、装料漏斗、改向滚筒、支撑托辊、封闭环形带、卸料装置、驱动滚筒、驱动装置等。工作时，在驱动装置的带动下，驱动滚筒作顺时针方向旋转，借助驱动滚筒外表面和环形带内表面之间摩擦力的作用使环形输送带向前运动。启动正常后，将待输送物料从装料漏斗加载至环形带上，并随带向前运送至工作位置。当需要改变输送方向时，卸装置即将物料卸至另一方向的输送带上继续输送，如不需要改变输送方向，则无需使用卸装装置，物料直接从环形输送带右端卸出。

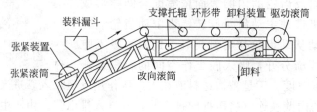

图 2-16　带式输送机

二、带式输送机的主要构件

1. 输送带

在带式输送机中，输送带既是承载件又是牵引件，主要用来承放物料和传递牵引力，它是带式输送机中成本最高、最易磨损的部件。因此，所使用的输送带要求强度高、延伸率小、挠性好、重量轻、耐磨、耐腐蚀、耐水等，同时还应该满足产品卫生要求。常用的输送带主要有橡胶带、塑料带、纤维编织带、锦纶带、强力锦纶带、板式带、钢带和钢丝带等。

橡胶带由织物层与橡胶胶合而成，上下各有一层覆盖橡胶层（起保护作用，上层厚为6mm，下层厚为3mm）。橡胶带的强度取决于织物层的强度和层数。橡胶带主要应用于温度不高不低的物料输送场合，具有价格低廉、挠性好、耐腐蚀等优点。

钢带的强度高、耐高温、耐冲击、伸缩性小、刚度大、挠性差，要求滚筒尺寸大、防跑偏装置性能好，适用于高温或低温、摩擦大等物料输送的场合，一般在烤箱或烤炉中用的较多。

塑料带挠性好，耐腐蚀，易成型，耐低温性好。

帆布带挠性极好，可承受多次弯曲。

2. 托辊

托辊在输送机中对输送带及物料起承托作用，使输送带平稳运行。板式带不用托辊，因它靠板下的导板承托滑行。托辊分上托辊（运载托辊）和下托辊（空载托辊）两种。上托辊又有平直托辊和槽形托辊之分，槽形托辊是在输送带的同一横截面方向上接连安装数条平直托辊，一般中间一条水平，旁边的几条倾斜而形成一个槽形，主要用于输送量较大的散装物料。图 2-17 所示为上托辊的几种常见形式。

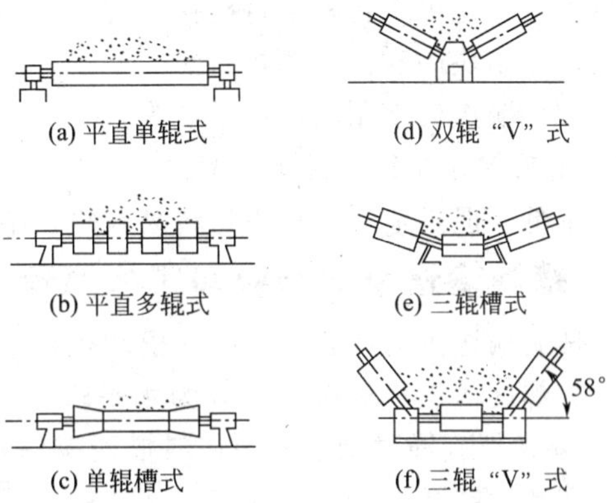

(a) 平直单辊式   (d) 双辊 "V" 式

(b) 平直多辊式   (e) 三辊槽式

(c) 单辊槽式   (f) 三辊 "V" 式

图 2-17　上托辊几种形式

3. 驱动装置

带式输送机的驱动装置主要由电动机、减速装置和驱动滚筒等组成，在倾斜式输送机上还有制动装置或停止装置。常见的驱动装置有两种形式：一种是闭式的，由电动机经封闭的减速装置如齿轮减速箱或蜗杆减速箱等将运动和动力传至主动轮上（又称驱动轮或驱动滚筒），这种减速装置通常体积较小，若采用摆线针轮减速器则可使结构更为紧凑；另一种是开式的，由电动机经敞开的齿轮或链轮减速后将运动和动力传至主动轮上，该种形式目前已很少采用。

4. 滚筒

滚筒有驱动滚筒、改向滚筒和张紧滚筒三种，一般由钢板焊接或铸铁制成。驱动滚筒是驱动装置的一部分，是传递动力的主要部件。除板式带的驱动滚筒为表面有齿的滚轮外，其他带式输送机的驱动滚筒通常为直径较大、表面光滑的空心滚筒。

5. 张紧装置

在带式输送机中，由于输送带具有一定的延伸率，因此在工作拉力作用下，输送带本身会伸长。这个增加的长度需要得到补偿，否则输送带与驱动滚筒间不能紧密接触从而导致打滑，致使带式输送机无法正常工作。补偿输送带伸长量的装置称为张紧装置，常用的张紧装置有重锤式、螺杆式和压力弹簧式等。

三、带式输送机输送能力的计算

带式输送机（凡是用带式输送机原理设计的其他设备，如干燥、预煮等设备，均可用此公式计算）的输送能力为

$$Q = 3600Bhv\rho\varphi C \qquad (2\text{-}4)$$

式中，Q 为带式输送机的输送能力，t/h；B 为输送带带宽，m；h 为堆放一层物料的平均高度，m；v 为输送带带速，用作检查性工作时取 $0.05 \sim 0.1$，用作输送时取 $0.8 \sim 2.5$，m/s；ρ 为装载密度，t/m³；φ 为装填系数，一般取 0.75；C 为输送机倾角系数，其值取决于倾角 β 的大小；当倾角 $\beta = 0 \sim 7°$ 时，$C = 1$；当倾角 $\beta = 8° \sim 15°$ 时，$C = 0.95 \sim 0.90$；当倾角 $\beta = 16° \sim 20°$ 时，$C = 0.90 \sim 0.80$；当倾角 $\beta = 21° \sim 25°$ 时，$C = 0.80 \sim 0.75$。

第三节　螺旋输送机

螺旋输送机是一种不带挠性牵引件的连续输送机械，它利用螺旋的转动将物料向前推移而完成物料的输送，主要适用于各种需要密闭输送的松散的粉状、粒状、小块状物料。在输

送过程中，还可对物料进行搅拌、混合、加热和冷却等操作。但是不宜输送易变质的、黏性大的、易结块的和大块的物料。

　　螺旋输送机使用的环境温度为−20~50℃，物料温度小于200℃，一般输送倾角不大于20°。螺旋输送机结构简单、紧凑、密封性能好，可以多点进料和卸料，操作安全方便，制造成本低。但是输送过程中物料易破碎，零件磨损较大，消耗功率较大。

一、螺旋输送机的结构和工作原理

　　螺旋输送机的核心部分由一根装有螺旋叶片的转轴（称为输送螺旋）和料槽（壳体）组成的。螺旋输送机输送一般分为水平输送和垂直输送两种，也可倾斜安装，但斜度不大于20°。输送螺旋通过轴承安装在料槽两端的轴承座上，其一端的轴头与传动装置相连。料槽的前端和后端开设进、出料口。

1. 水平螺旋输送机

　　图2-18为水平螺旋输送机的结构示意图。工作动力由传动装置传入，使输送螺旋旋转，启动正常后，将物料由进料口加入，利用输送螺旋上的螺旋叶片旋转时所产生的轴向推力，将被输送的物料沿料槽向前推移，完成输送任务。

　　螺旋输送机叶片上各点的螺距是相同的，但因其半径不同，所以各点的螺旋升角不同。外径处的螺旋升角小，内径处的螺旋升角大。

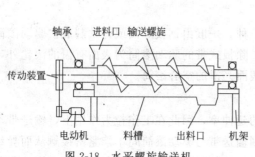

图 2-18　水平螺旋输送机

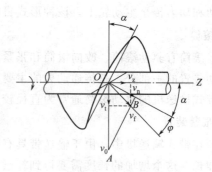

图 2-19　螺旋输送物料的速度

　　当螺旋叶片以角速度 ω 绕 z 轴回转时（见图2-19），在任一半径 r 的 O 点处有一物料质点，它一面与螺旋面之间发生相对运动，一面沿 z 轴方向移动，其速度可由速度三角形求得。O 点叶片的圆周速度 $v_0=\omega r$ 是牵连速度，用 OA 表示，方向为沿 O 点回转的切线方向；物料相对螺旋面的滑动速度，平行于 O 点螺旋面的切线方向，用 AB 表示。物料绝对运动速度 v_f 的方向与法线偏一摩擦角 φ。若将 v_f 分解，可得物料的轴向速度 v_z 和切线速度 v_t。轴向速度使物料沿着输送方向移动，切向速度则造成物料在输送过程中的搅拌和翻动。

　　根据速度图的分析，可以算出物料的轴向输送速度为

$$v_z=v_f\cos(\alpha+\varphi) \tag{2-5}$$

因为

$$v_f=v_n/\cos\varphi \tag{2-6}$$

$$v_n=v_0\sin\alpha \tag{2-7}$$

$$v_0=\omega r=\frac{\pi n}{30}\times\frac{s}{2\pi\tan\alpha}=\frac{sn}{60\tan\alpha} \tag{2-8}$$

所以

$$v_z=\frac{sn}{60}\times\frac{\cos\alpha}{\cos\varphi}\cos(\alpha+\varphi)=\frac{sn}{60}\cos^2\alpha(1-f\tan\alpha) \tag{2-9}$$

　　式中，s 为螺旋叶片的螺距，m；n 为螺旋轴转速，r/min；α 为螺旋升角；f，φ 分别

为物料与螺旋叶片的摩擦系数和摩擦角。

由式（2-9）可知，当 $1-f\tan\alpha\leqslant0$ 时，$v_z\leqslant0$，物料将不能沿轴向运动。因此，螺旋输送机的螺旋角应满足以下条件：

$$\alpha\leqslant90°-\varphi \tag{2-10}$$

因为螺旋叶片内径处的升角最大，故确定时应按此条件进行校核。

当螺旋的半径和转速一定时，轴向速度 v_z 是螺旋角 α 的函数，设函数 v_z 在 α_0 处的导数 $v_z'=0$，且 $v_z'<0$，则此处的 $v_z=v_{max}$。可求得物料的轴向速度最大时的螺旋升角 $\alpha_0=\pi/4-\varphi/2$。

2. 垂直螺旋输送机

垂直螺旋输送机是依靠较高的转速向上输送物料。其原理为，物料在垂直螺旋叶片较高转速的带动下获得很大的离心惯性力，这种力克服了叶片对物料的摩擦力将物料推向螺旋四周并压向机壳，机壳对物料产生的较大摩擦力足以克服物料因本身重力在螺旋面上所产生的下滑分力。同时，在螺旋叶片的推动下，物料作螺旋形轨迹上升而得以提升。因此，离心惯性力所形成的机壳对物料的摩擦力是物料得以在垂直螺旋输送机内上升的前提。螺旋的转速越高，其上升也就越快。能使物料上升的螺旋最低转速称为临界转速。低于此转速时，物料不能上升。临界转速用 n_0 表示：

$$n_0=\frac{30}{\pi}\sqrt{\frac{g\tan(\alpha+\varphi)}{r\tan\varphi}}\approx30\sqrt{\frac{\tan(\alpha+\varphi)}{r\tan\varphi}}\,(\mathrm{r/min}) \tag{2-11}$$

式中，r 为物料回转半径，m；g 为重力加速度，$\mathrm{m/s^2}$；α 为螺旋升角；φ 为物料与螺旋叶片的摩擦角。

为保证垂直螺旋输送机能正常工作，螺旋的实际转速为

$$n=Kn_0 \qquad K=1.1\sim1.2 \tag{2-12}$$

二、螺旋输送机的主要构件

1. 螺旋叶片

输送螺旋上焊有的螺旋叶片的面型根据输送物料的不同有实体面型、带式面型和叶片面型等几种形式，如图 2-20 所示。螺旋有左旋和右旋之分，又有单线、双线和三线之分，一般多为单线右旋。

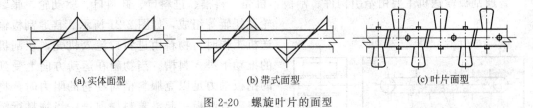

(a) 实体面型   (b) 带式面型   (c) 叶片面型

图 2-20 螺旋叶片的面型

实体面型的螺旋叶片主要用于输送干燥、黏度小的小颗粒或粉状物料，其螺距为螺旋直径的 0.8 倍；带式面型的螺旋叶片主要用于输送块状或黏度中等的物料，其螺距等于螺旋直径；叶片面型的螺旋叶片主要用于输送韧性或可压缩性的物料，其螺距为螺旋直径的 1.2 倍，该种面型的螺旋叶片在输送物料的过程中还伴有对物料的混合、搅拌作用。

2. 螺旋轴

螺旋轴有空心和实心之分，为了减轻轴的重量，常采用空心轴。螺旋轴一般是由 $2\sim4\mathrm{m}$ 长的空心轴通过轴节段装配而成，连接时将轴节段插入空心轴的衬套内，用螺钉固定连

接起来。在大型螺旋输送机上，常采用法兰连接方法，在螺旋轴端和连接轴端均焊有法兰盘，再用螺钉将法兰盘固定起来。

3. 轴承

螺旋轴的两端装有轴承，有时中部还装有中间轴承。轴承的作用是支撑螺旋轴，减少工作阻力，保证螺旋轴灵活旋转。在物料输送方向的终端应安置推力轴承，以承受物料被输送时给螺旋轴带来的轴向反力。中间轴承的设计应保证物料输送的有效断面，不使物料堵塞。

4. 料槽

料槽多用 3~8mm 厚的不锈钢板制成，槽口周边各段接口处均焊有角钢，以增加刚性。料槽内装有输送螺旋，料槽底为半圆形，料槽顶为平面且有上盖。料槽与螺旋叶片外圆的间隙一般为 6~10mm。

三、螺旋输送机输送能力的计算

螺旋输送机的输送能力为

$$Q = 3600Fv\rho = 15\pi D^2 Sn\rho\varphi C \tag{2-13}$$

式中，Q 为螺旋输送机的输送能力，t/h；D 为螺旋直径，m；F 为料槽内物料的断面积，m²；v 为物料输送速度，m/s；ρ 为物料堆积密度，t/m³；S 为螺距，m；n 为螺旋轴转速，r/min；φ 为物料的充填系数，一般取 0.125~0.4；C 为输送机倾角系数。水平输送时，$C=1$；倾角为 5°时，$C=0.9$；倾角为 10°时，$C=0.8$；倾角为 15°时，$C=0.77$；倾角为 20°时，$C=0.65$。

第四节　刮板输送机

刮板输送机是借助牵引构件上刮板的推动力，使物料沿着料槽移动的连续输送机械，适用于颗粒状物料的水平输送、垂直或倾角方向（倾斜角小于 35°）输送，主要应用于粮油、发酵、酿造、制药等行业。料槽内物料处于牵引构件下方的刮板输送机称为普通刮板输送机，料槽内物料将牵引构件和刮板完全埋没的刮板输送机称为埋刮板输送机。

一、刮板输送机的结构和工作原理

1. 普通刮板输送机

普通刮板输送机主要由牵引构件、刮板、机壳、料槽、进料口、卸料口、驱动轮、张紧轮及托辊等组成，如图 2-21 所示。普通刮板输

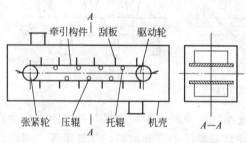

送机工作时，物料由进料口流入机壳，在刮板的推动下进入料槽。当物料在运动方向上受到的刮板推力足以克服料槽对物料的阻力时，物料将随着刮板一起沿着料槽前进；当物料行至卸料口时，物料在自身重力作用下，由料槽卸出。

图 2-21　刮板输送机

按照物料输送方向的不同，普通刮板输送机分为水平型和倾斜型，其中倾斜输送时，随着输送倾角的增加，刮板输送机输送率明显下降。

2. 埋刮板输送机

埋刮板输送机是由普通刮板输送机发展而来的，它的牵引构件是链条，承载构件是刮

板，通常将刮板和链条组合在一起使用，统称为刮板链条。埋刮板输送机主要由封闭的矩形断面机槽、刮板链条、进料口、卸料口、驱动装置及张紧装置等部件组成。埋刮板输送机工作时，料槽中的散粒物料借助于运动的刮板链条的推力，与刮板链条成为一个连续的整体而被输送。

埋刮板输送机水平输送时，物料受到刮板链条在运动方向上的压力及物料重力的作用，在物料间产生了内摩擦力，这种摩擦力保证了物料之间的稳定状态，并足以克服物料在料槽中移动而产生的外摩擦阻力，使物料形成连续整体的料流被输送而不致发生翻滚现象；埋刮板输送机垂直提升输送时，物料受到刮板链条在运动方向上的压力，同时由于水平段的不断给料，下部对上部物料不断产生推力，这种内摩擦力和推力足以克服物料在料槽中移动而产生的外摩擦阻力和物料重力，使物料形成连续整体的料流而被提升。

二、刮板输送机输送能力的计算

刮板输送机的输送能力为

$$Q = 3600Bhv\rho\eta C \tag{2-14}$$

式中，Q 为刮板输送机的输送能力，t/h；B 为刮板宽度，m；h 为刮板高度，m；v 为物料输送速度，m/s；ρ 为物料堆积密度，t/m^3；η 为物料输送效率，一般取 0.5～0.6；C 为输送机倾角系数。水平输送时，$C=1$；倾角为 10° 时，$C=0.9$；倾角为 20° 时，$C=0.75$；倾角为 30° 时，$C=0.6$；倾角为 35° 时，$C=0.5$。

第五节 斗式提升机

在农产品加工过程中，有时需要将物料由一个工序提升到在不同高度上的下一工序，也就是说需将物料沿垂直方向进行输送，此时常采用斗式提升机。斗式提升机主要用于在不同高度间升运物料，适合将松散的粉粒状物料由较低位置提升到较高位置上。

斗式提升机的分类方法很多，按输送物料的方向不同可分为倾斜式和垂直式；按牵引机构的形式不同，可分为带式和链式（单链式和双链式）；按输送速度不同可分为高速和低速；按卸料方式不同可分为离心式和重力式等。斗式提升机的主要优点是占地面积小，提升高度大（一般为 7～10m，最大可达 30～50m），生产率范围较大（3～160m^3/h），有良好的密封性能，但过载较敏感，必须连续均匀地进料。

一、斗式提升机的结构和工作原理

斗式提升机主要由牵引件、滚筒（或链轮）、张紧装置、加料和卸料装置、驱动装置和料斗等组成。在牵引件上装置着一连串的料斗，随牵引件向上移动，达到顶端后翻转，将物料卸出。料斗常以背部（后壁）固接在牵引带或链条上，双链式斗式提升机有时也以料斗的侧壁固接在链条上。料斗在牵引带上的布置形式取决于被输送物料的特性、使用场合和料斗装/卸料方式，主要分为料斗疏散型和料斗密集型。

物料装入料斗后，提升至提升机上部进行卸料，卸料方式主要有离心式、重力式和离心重力式三种形式。离心式卸料方式是指当料斗上升至滚筒处时，由直线运动变为旋转运动，料斗内的物料因受到离心力的作用而被甩出，从而达到卸料的目的；离心式卸料方式适用于粒度小、磨损性小的干燥松散物料，且提升机提升速度较快的场合。重力卸料方式靠物料的重力使物料落下而达到卸料的目的，适用于大块状、密度大、磨损性大和易碎的物料，且提升机提升速度较低的场合。离心重力卸料方式靠重力和离心力共同作用而达到卸料的目的，适用于流动性不良的散状、纤维状或潮湿物料，且提升机提升速度较低的场合。

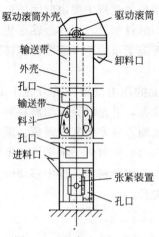

驱动滚筒外壳　驱动滚筒

输送带

外壳

卸料口

孔口

输送带

料斗

孔口

进料口

张紧装置

孔口

图 2-22　垂直斗式提升机

图 2-22 为垂直斗式提升机的结构示意图，工作时被输送物料由进料口均匀喂入，在驱动滚筒的带动下，固定在输送带上的料斗刮起物料后随输送带一起上升，当上升至顶部驱动滚筒的上方时，料斗开始翻转，在离心力或重力作用下，物料从卸料口卸出，送入下一道工序。

二、斗式提升机的主要构件

1. 料斗

料斗是提升机的盛料构件，根据运送物料的性质和提升机的结构特点，料斗有三种不同的形式，即圆柱形底的深斗和浅斗以及尖角形斗。深斗的斗口呈 65°倾斜角，斗的深度较大，适用于干燥、流动性好、能很好散落的粒状物料的输送；浅斗斗口呈 45°倾斜角，深度小，适用于运送潮湿或流动性差的粉状、粒状物料，由于料斗深度较小，物料容易从斗中倒出。深斗和浅斗在牵引件上的排列要有一定的间距，斗距通常取为 2.3～3.0h（h 为斗深）。料斗通常是用 2～6mm 厚的不锈钢板或铝板焊接、铆接或冲压而成。

尖角形斗与上述两种料斗的不同之处是，斗的侧壁延伸到底板外，使之成为挡边，卸料时，物料可沿一个斗的挡边和底板所形成的槽卸料；它适用于黏稠性大、较沉重的块状物料的运送，斗间一般不留间隔。

料斗的主要参数是斗宽、深距、容积和斗深以及斗的形式，这些参数可从有关产品目录中查看。

2. 牵引件

斗式提升机的牵引件，有胶带和链条两种。胶带和带式输送机的输送带相同，将料斗用头部特殊的螺钉和弹性垫片固接在胶带上，带宽比料斗的宽度大 30～40mm。链条常用套筒链或套筒滚子链，其节距有 150mm、200mm 和 250mm 等数种。当料斗的宽度较小（160～250mm）时，用一根链条固接在料斗的后壁上；当料斗的宽度较大时，用两根链条固接在料斗两边的侧板上，即借助于角钢把料斗的侧板和外链板相连。

牵引件的选择，取决于提升机的生产率、升送高度和物料的特性。用胶带作牵引件时，主要用于中小生产能力的工厂及中等提升高度，适合于体积和比重较小的粉状、粒状物料的输送；用链条作牵引件时，适合于大生产率及升送高度大和较重物料的输送。

3. 机座

由机座外壳、底轮、张紧装置及进料斗组成。

三、斗式提升机输送能力的计算

斗式提升机的输送能力为

$$Q=3600(i/a)v\rho\varphi \tag{2-15}$$

式中，Q 为斗式提升机的输送能力，t/h；i 为料斗容积，m³；a 为相邻两料斗中心距，一般可取 $a=2.3～3.0h$，连续布置的料斗取 $a=h$（h 为料斗的深度），m；v 为牵引件（带子或链条）的线速度，m/s；ρ 为物料的堆积密度，t/m³；φ 为料斗的充填系数，决定于物料种类、形状及充填方法，可解释为料斗的实际平均装填容积与料斗理论容积的比值。对于粉状、细粒状干燥物料，φ 取 0.75～0.95；对于谷类物料，φ 取 0.70～0.90；对于水果类物料，φ 取 0.50～0.70。

第三章 清洗、分选及其设备

农产品在生长、收获或储运过程中难免会黏附泥土、灰尘或农药等污垢，为了保证加工后的农产品清洁干净，加工前必须对农产品物料进行洗涤。对于作为食品原料的农产品及其加工设备，不但需要去除一般的污垢，而且还需要杀死有害微生物并切断其繁殖的途径。

为了使农产品的规格和品质指标达到标准，往往需要对物料进行清选和分级。清选是指清除物料中的异物或杂质；分级是指将清选后的物料按其尺寸、形状、密度、重量、颜色或品质等特性分成等级。清选与分级是许多农产品加工中不可缺少的单元操作，由于这两项作业的工作原理和方法有不少共同之处，且常常是同时进行的，因此可将清选机械和分级机械统称为分选机械。

第一节 清洗原理与方法

一、清洗原理

1. 清洗去污过程

清洗的目的是去除物料或物品表面上的污垢。一般说来，污垢分为液体污垢和固体污垢。粘有污垢的物料存在四种界面：污垢-物料、污垢-污垢、污垢-空气及物料-空气。若将粘有污垢的物料浸到适当的洗涤液中，则产生如下去污过程。

① 洗涤液浸透到污垢-物料以及污垢-污垢之间的界面将其润湿，减弱污垢对物料的黏附作用。

② 污垢脱离物料表面。若污垢为液体，将粘有污垢的物料浸到洗涤液中后，表面自由能的变化为

$$\Delta E = \gamma_{sw} + \gamma_{wo} - \gamma_{so} \tag{3-1}$$

式中，γ_{sw}、γ_{wo} 和 γ_{so} 分别为物料与洗液、洗液与污垢、物料与污垢之间的界面张力（能量）。

若 $\Delta E \leqslant 0$，则污垢自动离开物料表面，即

$$\gamma_{so} \geqslant \gamma_{sw} + \gamma_{wo} \tag{3-2}$$

为减弱污垢与物料表面的黏附作用 γ_{so}，应尽可能减小 γ_{sw} 和 γ_{wo}，这可以通过选择洗涤液实现。

为了提高去污能力，除了利用洗涤系统中的表面化学作用外，还可以施加机械力使界面流动。因在浸泡洗涤过程中，不管洗涤液的洗净能力多强，如物料只是静置浸泡，则去除污垢的进程会很慢，效率很低。为了迅速去除污垢，应设法使洗涤液对物料表面产生适当的流动。

③ 污垢悬浮于洗涤液中并被带走。在该过程中应注意防止污垢重新附着于物料表面，

产生污染现象。

2. 影响去污能力的主要因素

由上述去污过程可知，影响去污能力的因素很多，下面主要阐述对于给定的物料洗涤液和界面流动情况对去污能力的影响。

① 洗涤液的性质。在农产品加工过程中水是最常用的洗液，它有很多优点：价廉、无味、无毒性、比热大，同时对盐、碳水化合物和蛋白质有较强的溶解能力。但是，它对油脂溶解能力差（表面张力大），有些场合需要加碱、表面活性剂（肥皂等）提高去污能力。

洗涤液的温度对洗涤效果有较大影响。洗涤液的溶解能力、溶解速度、化学反应速度等都是随温度升高而提高；而黏度和界面张力随温度升高而降低，从而提高洗涤液的润湿能力。若水的硬度较高，则其中钙盐和镁盐的含量增加，去污能力降低。若用硬度很高的水作洗涤液，因洗涤槽内存在表面活性物质（如有机物和矿物尘土等），则会产生皂化状沉淀物，沉积在槽底和侧壁上，有可能弄脏物料，需要采取硬水软化措施。

② 界面（洗液）流动。为了提高洗涤效果，洗涤液对物料表面应产生适当的流动，即应使界面流动。研究表明，若洗涤液的流动方向对表面具有适当倾角，则洗涤效果较好。实际上，所洗涤的物料具有复杂的立体表面，往往使洗涤液产生紊流来达到预期的效果。为使界面流动，一般采用如下方法。

洗涤液流动法——用回转叶片使洗涤液流动是使界面紊流的最简单方法。根据叶片的安装方式可分为直立轴式、斜轴式和侧壁式。前两种因槽内有搅拌轴，操作不便，对物料界面不容易产生均匀的界面流动，也难以控制搅拌轴上的微生物。侧壁叶片式和侧壁喷射式较前两种的洗涤效果有所提高。

洗涤物摆动法——让较轻的小型洗涤物直接（或装在框内）在洗涤液中垂直地或水平地激烈摆动，以达到界面流动的目的。这种方法不适用于洗涤重的或容积大的物料。

两者同时流动法——使洗涤液产生激烈流动，并让洗涤物在其中浮游流动，去除污垢，也称为流动床洗涤法。它特别适用于洗涤小而轻的物料，因能产生紊流，洗涤效果较好，常在豆类和谷物洗涤机中采用。

此外，洗涤液的流动速度对洗涤效果也有影响。为控制食品加工业输送管道的微生物，需洗净管道。

二、清洗方法

农产品的清洗方法主要有浸泡法、喷射冲洗法、摩擦去污法、超声波洗涤法和电解水洗涤法等。

浸泡法是将农产品放在静止或流动的洗涤液中浸泡以去除污垢，它只适合于洗涤污垢少而松散的农产品，常作为预洗涤用，以减弱污垢与洗涤物表面的附着力，为后续洗涤做准备。

喷射冲洗法是靠压力从喷嘴喷射洗液或水蒸气来清除物料表面污垢的方法。因该法对物料表面产生冲击力，能清除粘得较牢的污垢。根据喷射压力的大小，可分为高压（3～4MPa）、中压（1～2MPa）和低压（0.5～0.7MPa）三种喷射类型。提高喷射压力虽可增加去污能力，但动力和洗液的消耗量显著增加，因此应根据洗涤的对象选定喷射压力。喷射冲洗法的洗涤效果还与喷射距离和喷射角度有关。喷射液的动能随喷射距离增大而衰减，如喷射距离过大，则喷射液的动能就很小，影响洗涤效果；喷射距离过小，也不恰当，因此喷射液动能虽然很大，但工作面过窄，洗涤效率很低。因此，对于不同情况都有一个最佳喷射距离，超过了最佳喷射距离，去污能力就急剧下降。若喷头倾斜地喷射物料表面，则使界面流动方向变化，也能提高去污效果，而且喷射距离也可略为缩短。

摩擦去污法是靠工作部件（旋转滚筒、旋转刷子、螺旋推运器等）与物料以及物料与物料之间的摩擦力去除污垢。该种方法简单可靠，生产率较高。

超声波洗涤法是利用超声波（＞20000Hz）在洗液中的空化作用、加速度作用及直进流（超声波在液体中沿声的传播方向产生流动的现象）作用对液体和污垢直接、间接的作用，使污垢层被分散、乳化、剥离而达到清洗目的。高频振荡信号，通过超声波换能器转成高频机械振荡（超声波）而传播到清洗液中，超声波在清洗液中的辐射，使液体振动而产生数以万计的微小气泡，这些气泡在超声波纵向传播形成的负压区产生、生长，而在正压区迅速闭合，在这种被称为空化效应的过程中，微小气泡闭合时可产生远超过1000个大气压的瞬间高压。连续不断产生的瞬间高压，就像一连串小爆炸一样不断冲击物料表面，使物料表面及缝隙中的污垢迅速剥落，从而达到清洗物料的目的。该方法特别适于对窄小缝隙内污垢的清除。

电解水洗涤法是在电解槽的正负两极之间保持一定电压，含氯电解质稀溶液（一般采用价格便宜的食盐溶液或者稀盐酸）被电解产生活性氧和次氯酸。活性氧使有机物污垢分解成水和二氧化碳；次氯酸具有除菌效果，可使霉菌失活。根据 pH 值不同，电解水可分为强酸性电解水（pH＜2.7）、弱酸性电解水（pH＝2.7～5）和中性电解水（pH＝5～7.5）。pH 值高低影响次氯酸浓度：pH 在 2.7 以下时，溶液中氯气浓度增加，容易溢出溶液，造成挥发，随着时间延长，电解水中次氯酸成分减少，稳定性差；当 pH 大于 8.0，次氯酸的杀菌效果低；而中性电解水 pH 一般在 7 左右，接近中性，次氯酸分子稳定、杀菌性又强，所以电解水洗涤法一般采用中性电解水。

第二节　清洗机械

由于农产品原料性质、形状、大小等的不同，对其进行清洗的方法和机械设备也不同，目前广泛使用的有以下几种。

一、栅条滚筒式清洗机

如图 3-1 为栅条滚筒式清洗机。滚筒轴线有 3°～5°向出料口端的下倾角，滚筒内壁有螺线导板，以便物料排出。滚筒分为前后两段，前段为粗洗滚筒，后段为清洗滚筒。滚筒下半部浸泡在半锥体水槽内，侧端有排污口。工作时，因滚筒在水槽内转动，原料从进料口进入，随着滚筒的转动，物料便在筒内翻滚，物料与栅条以及物料与物料之间的摩擦将物料表面的污垢洗掉。在两段滚筒的出口端都装有勺铲，舀出洗过的物料。

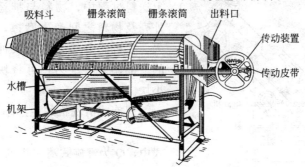

图 3-1　栅条滚筒式清洗机

栅条滚筒转动时，物料在离心力和摩擦力的作用下被滚筒带着向上运动，如图 3-2 所示，当物料升到位置 B 时，在重力作用下沿倾斜的物料层表面向下滑落。由于排料端不断舀出物料，沿滚筒轴线方向的物料层厚度不断减小，形成与水平线呈 θ 角的斜面。因而物料在重力作用下会向前掉落，即由 b 点落到 c 点，以此类推，直到被舀出为止。

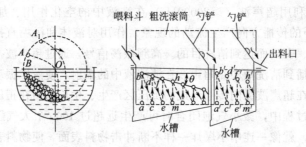

图 3-2　栅条滚筒内物料的运动过程

滚筒的转速是影响栅条滚筒式清洗机工作过程的主要因素。若转速过高，物料所受的离心力增大，物料离开滚筒内壁的下落点变高，甚至贴在栅条表面与滚筒一起转动，物料与栅条、物料与物料的摩擦作用减少或消失，影响洗涤效果。由于滚筒轴线倾角很小，忽略其影响，可根据物料所受的离心力应小于重力的条件来确定滚筒的临界角速度，即

$$mRw_c^2 \leqslant mg \tag{3-3}$$
$$w_c \leqslant (g/R)^{1/2} \tag{3-4}$$

式 (3-3)、式 (3-4) 中，w_c 为栅条滚筒的临界角速度；R 为栅条滚筒的半径；g 为重力加速度。

物料在滚筒内的作用强度与物料的数量有关，滚筒内物料不宜过多，其在滚筒的充满程度应小于滚筒容积的一半。通常，前段粗洗筒的长度为总长的 2/3，后段清洗筒长度为总长的 1/3。

滚筒式清洗机器结构简单，生产效率高，主要用于甘薯、马铃薯、生姜等块茎类农产品原料和质地轻硬的水果类原料的清洗。为了提高清洗效果，有的连续式滚筒机内还安装有可上下、左右调节的毛刷，在毛刷的刷洗作用下，原料表面的污物更易于脱落，洗净率可达 99%，生产能力达 1000kg/h。

二、螺旋式清洗机

螺旋式清洗机常倾斜安装，主要工作部件为螺旋推运器，推运器外壳的下部为滤网，使得污水和泥沙能漏往水槽内（见图 3-3）。在向上送料过程中，物料与推运器工作面、清洗机外壳及物料之间产生摩擦，其表面的污垢被除去。在机器中部装有喷头冲洗物料。有些机器的上部还装有滚刀，可将块根块茎类物料切成小块。

螺旋式清洗机的生产率为

$$Q = \pi(D^2 - d^2)S_1 \omega \rho k \xi / 4 \tag{3-5}$$

式中，Q 为螺旋式清洗机的生产率；D 为叶片外径；d 为螺旋叶片轴径，$d = (0.15 \sim 0.26)D$；S_1 为螺旋叶片转过每弧度其上任意点前进的距离；

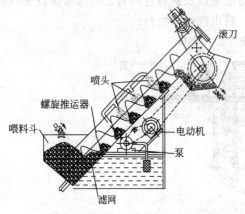

图 3-3　螺旋式清洗机

ω 为叶片的角速度；ξ 为螺旋式清洗机内物料的充满系数；k 为因螺旋式清洗机倾斜安装所采用的系数，与倾角有关，可按表 3-1 选用。

表 3-1　系数 k 与倾角 λ 的关系

螺旋式清洗机倾角 λ/(°)	20	25	30	35	40	45
系数 k	0.65	0.60	0.55	0.52	0.48	0.44

根据所需的清洗机的生产率，可确定螺旋叶片的外径 D。

三、组合式清洗机

一个好的清洗设备通常集浸泡、喷洗、刷洗、干燥等多种功能于一体。图 3-4 为具有代表性的组合式清洗机，包括两个浸泡工序、一个提升工序、一个喷射冲洗工序和一个干燥工序。物料首先落入浸泡槽中（根据需要可以在浸泡槽 1 中添加杀菌药品或保鲜防腐剂等），利用回转叶片使浸泡槽中的洗涤液流动产生界面紊流（或者利用槽中的气泡发生装置产生气泡使物料呈翻滚状态），从而去除物料上带有的泥沙、小虫、叶子等污物，漂浮物从溢流槽溢出，沉淀物从排污口排出；经过两次浸泡清洗后，物料在水的推动下逐渐移动到输送网带上并被提升出浸泡槽，再经过喷射冲洗，将物料二次洗净。工作过程中，进水管和喷淋水管始终供水，使水箱内的污水逐步被替换。该设备还可以配有臭氧发生器，采用臭氧消毒技术彻底消除果蔬中的农药残留。组合式清洗机特别适用生长在泥土中的果蔬（如胡萝卜、马铃薯、土豆等）的清洗，具有洁净度高、节能节水、设备稳定可靠等特点。

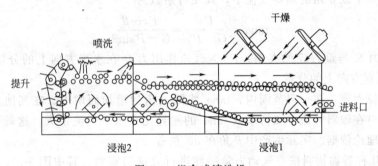

图 3-4　组合式清洗机

第三节　谷物分选及设备

一、气流分选

气流分选是根据物料中各组成物的空气动力学特性差异而进行的分选。所谓物料的空气动力学特性是指不同尺寸、形状和密度的物料与气流产生相对运动时，由于受到空气作用力不同，以致它们表现出不同的运动状态。

在气流分选设备中，按气流的运动方向可分为垂直气流分选、水平气流分选和倾斜气流分选三种形式。

1. 垂直上升气流

在垂直气流中，物料受到自身重力 G 和气流的作用力 P 的共同作用（略去了浮力的影响），则

$$m\frac{\mathrm{d}v}{\mathrm{d}t}=G-P \tag{3-6}$$

式中，$P = k\rho_a F (v_a - v)^2$；$k$ 为阻力系数；ρ_a 为空气密度；F 为物料的受风面积；v_a 为气流速度；v 为物料速度；m 为物料质量。

当 $P > G$ 时物料向上运动；$P < G$ 时，物料向下运动；$P = G$，物料在气流中呈悬浮状态，这时气流速度 v_a 叫作物料的悬浮速度。

$$v_a = \sqrt{\frac{G}{k\rho_a F}} \tag{3-7}$$

物料不同，其悬浮速度不同。因此，物料的悬浮速度差异是垂直风道气流分选的理论依据。

2. 水平气流

物料在稳定的水平气流中，同样受到重力 G 和气流作用力 P 的作用，朝着合力 R 的方向运动，轨迹为抛物线。合力 R 与重力 G 的夹角 α 越大，物料被气流带走的距离就越远。物料的飞行系数定义为

$$\tan\alpha = \frac{P}{G} = \frac{k\rho_a F(v_a - v_x)^2}{G} \tag{3-8}$$

式中，v_x 为物料速度在水平方向上的分量。

物料不同，其飞行系数不同。因此，物料的飞行系数差异是物料在水平气流中进行分选的理论依据。

3. 倾斜气流

物料在与水平成 β 角的倾斜气流中，其飞行系数为

$$\tan\alpha' = \frac{P_x}{G - P_y} = \frac{P\cos\beta}{G - P\sin\beta} \tag{3-9}$$

式中，α' 为合力 R 与重力 G 的夹角；P_x 为气流作用力 P 在水平方向上的分量；P_y 为气流作用力 P 在垂直方向上的分量。

对同一颗粒而言，在一定范围内，$\tan\alpha'$ 将随 β 角的增加而增加。在其他条件不变的情况下，不同物料在倾斜气流中飞行系数 $\tan\alpha'$ 的差异比在水平气流中大。这就是倾斜气流分选效果更好的理论依据。实际生产中 β 角在 30°左右。

图 3-5 为几种谷物物料按空气动力学特性进行分选的实例。其中图 3-5(a) 为垂直气流清选（吹气式和吸气式），谷物物料从料斗喂入，落在斜筛上，受到由下而上气流的作用。

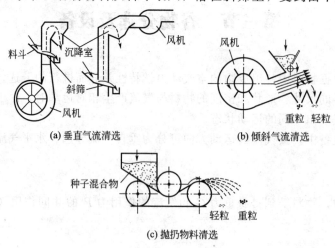

(a) 垂直气流清选　　　　(b) 倾斜气流清选

(c) 抛扔物料清选

图 3-5　气流分选

由于瘦秕谷物和夹杂物的悬浮速度小于气流速度，故随气流向上运动，通过管道进入沉降室。沉降室的断面扩大，使气流速度下降到小于瘦秕谷物和夹杂物的悬浮速度，因此秕子和夹杂物在沉降室内降落。饱满谷物则因悬浮速度大于气流速度而不被气流带走，从斜筛尾端排出。图 3-5(b) 为倾斜气流清选，由于混合物各组分的悬浮速度不同，其飞行系数不同，小而轻的谷物和夹杂物随气流吹得较远，大而重的谷物则靠近风机，两者可分别在不同位置收集。图 3-5(c) 为抛扬物料清选（常称扬场机），其工作原理和倾斜气流清选本质上相同，只是在静止空气中抛扬物料，气流相对谷物的速度方向与谷物抛扬方向相反。因此，小而轻的谷物和夹杂物被抛得较近，大而重的谷物则被抛得较远。

二、筛分

1. 自动分级现象

将散粒体物料堆放在稳定的平面上，其形状为正锥体。当支持面微幅振动或以某种状态运动时，由粒度和比重不同的颗粒组成的散粒体中的各种颗粒会按它们的比重、粒度、形状和表面状态的不同而分成不同的层次。比重小、颗粒大而扁、表面粗糙的物料趋于上层；比重大、颗粒小而圆、表面光滑的物料趋于下层，即出现自动按层分级现象。物料的比重、粒度、形状和表面状态差别越大，自动分级时形成的层次越清楚。颗粒状物料在筛分过程中，由于筛面的运动会产生自动分层现象。

产生自动分级的原因尚无完善的理论解释。一般看法如下。

① 流动的颗粒物料具有液体的性质，颗粒受浮力作用，比重小而粒度大的颗粒上浮。

② 颗粒物料在流动时较松散，空隙度变大，颗粒间的摩擦力变小。当比重大粒度小的颗粒所受重力大于所受浮力及阻力时，便向下运动填补空隙。表面光滑的球形颗粒所受阻力较小，容易向下运动，表面粗糙的片状颗粒所受阻力较大，留在上层。

2. 筛分基本概念

筛分是将颗粒状物料通过一层或数层带孔的筛面，使物料按尺寸（长度、宽度、厚度或直径）分成若干粒度级别的过程。

(1) 筛分速率与筛分效率

待筛物料中，尺寸大于筛孔尺寸的称为不可过筛物；尺寸小于筛孔尺寸的称为可过筛物。实际筛分过程中，受多种因素的影响，可过筛物中仅有一部分通过筛孔成为筛下物（筛过物）；另一部分与不可过筛物一起留在筛面上，成为筛上物（筛余物）。筛上物料中可筛过物的质量分数随时间的变化（减少）率，称为筛分速率。

设筛分过程中某一时刻 t 时，筛面上物料量为 G，其中可筛过物的质量分数为 X，则 X 随时间减少，筛分速率可以表示为 $\left(-\dfrac{\mathrm{d}X}{\mathrm{d}t}\right)$。研究表明，筛分速率与可筛过物的质量分数 X 成正比，与单位面积筛面上的物料量 $\dfrac{G}{A}$ 成反比，则

$$-\frac{\mathrm{d}X}{\mathrm{d}t}=kX\frac{A}{G} \tag{3-10}$$

式中，k 为筛分速率系数，$\mathrm{kg \cdot m^{-2} \cdot s^{-1}}$；$A$ 为筛面的面积，$\mathrm{m^2}$。

设筛分在开始时刻 t_0 时，筛面上物料量为 G_0，可筛过物的质量分数为 X_0，在筛分过程中，筛面上物料量 G 和可筛过物的质量分数 X 随时间变化，但不可筛过物的量是不变的，即

$$(1-X)G=(1-X_0)G_0 \quad 或 \quad G=G_0\frac{1-X_0}{1-X} \tag{3-11}$$

将式（3-11）代入式（3-10）中，可得

$$\frac{\mathrm{d}X}{\mathrm{d}t}=-\frac{kA(1-X)X}{G_0(1-X_0)} \tag{3-12}$$

若 t 时刻筛面上物料量 G 中可筛过物含量低时，即 X 较小时，式（3-12）可简化为

$$\frac{\mathrm{d}X}{\mathrm{d}t}=-k'X \tag{3-13}$$

分离变量积分得

$$X=X_0\mathrm{e}^{-k't} \tag{3-14}$$

式中，k' 为筛分速率系数，$\mathrm{kg \cdot m^{-2} \cdot s^{-1}}$。影响筛分速率系数 k 和 k' 的因素有物料性质、筛子形式、物料在筛面上的运动方式等，其值需通过实验来确定。

筛上物中夹带的可筛过物越少，表明筛分越彻底，即筛分效果越好，可用筛分效率作为评定筛分效果的指标。筛分效率 η 定义为筛下物与可过筛物的比值，即

$$\eta=\frac{G_0-G}{G_0X_0} \tag{3-15}$$

将式（3-11）代入式（3-15）中，可得

$$\eta=\frac{X_0-X}{(1-X)X_0} \tag{3-16}$$

若 t 时刻筛面上物料量 G 中可筛过物含量低时，即 X 较小时，忽略可筛过物的质量分数的二次项，则式（3-16）变为

$$\eta=\frac{X_0-X}{X_0}=1-\frac{X}{X_0}=1-\mathrm{e}^{-k't} \tag{3-17}$$

许多平面振动筛的实验结果都符合上列关系式。筛分效率反映的是筛分进行的有效程度，是从数量上来评定筛分过程结果的指标，其极限值是 100%。

（2）筛面利用系数（筛孔系数、开孔率）

筛面利用系数是指整个筛面上筛孔所占的面积与筛面总面积之比。筛面利用系数与筛孔的间距和筛孔排列形式有关。当筛孔为圆形时，若为正方形排列，如图 3-6(a) 所示，则筛面利用系数为

$$K=\frac{\frac{\pi}{4}d^2}{(d+m)^2}=0.785\frac{d^2}{(d+m)^2} \tag{3-18}$$

若为正三角形排列，如图 3-6(b) 所示，则筛面利用系数为

$$K=\frac{\pi d^2}{2\sqrt{3}(d+m)^2}=0.907\frac{d^2}{(d+m)^2} \tag{3-19}$$

式（3-18）、式（3-19）中，K 为筛面利用系数，%；d 为筛孔直径，mm；m 为孔间距，mm。显然在孔径（d）和孔间距（m）相同时，圆形筛孔正三角形排列的筛面利用系数比正方形排列可增加 16%。

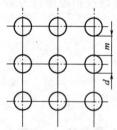

(a) 正方形排列   (b) 正三角形排列

图 3-6　圆形筛孔排列形式

（3）筛孔形状的选择

颗粒物料一般由长度、宽度、厚度（长度≥宽度≥厚度）三维尺寸组成，如图3-7(a)所示。根据物料粒度（厚度、宽度）或形状的不同配备适当的筛孔，使物料与筛面充分接触，并且具有适当的相对运动速度实现物料的分选。常见的筛孔形状有圆形、长方形、正方形和三角形等。

圆形筛孔是按颗粒物料的宽度差别进行分选，筛孔直径（d）小于颗粒长度（a）而大于颗粒宽度（b）。筛分时，宽度大于筛孔直径的颗粒将被截留在筛面的上方，宽度小于筛孔直径的颗粒只有以竖立姿势穿过筛孔才会落到筛面的下方，如图3-7(b)所示。但当颗粒长度大于筛孔直径两倍以上时，颗粒仅作平行筛面的运动，即使其宽度小于筛孔直径，但由于重心位置不在筛孔内，颗粒不能竖起来故不易穿过筛孔。

长方形筛孔是按颗粒物料的厚度差别进行分选，筛孔宽度大于颗粒厚度（c）而小于颗粒宽度，筛孔的长度大于物料的长度。筛分时，厚度大于筛孔宽度的颗粒被截留在筛面的上方，厚度小于筛孔宽度的颗粒不需要竖起来就可以通过筛孔，如图3-7(c)所示，筛子只需要做水平往复振动，筛孔长边应与物料运动方向即筛面振动方向一致。实验证明，增加长方形筛孔的长度可提高其筛分效率，但增加到一定程度后，筛分效率提高很少。筛孔长度一般为颗粒长度的2~3倍。另外，筛孔过长，筛面强度和刚度将被削弱。长方形筛孔虽然不易堵塞，但容易使长条状、片状物料透过筛孔，造成产品粒度不均匀。

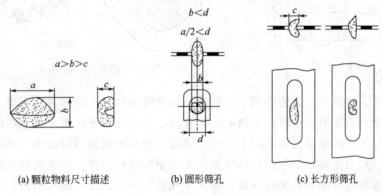

(a) 颗粒物料尺寸描述　　(b) 圆形筛孔　　(c) 长方形筛孔

图 3-7　圆形筛孔和长形筛孔的筛分原理

正方形筛孔筛面的有效面积较圆形筛孔大，但又比长方形筛孔有效面积小，筛分效率居中，块状物料多采用正方形筛孔；三角形筛孔和菱形筛孔不能准确按颗粒物料的厚度或宽度分级，只用于初清筛上分离大杂质，或分级要求不高的场合。

（4）穿过筛孔的概率

并不是筛面上所有筛下级别物料都能通过筛孔，只有那些接触筛面而且在运动中颗粒的投影完全进入筛孔，或者是颗粒的重心已经进入筛孔才有可能通过筛孔。设筛孔为正方形，边长为 b，筛网钢丝直径为 d，颗粒直径为 D（见图3-8）。颗粒穿过筛孔的概率等于其穿过筛孔的机会数与颗粒可能穿过筛孔的机会数的比值。颗粒在筛面上与筛孔任何位置接触的机会是均等的，即落在 $(b+d)^2$ 面积上的任何位置机会均

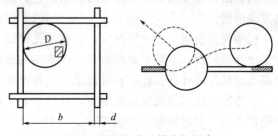

图 3-8　颗粒穿过筛孔的概率

等，而穿过筛孔的机会数与 $(b-D)^2$ 成正比，颗粒穿过筛孔的概率 P 为

$$P=\frac{(b-D)^2}{(b+d)^2}=\frac{b^2}{(b+d)^2}(1-\frac{D}{b})^2\times100\% \tag{3-20}$$

由式（3-20）可见，穿过筛孔概率与筛孔利用系数 $b^2/(b+d)^2$ 成正比。

当 D 越接近孔尺寸 b 时，物料穿过筛孔的可能性是大幅度降低的，一般将 D/b 比值为 0.8～1.0 的物料称为难筛颗粒。

3. 筛面种类和结构

筛面是筛分机械的主要工作构件，常用的筛面主要有栅筛面、板筛面、编织筛面和绢筛面。

栅筛面采用具有一定截面形状的棒料，按一定的间距排列而成，通常用于谷物物料的去杂粗筛，如图 3-9 所示。在淀粉生产中使用的曲筛也是属于此类，曲筛的工作部件是由截面为楔形或梯形的不锈钢条平行排列组成的弧形筛面，如图 3-10 所示。

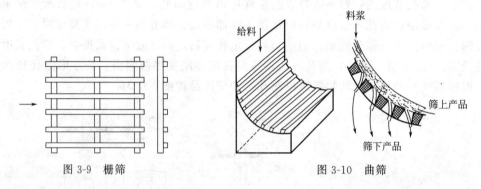

图 3-9　栅筛　　　　　　　　　　图 3-10　曲筛

曲筛工作时，物料在外力的作用下，沿筛面的切线方向进入筛面并向下滑动，由于筛面为弧形，所以物料沿筛面运动时产生离心力，在离心力的作用下，微小的淀粉颗粒穿过筛缝成为筛下物，较大的胚芽被留在筛面上，并沿筛面下滑到粗料卸料口卸出。曲筛分为重力曲筛和压力曲筛。重力曲筛是依靠物料高度差产生的重差进行供料，产生的加速度小，形成的离心力也小，适合流动性好的物料分离，如玉米胚芽的分离。压力曲筛的进料是依靠泵所产生的压力，适合于流动性差的物料，如纤维与淀粉乳的分离。对于压力曲筛，由于物料通过筛缝时沿筛面切向做抛物线运动，而不是垂直穿过筛面，所以其分级粒度不完全依赖于筛缝的大小，筛下物的粒度大约为筛缝的一半，从而减少筛面堵塞的机会。压力曲筛的产量取决于工作压力和筛面宽度，工作压力越高，筛面越宽，产量越大；筛分效果则取决于工作压力和筛面长度，筛面越长，压力越高，筛分就越充分。

栅筛面的特点是结构简单，一般粗栅筛很容易制造，但是像淀粉曲筛那样细的栅筛是较难制造的。通常物料顺筛格方向运动前进，淀粉曲筛为特例，物料与水的混合物垂直于筛格方向前进。

板筛面由金属薄板冲压而成，又称冲孔筛面。由于板筛的筛孔不可能做得很细，因此仅用于处理颗粒料，不宜于处理粉料。最常用的金属薄板厚度为 0.5～1.5mm。板筛面最常用的筛孔形状是圆孔和长孔，有时也采用三角形孔或异形孔。

板筛面的优点为孔眼固定不变，分级准确，同时它坚固、刚硬、使用期限长。由于制造和使用不当，有时筛板产生波形面，会使筛面上各点流量不均匀。由于筛孔是用冲模制出的，孔边成 7°左右的楔角或锥角，安装时应以大端向下，以减少筛孔被颗粒堵塞的机会。

近年来国外发展一种厚板筛面，筛孔的密度很大，提高了筛面利用系数，又能保证筛面的刚度和强度。这种厚板筛面的筛孔锥角可以大到 40°左右，安装则是大口朝上，更增加了筛下物料穿过筛孔的机会，但是筛上物料也会进入孔口上缘而通不过孔口下缘，形成堵孔。因此，这种筛面只适用于某些可以避免堵孔的振动筛。

金属丝编织筛面由金属丝编织而成，也称筛网。其材料为低碳镀锌钢丝，可用于负荷不大、磨损不严重的筛分设备；高碳钢丝和合金弹簧钢丝抗拉强度高、伸长率小，可用于较大负荷的筛分设备；不锈钢丝和有色金属编织的筛网可以用于高水分物料。

编织筛网通常为方孔或矩形孔，孔尺寸大的可在 25mm 以上，小的可到 300 目以上。一般 120 目以下的金属丝编制的筛网可以用平纹织法，超过 120 目就必须用斜纹织法。编织筛网不仅用于粉粒物料的筛分，也常用于过滤作业。金属丝编织筛的优点是轻便价廉，筛面利用系数大，同时由于金属丝的交叠，表面凸凹不平，有利于物料的离析，颗粒通过能力强。主要缺点是刚度、强度差，易于变形破裂，只适用于负荷不太大的场合。使用编织筛时，周围还需有张紧机构。

绢筛面由绢丝织成，或称筛绢，主要用于粉料的筛分，在面粉工业中粉筛用量最大。由于绢丝光滑柔软，所以在筛面中极易移动而改变筛孔尺寸，使用时必须用大框架绷紧，较大孔的绢筛面都用绞织。筛绢的材料为蚕丝或绵纶丝，也可用两种材料混织。

4. 筛面的运动方式

物料与筛面的相对运动是进行筛分的必要条件之一。对于固定筛面而言，需要物料具有初始速度或是借重力产生的速度。对于大多数筛分机械而言，需要借助筛面运动的速度和加速度来产生物料与筛面的相对速度。

静止筛面是最简单而原始的筛分装置，通常是倾斜筛面，倾角大于物料与筛面的静摩擦角。改变筛面的倾角，可以改变物料的速度和逗留时间。由于物料在筛面上的筛程较短，所以筛分效率不高。当筛面比较粗糙时，物料在运动过程中产生离析作用。

平面振动筛面是筛面作直线往复运动，物料沿筛面作正反两个方向的相对滑动。筛面的往复运动能促进物料的离析作用，且物料相对于筛面运动的总路程（筛程）较长，因此可以得到较好的筛分效果。当筛面的往复运动具有筛面的法向分量，而筛面法向运动的加速度等于或大于重力加速度时，物料可能跳离筛面。这种情况下，可以避免筛孔堵塞现象，对于某些筛分要求是十分有利的，例如当要求筛孔尺寸比较接近筛余级别的粒度时，常常需要清除筛孔堵塞现象。

平面回转的筛面是在水平面内作圆形轨迹运动。物料也在筛面上作相应的圆运动。平面回转筛面能促进物料的离析作用，物料在这种筛面上的相对运动路程（筛程）最长，而且物料颗粒所受的水平方向惯性力在 360°的范围内周期地变化方向，因而不易堵塞筛孔，筛分效率和生产率较高。这种筛面常用于粉料和粒料的分级和除杂，特别是在生产能力要求较大的情况下。

高速振动的筛面是在其铅垂面内作频率较高的圆运动或椭圆形运动，振动效率高而振幅小，效果与高频率的往复运动筛面相仿。垂直圆运动筛面可破坏物料颗粒的离析现象，使物料得到强烈的翻搅，适宜处理难筛粒含量多的物料。

旋转的筛面成圆筒形或六角筒形绕水平轴或倾斜轴旋转，物料在筛筒内相对于筛面运动。这种筛面的利用率相对较小，在任何瞬时只有小部分筛面接触物料，因此生产率低，但适用于难筛粒含量高的物料，在粮食加工厂常用来处理下脚物料。

5. 摆动筛

摆动筛又称摇动筛，以往复运动为主，振动为辅，摆动次数在 600 次/分以下。

摆动筛通常采用曲柄连杆机构传动，电动机通过带传动使偏心轮回转，偏心轮带动曲柄连杆时，机体（上有筛架）沿着一定方向作往复运动。摆动筛的机体运动方向垂直于支杆或悬杆的中心线，机体向出料方向有一倾斜角度，由于机体摆动和倾角存在，筛面上的物料以一定的速度向前运动，在运动过程中进行分级。筛架上装有多层活动筛网，小于第一层筛孔的物料从第一层筛子落到第二层筛子，而大于第一层筛孔的物料则从第一层筛子的倾斜端排出收集为一个级别，其他级别以此类推。

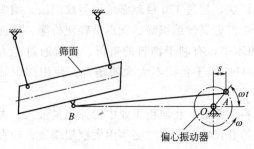

图 3-11　筛体运动示意图

摆动筛的优点是其筛面是平的，因而全部筛面都在工作，制造和安装都比较容易，结构简单，调换筛面十分方便，适用于多种物料的分级。缺点是动力平衡较差，运行时连杆机构易损坏，噪声较大等。

图 3-11 为偏心振动机构驱动筛体运动的示意图。由于筛体的吊杆及曲柄连杆机构的连杆较曲柄的长度大得多，可以认为筛体上各点均作直线简谐运动。如果以曲柄 OA 在最右边的位置作为筛面位移和时间的起始相位，则筛面的位移、速度和加速度与时间的关系为

位移　$s=r\cos\omega t$，　　速度　$v=-\omega r\sin\omega t$，　　加速度　$a=\omega^2 r\cos\omega t$

式中，s 为筛面的位移，mm；v 为筛面的速度，mm/s；a 为筛面的加速度，mm/s^2；r 为振动机构的偏心半径，mm；t 为时间，s；ω 为角速度，rad/s；ωt 为相位角。

当摆动筛的筛面作周期性往复振动时，可能出现下列不同情况：物料相对筛面静止；物料沿筛面向下滑动；物料沿筛面向上滑动；物料在筛面上跳动。摆动筛要求物料在筛面上作上下往复滑动且向下滑的距离大于向上滑的距离。

为使问题简化，物料颗粒之间的作用力忽略不计，取筛面上单粒物料 M 作为研究对象。设筛面倾角为 α，在水平方向作简谐振动，加速度 $a=\omega^2 r\cos\omega t$。当曲柄在 Ⅱ、Ⅲ 象限时，物料所受的惯性力方向向左，如图 3-12 所示，物料有沿筛面下滑的趋势。物料所受之力有重力 G、惯性力 Q、筛面约束反力 N 及摩擦力 F。

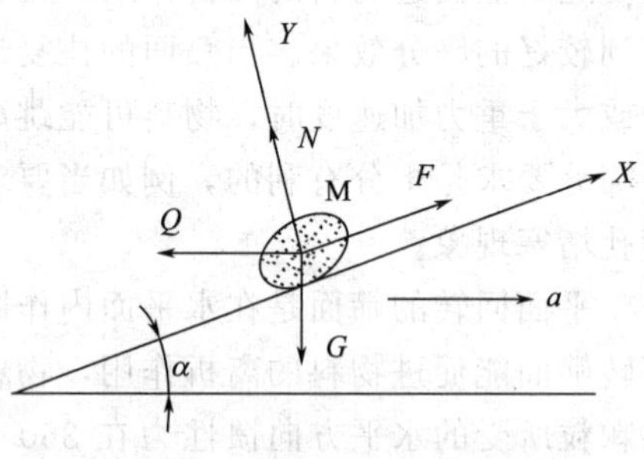

$$Q=m\omega^2 r\cos\omega t \tag{3-21}$$

$$N=G\cos\alpha-Q\sin\alpha=mg\cos\alpha-m\omega^2 r\cos\omega t\sin\alpha \tag{3-22}$$

$$F=fN=(mg\cos\alpha-m\omega^2 r\cos\omega t\sin\alpha)\tan\varphi \tag{3-23}$$

图 3-12　物料下滑的临界条件

式中，m 为物料质量，kg；f、φ 为物料与筛面之间的摩擦系数和摩擦角。

物料沿筛面下滑的临界条件是

$$Q\cos\alpha+G\sin\alpha\geqslant F \tag{3-24}$$

将式（3-23）代入，得

$$m\omega^2 r\cos\omega t\geqslant G\tan(\varphi-\alpha) \tag{3-25}$$

又因为 $|\cos\omega t|_{\max}=1$，$\omega=\pi n/30$（n 为曲柄每分钟转数），则物料沿筛面下滑的曲柄

临界转速为

$$n_1 \geqslant 30\sqrt{\frac{g\tan(\varphi-\alpha)}{\pi^2 r}} \approx 30\sqrt{\frac{\tan(\varphi-\alpha)}{r}} \quad (3\text{-}26)$$

当曲柄在 I、IV 象限时（见图 3-13），同理可求得物料沿筛面上滑的临界条件是

$$n_2 \geqslant 30\sqrt{\frac{g\tan(\varphi+\alpha)}{\pi^2 r}} \approx 30\sqrt{\frac{\tan(\varphi+\alpha)}{r}} \quad (3\text{-}27)$$

物料跳离筛面的临界条件是 $N=0$，可求得物料跳离筛面的曲柄临界转速为

$$n_3 \geqslant \frac{30}{\sqrt{r\tan\alpha}} \quad (3\text{-}28)$$

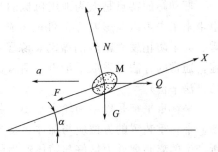

图 3-13　物料上滑的临界条件

对于摆动筛来说，适宜的曲柄工作转速 n 应在下列范围：

$$n_2 < n < n_3$$

在实际生产中，工作转速 n 可取为

$$n = (40\sim54)\sqrt{\frac{\tan(\varphi+\alpha)}{r}} \quad (3\text{-}29)$$

摆动筛的筛面是主要的工作部分，直接影响分级效果。筛孔的尺寸应稍大于物料所需分级的尺寸。圆孔为物料尺寸的 1.2～1.3 倍；正方形孔为物料尺寸的 1.0～1.2 倍；长方形孔为物料尺寸的 1.1 倍。

摆动筛的生产能力 G 为

$$G = Bq \quad (3\text{-}30)$$

式中，G 为生产能力，kg/h；B 为筛面宽度，m；q 为筛面单位流量，kg/(m·h)。

筛面单位流量主要与物料在筛面上的流速有关，流量不能过大。因此，要提高 G，只能增大 B，但筛宽和筛长有一定比例，B 过大其结构庞大，不便操作，物料也不容易沿筛宽均匀散落，筛宽一般在 600～1200mm 内选取。

物料在摆动的筛面上主要有两种运动：一种是使物料沿筛面倾斜方向向下移动，或称正向移动；另一种是使物料沿筛面倾斜方向向上移动，或称反向移动。前者主要与倾斜角度有关，后者与振幅、偏心轮转速和筛面倾斜角度有关。物料正向移动速度快，可使物料层处于较薄状态，从而增加过筛机会。若该速度过快，就需要较长的筛面，否则，就会造成来不及过筛的物料进入另一级中。另外，由于料层太薄，物料在筛面上跳动过大而影响过筛机会。正向运动应大于反向运动，才能使物料不断向出料口移动；然而又必须有一定的反向移动，才能使物料有更多机会通过筛孔。因此，摆动筛安装好后，要多次调试，选择最佳进料量，做到既有较高的分级效率又有较大的生产能力。

摆动筛采用偏心曲柄连杆机构传动，筛体往复运动时是变速运动，由于加速度的影响，使筛体产生很大的惯性力若不采取平衡措施，就会造成筛体发生振动和噪声，以致影响部件的使用寿命。

要使筛体不发生剧烈振动或减少振动，必须做到：筛体左右吊杆长短一致，同时任何一根都不得扭曲、变形；保证筛面张紧和安装平整，筛体不得向两侧倾斜；偏心机构和连杆应与筛体的长轴线方向一致，不得有偏差与扭曲，更换偏心套时要成对更换；偏心轴套与传动轴必须紧密配合，不得松动。偏心轴套在轴壳内滑动而不发生晃动，轴壳与连杆连接处必须紧密平整，并且在同一中心轴线上。

摆动筛的特点是人为地用机械的方法带动微振动，使物料在振动中移动和分级。但振动也带来了噪声以及影响零部件的寿命，则是必须控制的。这就是摆动筛中振动和平衡的矛盾。为了防止发生剧烈的振动，除了在制造、安装中保证其精度外，设计上还必须采取措施，通常的方法是采取平衡重平衡（在偏心装置上加设平衡重物）或对称平衡（采取双筛体的方法平衡）。

平衡重平衡是以平衡轮来平衡单筛体惯性力的方法。图 3-14 为平衡重的平衡作用示意图。平衡重装置的方位应与筛体运动方向相平行，当曲柄连杆机构转到水平位置时，平衡重所产生的离心惯性力恰好与筛体产生的惯性力方向相反而起平衡作用，如图 3-14（a）所示。但是，当转到垂直方向，如图 3-14（b）所示的位置，反而会产生不平衡的惯性力。平衡轮如图 3-15 所示。采用平衡重平衡，需要确定平衡重物的重量和相位。

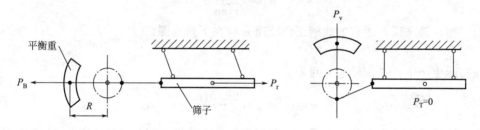

(a) 平衡重在水平位置时　　　　　　　　　(b) 平衡重在垂直位置时

图 3-14　平衡重的平衡作用

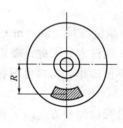　　　　　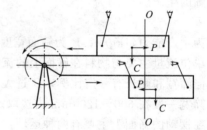

图 3-15　平衡轮　　　　　　　图 3-16　同向双筛体平衡

对称平衡法是在偏心轴上装置两个偏心轮，用两个连杆带动上下筛体运动，如图 3-16 所示。由于上下两个偏心轮的偏心方向相反，则上下两筛体的运动方向也相反，使筛体水平方向的惯性力得以抵消而平衡；垂直方向的不平衡则不能避免。

三、比重（密度）分选

1. 比重除石机

比重除石机利用砂石与物料密度的不同，在振动或外力（如风力、水力、离心力等）作用下出现的自动分层现象而除去砂石。图 3-17 所示为豆制品厂常用的 QSC 型比重除石机，用来对豆类等物料清除密度比原料大的并肩石（石子大小类似豆粒等）等重杂质。

比重除石机主要由进料装置、筛体、排石装置、风机、传动机构等部分组成。传动机构常采用曲柄连杆机构或振动电动机两种。进料装置包括进料斗、缓冲匀流板、流量调节装置等。筛体与风机外壳固定连接，风机外壳又与偏心传动机构相连，因此，它们是同一振动体。筛体通过吊杆支撑在机架上。比重除石机中的筛孔并不通过物料，而只作通风用，所以筛孔大小、凸起高度不同，出风的角度就会不同，会影响到物料的悬浮状态和除石效率。筛

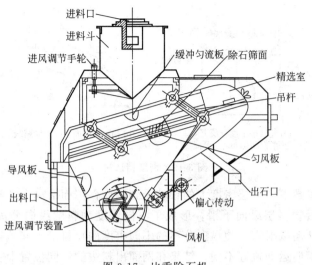

图 3-17 比重除石机

面的高端逐渐变窄，为聚石区，圆孔筛板和其上部的圆弧罩构成精选室，如图 3-18 虚框范围所示。改变圆弧罩内弧形调节板的位置，可改变反向气流方向，以控制石子出口区含粮粒状况。鱼鳞形冲孔除石筛面的孔眼均指向石子运动方向（右上方），对气流进行导向和阻止石子下滑，并不起筛选作用。吹风系统包括风机、导风板、匀风板、风量调节装置等，气流进入风机，经过匀风板、除石筛面、穿过物料后，排放到机箱内循环使用。

　　比重除石机工作时，物料不断地进入除石筛面的中部，由于物料中各成分的密度及空气动力学特性不同，在适当的振动和气流作用下，密度较小的物料颗粒浮在上层，密度较大的石子沉入底层与筛面接触，形成自动分层。由于自下而上穿过物料的气流作用，使物料之间孔隙度增大，降低了料层间的正压力和摩擦力，物料处于流化状态，促进了物料自动分层。因除石筛面前方略微向下倾斜，上层物料在重力、惯性力和连续进料的推力作用下，以下层物料为滑动面，相对于除石筛面下滑至位于低端的净料粒出口。与此同时，石子等杂物逐渐从物料颗粒中分出进入下层。下层石子及未悬浮的重颗

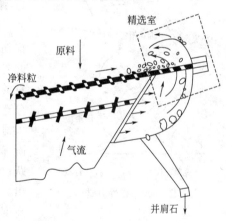

图 3-18 比重除石机的精选室

粒在振动及气流作用下沿筛面向高端上滑，上层物料也越来越薄，压力减小，下层颗粒又不断进入上层，在达到筛面末端时，下层物料中物料颗粒已经很少了。在反吹气流的作用下，少量物料颗粒又被吹回，石子等重物则从排石口排出。比重除石机工作时，要求下层物料能沿倾斜筛面向后上滑而又不在筛面上跳动。

2. 密度精选机

　　密度精选机的主要工作部件为振动网面和风机，如图 3-19 所示。振动网面由钢丝编织而成，呈双向倾斜状，纵向（x 向）倾角为 α，横向（y 向）倾角为 β。网面由振动电动机驱动作往复运动，振动方向角（振动方向与水平面的夹角）为 ε；网面同时受到自下而上的气流作用。利用物料自动分层的性质，将料层厚度为 δ 的物料置于网面上，在机械振动和上升气流的作用下，物料呈半悬浮状态，按密度、尺寸、形状等差异沿铅锤方向分层排列。在

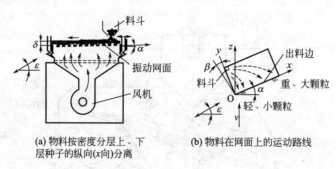

(a) 物料按密度分层上、下层种子的纵向(x向)分离　(b) 物料在网面上的运动路线

图 3-19　密度精选机

适当的振动、气流参数下，下层密度大的颗粒受到网面作用而沿纵向上滑，上层密度小的颗粒不与网面接触，沿物料层纵向下滑，形成了不同密度物料的纵向分离。由于网面横向倾斜，加之物料不断从高端喂入，使纵向分离的不同密度的物料沿不同轨迹作横向运动。不同密度物料的纵向、横向运动轨迹不同，结果在网面出料边的不同位置上获得密度不同的各种颗粒。若物料的形状、密度大致相同，而尺寸差异较大，此法也可用来按尺寸分选。

四、按物料其他物理性质分选

某些农产品除按其尺寸、重力、空气动力学特性分选外，有时也可利用其他物理性质（如摩擦、表面粗糙度、强度、弹性等）的差异进行分选，以清除杂物。

1. 弹性分选

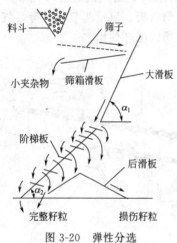

图 3-20　弹性分选

大豆选种时，不仅要去除夹杂物，还要求将有机械损伤（如裂纹、压扁）、虫伤和不成熟的大豆分选出来。此时，采用筛选、气流分选都难以达到要求，而利用大豆的弹性差异进行分选却有较好的效果。图 3-20 为弹性分选的实例，从料斗下落的大豆筛去小杂后流向大滑板，大滑板的倾角较大，使大豆滚落较快，达一定速度后与阶梯板相撞。饱满、完整的大豆弹性好，跳起高，能够跃过阶梯板与下一级阶梯板相撞，直至从下部阶梯板流出。受到机械损伤、虫伤和未成熟的大豆弹性差，跳起高度小，跳起次数少，一般无法到达下部阶梯板而沿后滑板流下，与饱满大豆分离。

2. 摩擦特性分选

图 3-21 为按摩擦特性分选物料的两种方法。一种是采用有不同宽度缝隙的固定倾斜面作为分选部件 [见图 3-21(a)]，斜面的倾角大于物料与斜面表面的摩擦角时，从料斗中落下的物料沿斜面下滑。因物料摩擦系数的不同，它们下滑的运动速度有所不同，速度快的物料可以越过缝隙继续下滑，而速度慢的物料则落入缝隙，从而实现对物料的分选。通过调整斜面的倾角和缝隙的宽度及位置，可以对不同的物料进行分选。另一种是采用回转倾斜带作为分选部件，回转倾斜带用麻布或绒布制成 [见图 3-21(b)]，工作时作均匀回转。摩擦系数小的光滑物料沿着布面滑下，而摩擦系数大的粗糙物料或夹杂物则随回转布带运动至上方，由此实现物料的分选。通过调整回转带的倾角和表面摩擦性质，可以对不同的物料进行分选。

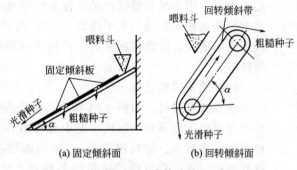

图 3-21　摩擦分选

3. 按形状分选

农产品加工过程中，有时需要对谷物颗粒料（如大米、小麦、大麦等）按颗粒的形状和大小进行精选和分级，以除去破损的物料和其他杂粒。常用的分选设备有碟片式精选机、滚筒式精选机和螺旋精选机。其中，碟片式精选机和滚筒式精选机都是利用袋孔中嵌入长度不同的颗粒而带升高度不同的原理制成的，螺旋精选机是利用物料颗粒滚动系数不同的原理而制成的。

（1）碟片式精选机

在金属碟片的平面上制成许多袋形的凹孔，孔的大小和形式根据除杂条件而定，如从大麦中分离半粒、荞麦、野豌豆，孔洞直径取 6.25～6.5mm；分离小麦取 8.5mm。碟片在粮堆中运动时，短小的颗粒嵌入袋孔被带到较高的位置才会落下，因此只要把收集短粒斜槽放在适当位置上，就能将短粒料分出来，如图 3-22 所示。

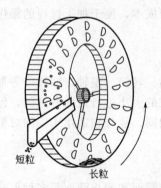

图 3-22　碟片式精选机工作示意图

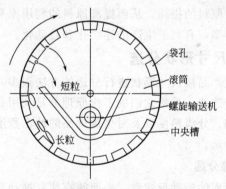

图 3-23　滚筒式精选机工作示意图

碟片式精选机的工作面积大、转速高，故产量比滚筒精选机高，而且为除去不同品种杂质所需要的不同袋孔可设在同一台设备中，即在同一台机上安装不同袋孔的碟片。若碟片损坏可以部分更换，还可分别检查每次碟片的除杂效果，因此碟片式精选机是一种比较先进的精选机，缺点是碟片上的袋孔容易磨损，功率消耗比较大。

（2）滚筒式精选机

图 3-23 所示为滚筒式精选机工作示意图。袋孔是开在转筒圆管的内表面，长粒子大麦依靠进料位差和利用滚筒本身的倾斜度，沿滚筒长度方向流动从另一端流出，而短粒子大麦嵌入袋孔的位置较深，被带到较高位置而落入中央槽之中由螺旋输送机送出。根据滚筒转速差别又分为快速滚筒精选机和慢速滚筒精选机，两者结构基本相似，但由于高速时颗粒的离

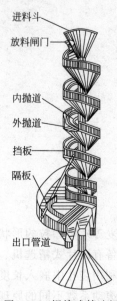

进料斗

放料闸门

内抛道

外抛道

挡板

隔板

出口管道

图 3-24　螺旋式精选机

心力增大，中央槽和螺旋输送机位置应较低速时的高。另外，低速滚筒精选机安装成与水平线成 5°～10°角，而高速滚筒精选机可接近水平安装。滚筒精选机的生产能力和精选效果主要取决于滚筒转速。

（3）螺旋式精选机

螺旋式精选机，如图 3-24 所示，也称为抛车，多用于从长颗粒中分离出球形颗粒，如从小麦中分离出荞麦、野豌豆等。螺旋精选机由进料斗、放料闸门及 4～5 层围绕在同一垂直轴上的斜螺旋面所组成。靠近轴线较窄的并列的几层螺旋面称为内抛道，较宽的一层斜面称为外抛道。外抛道的外缘装有挡板，以防止球状颗粒滚出。内、外抛道下边均设有出口。小麦由进料口均匀地分配到几层内抛道上，内抛道螺旋斜面倾角要适当，使小麦在沿螺旋面下滑的过程中速度近似不变，其与垂直轴线的距离也近似不变，因此不会离开内抛道；荞麦、野豌豆等球形颗粒物料在沿螺旋斜面向下滚动时越滚越快，因离心力的作用而被抛至外抛道，实现与小麦的分离。该分选机械虽用途欠广，但不用动力，结构简单，价格低廉，有其特殊功能，故也有实用价值。

第四节　果蔬分选及设备

果蔬产品分级分选是农产品加工中不可缺少的重要环节，针对不同的物料对象，正确地采取分级分选的工艺方法，合理地选用机械设备，可以保证产品的规格和质量指标，降低加工过程中原料的损耗，从而提高原料的利用率和降低生产成本，便于加工过程的操作，提高劳动生产率，有利于生产的连续化和自动化。

一、按尺寸形状分选

果蔬产品按尺寸形状进行分选的方法很多，如平面筛、转筒、辊轴、回转带等都是常见的机械分选法。虽然它们的工作原理都是利用孔穴或缝隙的大小进行尺寸分选的，但它们的机械结构、分级精度以及对果蔬产品的冲击程度等各不相同，故分别适用于不同对象、不同要求的分选。

1. 平面筛分选

从筛面的运动形式看，平面筛有往复振动筛面、回转筛面和静止筛面等多种形式。对许多球形果蔬（如苹果、柑橘、土豆等）的尺寸分选，振动平面筛使用的最为广泛。

振动平面筛分选装置都有两个或两个以上的筛子组成，以同时完成清选、分级作业。筛孔形状由果蔬的尺寸特性确定，常见的有圆形、长方形、三角形、椭圆形等，筛孔尺寸从上而下逐渐减小。筛子振动时，物料与筛面产生相对滑动，尺寸小于筛孔的物料有可能通过筛孔，掉入下筛，其余的留在筛面上，并沿筛面流向一侧，由集料口收集。

2. 转筒分选

转筒分选主要有圆筒筛和滚筒筛两种形式。

圆筒上有圆形或长方形筛孔，物料从一端喂入筒内，圆筒回转时，使物料与圆筒筛产生相对运动，尺寸小于筛孔的物料有可能通过筛孔掉至圆筒筛下，大于筛孔的物料借圆筒的轴向倾斜流至另一端排出。若将圆筒筛沿轴向做成几段，每段的筛孔尺寸由入口至出口不断加大，则可将物料按需要分成多级。

滚筒筛的原理与圆筒筛相似，区别在于物料在滚筒外表面运动，尺寸小于筛孔的物料穿过筛孔进入筒内，并从侧面排出，大于筛孔的物料则在滚筒筛上方排出。为使物料分成多级，可将多个不同筛孔大小的滚筒并行配置，从各滚筒侧面可收集到不同等级的物料，如图 3-25 所示。

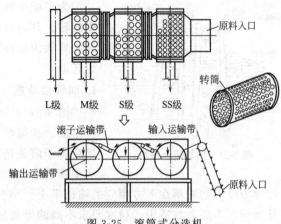

图 3-25　滚筒式分选机

3. 辊轴分选

辊轴分选机主要用于球形体或近似球形的果蔬原料，如苹果、柑橘、番茄和桃子等，按果蔬原料直径大小进行分级。其主要特点是分级范围大、分级效率高、物料损伤小。

辊轴分选机主要由辊轴、驱动轮、链轮、出料输送带、理料辊等组成，如图 3-26 所示。分级部分的结构是一条由横截面带有梯形槽的辊轴组成的输送带，每两根轴线不动的辊轴之间设有一根可移动的升降辊轴，此升降辊轴也带有同样的梯形槽。此三根辊轴形成菱形分级筛孔，物料就处于此分级筛孔之间。物料进入分级段后，直径小的即从此分级筛孔中落下，调入集料斗中，其余的物料由理料辊排成整齐的单层，由输送带带动继续向前移动。在分级过程中，各分级机构的升降辊，又称中间辊，在特定的导轨上逐渐上升，从而使相邻辊轴之间的菱形开孔随之逐渐增大。但它们对应的下辊不能作升降运动，则使开孔度也随之增大。因为开孔内只有一只物料，当此物料的外径与开孔大小相适应时，物料落下，大于开孔度的物料则停留在辊轴中随辊轴继续向前移动，直到开孔度相适应时落下。若物料大于最大开孔度时，则不能从孔中落下，而是随机向前运动到末端，再由集料斗收集处理。升降辊在上升到最高位置后分级结束，此后再逐渐下降到最低位置，在进行回转，循环以上动作。

分级机开孔度的调整是通过调整升降辊的距离来获得的，这样则可以使分级原料的规格有一定的改变范围。调整升降辊的机构由蜗轮、蜗杆、螺杆及连杆机构组成。

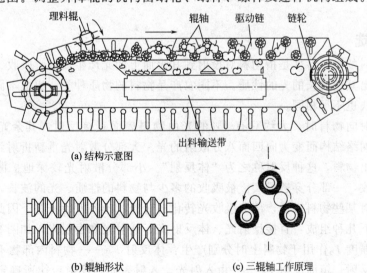

图 3-26　辊轴分选机

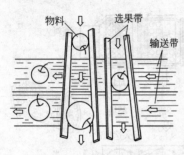

图 3-27　回转带分级机

为了减少在分级过程中物料的损伤，要求辊轴在运行中旋转。其方法是使辊轴在运行中借助其轴端安装的摩擦滚轮导轨滚动而旋转，辊轴在旋转中带动在开孔中的物料也转动。

4. 回转带分选

图 3-27 为回转带分级机的一种，主要由输送带和选果带组成。选果带一般为一对橡胶带，带面呈 V 形结构。将果蔬置于两条选果带上，若其直径小于两带间的距离，则从中落下。由于两带间的距离沿运行方向不断加大，故不同尺寸等级的物料落在下方相应的输送带上。该分选机械结构简单、故障少、工效比较高，但分级精度不高，故适用于精度要求不高的果蔬分级中。

二、按重量分选

重量式分级机可根据果蔬的重量不同进行分级，一般有称重式和弹簧式两种，称重式用得比较多，其分级精度较高，调整方便，适应性广，但结构较复杂。图 3-28 为一重量式选果机示意图，该机由进料斗、料盘、固定秤、移动秤、输送辊子链等组成。移动秤 40～80 个，其随辊子链在轨道上移动；固定秤按分级数有若干台，固定在机架上，在托盘上装有分级砝码；移动秤在非称重位置上时，物料重量靠小轨道支撑，使移动秤杆保持水平。当移动秤到达固定秤处进行称重，这时移动秤的杠杆与固定秤的分离针相接触，物料和砝码在移动秤杠杆的两端，通过比较，若物料重量大于设定值，则分离针被抬起，料盘随杠杆转动而翻转，物料被排放到接料箱。物料由重到轻按固定秤数量而分成若干等级。

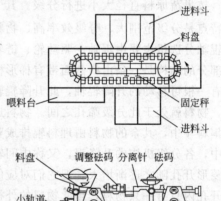

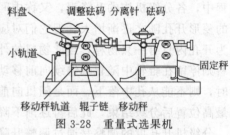

图 3-28　重量式选果机

三、光电分选

农产品物料的光学特性是指物料对投射到其表面上的光产生反射、吸收、透射、漫射或受光照后激发出其他波长的光的性质。不同农产品物料的物质种类、组成不同，因而在光学特性方面的反映也不尽相同。

当一束光射向物料时，大约只有 4％的光由物料表面直接反射，其余光射入到物料表层，遇到内部网络结构而变为向四面八方散射的光。大部分散射光重新折射到物料表面，在入射点附近射出物料，这种反射称之为"体反射"。小部分散射光较深地扩散到内部，一部分被物料所吸收，一部分穿透果实。被吸收的多少与物料的性质、光的波长、传播路径长度等因素有关。对某些物料来说，部分吸收光转化成荧光、延迟发射光等。因此，离开物料表面的光就由如下几种组成：直接反射光、体反射光、透射光和发射光，如图 3-29 所示。

当入射光强度 I_0 作用于物料上时分别产生：体反射 $I_{\rho 1}$——物料内部物不均匀而产生的反射，也称漫反射；镜面反射 $I_{\rho 2}$——由入射光、入射表面和反射定律所确定的方向上的反射光；吸收 I_a——内部组织对光有选择地吸收；透射 I_τ——入射光透过物料而射出的光；

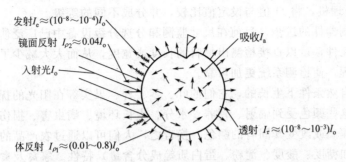

图 3-29 光与水果的相互作用

发射 I_e——指物料吸收光能量后又转化为特定波长的光强度而发射出来，主要是延迟发光（DLE）和荧光发光。根据能量守恒和转化定律：

$$I_o = I_{\rho 1} + I_{\rho 2} + I_a + I_\tau + I_e \qquad (3-31)$$

常用光密度 OD[$OD = \lg(I_o/I_\tau)$]来表示入射光能对透射光能的比值大小。物料的光透过度越低，则光密度越高。对于某种农产品物料，一束平行的入射光投射到物料上产生的反射光、透射光、吸收光和发射光的频谱分布和强弱与物料的种类和结构等性质有密切关系，具有强烈的选择性，利用这一原理可对农产品物料进行自动化分级分类。如从合格物料中剔除缺陷品；按物料中某种成分含量进行分类；把成熟度不同的产品进行分类，以便分别贮藏和销售。

光电检测和分选技术克服了手工分选的缺点，具有以下明显的优越性：既能检测表面品质，又能检测内部品质，而且检测为非接触性的，因而是非破坏性的，经过检测和分选的产品可以直接出售或进行后续工序的处理；排除了主观因素的影响，对产品进行全数（100%）检测，保证了分选的精确和可靠性；劳动强度低，自动化程度高，生产费用降低，便于实现在线检测；机械的适应能力强，通过调节背景光或比色板，即可以处理不同的物料，生产能力大，适应了日益发展的商品市场的需要和工厂化加工的要求。

光电分选机采用的是非接触测量，可以减少果蔬的机械损伤，在将农产品按尺寸分选方面有很好的应用。图 3-30 中为两种光电分选机的原理图。L 为射光器，R 为受光器。一个射光器与一个受光器组成一个单元。图 3-30(a) 为双单元同时遮光式分级器，两个单元间的距离 d 由分级尺寸决定，而且沿输送器前进方向间距 d 逐渐变小。果蔬物料在输送带上前进，经过分级器时，若物料尺寸大于 d，两条光束同时被遮断。这时，通过光电元件和控制系统使推板或喷气嘴工作，把此水果排出输送带，作为该间距 d 值所分选的水果。双单元的数量即为分选出的水果等级数。图 3-30(b) 所示为一脉冲计数式分级器，射光器和受光器分别置于物料输送料斗的上、下方，且对准料斗的中部开槽处。每当料斗移动距离 a 时，射光器发出一个脉冲光束，水果在运行中遮断脉冲光束的次数为 n，则水果的直径 $D = n \times$

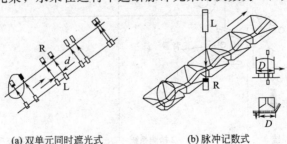

(a) 双单元同时遮光式　　　　(b) 脉冲计数式

图 3-30 光电尺寸分选

a，然后通过微处理机，将 D 值与设定值比较，并分成不同的等级。

　　随着光电检测器件的进步，目前在尺寸监测和分选分级设备中已广泛使用陈列式（线性 CCD）光电检测元件，可以直接检测出物料的长度或宽度，从而大大减少了后续的数据处理和系统的控制过程，使检测系统更加可靠。

　　农产品是在自然条件下生长的，它们的叶、茎、秆、果实等在阳光的抚育下，形成了各自固有的颜色。这些颜色受到辐射、营养、水分、生长环境、病虫害、损伤、成熟程度等诸因素的影响，会偏离或改变其固有的颜色。换言之，人们可以通过农产品的颜色，识别、评价它们的品质（如糖度、酸度、淀粉、蛋白质等成分含量）特性。家禽及禽蛋也具有不同的表面颜色，并且它们的表面颜色往往与品质有着密切的关系。

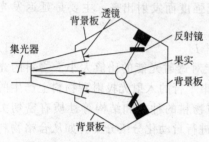

图 3-31　检箱式果皮色分选装置

　　水果表皮的颜色可以利用光反射特性来鉴别，用一定波长的光或电磁波照射水果，根据其反射光的强弱可以判别其表面颜色。采用光电探测元件将反射光变为电信号，用电流强度的大小来判别果皮的颜色。图 3-31 为检箱式果皮色分选装置示意图。水果依次下落至色检箱，在通过色检箱的过程中，受到上下光线的照射。对于不同的物料，为得到适应波长的光，可更换背景板，从果皮反射的光，借箱内相隔 120° 配置的镜子反射入三个透镜，通过集光器混合，然后分成两路，分别通过带有不同波长滤光片的光学系统，得到不同波长下的反射率，从而判别水果的颜色。

　　图 3-32 所示的色选机是利用光电原理，从大量散装物料中将颜色不正常或感染病虫害的个体以及外来杂质检测分离的设备。光电色选机工作时，贮料斗中的物料由振动喂料器送入通道成单行排列，依次落入光电检测室，从电子视镜与比色板之间通过。被选颗粒对光的反射及比色板的反射在电子视镜中相比较，颜色的差异使电子视镜内部的电压改变，并经放

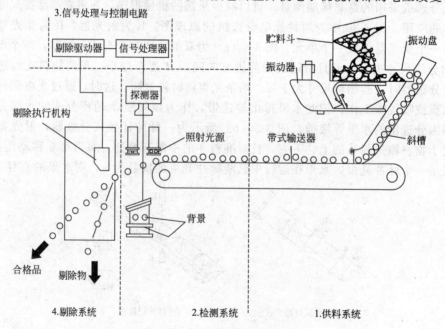

图 3-32　光电色选机系统示意图

大，如果信号差别超过自动控制水平的预置值，即被存储延时，随即驱动气阀，高速喷射气流将物料吹送入旁路通道。而合格品流经光电检测室时，检测信号与标准信号差别微小，信号经处理判断为正常，气流喷嘴不动作，物料进入合格通道。

光电色选机主要由供料系统、检测系统、信号处理与控制电路、剔除系统四部分组成。

供料系统由贮料斗、电磁振动喂料器、斜式溜槽或带式输送器组成，其作用是使被分选的物料按所需速率均匀地排成单列，穿过检测位置并保证能被传感器有效检测。色选机系多管并列设置，生产能力与通道数成正比，一般有20、30、40、48、90系列。

检测系统由光源、光学组件、比色板、光电探测器、除尘冷却部件和外壳等组成。检测系统的作用是对物料的光学性质（反射、吸收、透射等）进行检测以获得后续信号处理所必需的受检产品的正确品质信息。光源可用红外光、可见光或紫外光，功率要求保持稳定。检测区内有粉尘飞扬或积累，影响检测效果，可以采用低压持续风幕或定时高压喷吹相结合以保持检测区内空气明净，环境清洁，并冷却光源产生的热量，同时还设置自动扫帚装置，随时清扫防止粉尘积累。

信号处理与控制电路把检测到的电信号进行放大、整形、送到比较判断电路，判断电路中已经设置了参照样品的基准信号。根据比较结果把检测信号区分为合格品和不合格品信号，当发现不合格品时，输出一脉冲给分选装置。

剔除系统接收来自信号处理控制电路的命令，执行分选动作。最常用的方法是高压脉冲气流喷吹。它由空压机、储气罐、电磁喷射阀等组成。喷吹剔除的关键部件是喷射阀，应尽量减少吹掉一颗不合格品带走的合格品的数量。为了提高色选机的生产能力，喷射阀的开启频率不能太低，因此要求运用轻型的高速、高开启频率的喷射阀。

第五节　分选工作质量

在理想情况下，农产品的分选作业是按清选、分级要求，严格地按物料的尺寸、重量、密度、形状、品质等物性中的某一项进行分组。但实际上，由于多种因素的影响，不同特性的物料会有混杂现象，这反映了分选效果的不尽完善。为了评价分选质量，提出了分级效率的概念。

分级效率是从质（纯度和混杂率）和量（回收率）两方面评价分选效果的一个指标。

设物料中有 A、B 两个等级的产品，A 产品的质量分数为 a。经分级后，A 产品出口的质量流量分数为 γ，在 A 产品出口中 A 产品的质量分数为 β。在 B 产品出口中，A 产品混入的质量分数为 θ。

设 λ 为产品的混杂率，即混入本级产品中的非本级产品的质量与物料中非本级产品总质量之比，则在 A 产品中

$$\lambda = \gamma \frac{100\% - \beta}{100\% - a} \tag{3-32}$$

令 ε 为产品的回收率，也称获选率，即应该进入本等级出口的产品实际质量与物料中本等级产品总质量之比，则

$$\varepsilon = \frac{\beta\gamma}{a} \tag{3-33}$$

对于理想作业，混杂率 λ 为 0，即 $100\% - \beta = 0$，B 产品在 A 产品中的混入量为零，这反映了分级产品的质量。同时，理想的分级作业应满足回收率 $\varepsilon = 100\%$，即 $\beta\gamma = 100\% a$，即物料中 A 产品全部进入 A 产品出口，这反映了分级产品的数量。因此，λ 和 ε 分别从质

量和数量两方面反映了分选效果的好坏。

如果不经过分级作业，只是将物料分成质量流量为 γ 和（$100\%-\gamma$）的两部分，在 A 产品出口中也会有与原始物料中相同的质量分数，即 A 产品出口中 A 产品的量为 $\gamma\alpha$。因此，由于分选作业使 A 产品进入 A 产品出口的质量分数为

$$N=\gamma(\beta-\alpha) \tag{3-34}$$

理想作业时，$\gamma=\alpha$，$\beta=100\%$，则理想分选产品量为

$$N_0=\alpha(100\%-\alpha) \tag{3-35}$$

分级效率定义为有效分选的产品量与理想分选产品量之比，即

$$\begin{aligned}
\eta=N/N_0&=\frac{\gamma(\beta-\alpha)}{\alpha(100\%-\alpha)}\\
&=\frac{\beta\gamma}{\alpha}-\frac{\gamma(100\%-\beta)}{(100\%-\alpha)}\\
&=\varepsilon-\lambda
\end{aligned} \tag{3-36}$$

分级效率也可用某产品的回收率 ε 和混杂率 λ 之差值表示，它同时反映了分选产品在质和量两方面的指标，是一个综合性的指标。当产品的回收率 $\varepsilon=100\%$，混杂率 $\lambda=0\%$ 时，分级效率 η 最高，达 100%，否则 $\eta<100\%$。回收率 ε 和混杂率 λ 中任一单项指标的不理想都将使分级效率下降。分级效率可用来评价农产品的分选效果，计算比较方便，但它只能用于将物料分成两类产品的情况，若要分成多级，则将采用其他评价指标。

第四章 分离及其设备

在农产品加工过程中，经常涉及将固-液混合物料以及液态物料中含有的不同组分分离开来，如果汁与皮渣分离以及乳脂分离等。本章讨论的分离是指用机械的方法或物理的方法对液态的农产品物料及其加工产物进行固-液或液-液分离的单元操作。

第一节　颗粒在流体介质中的相对运动

由于固液混合物的分离过程是固态颗粒或悬浮质颗粒与液相介质产生相对位移的过程，因此，有必要对影响颗粒与介质相对运动的介质阻力进行分析。

当固体颗粒相对流体介质运动时，受到浮重（重力与浮力之差）和介质阻力的作用，流体力学中介质阻力的通式如下：

$$R = \frac{C a_s \rho v^2}{2} \tag{4-1}$$

式中，v 为流体介质相对物体的运动速度；a_s 为物体在垂直于相对速度方向上的投影面积，称迎风面积；ρ 为介质密度；C 为阻力系数，与介质的流态有关，可由雷诺数确定。

当颗粒在介质中做相对运动时，在其运动的后方将形成空隙。由于介质的连续性，它将绕过颗粒来填补空隙，这种流动称为绕流。介质绕流球体颗粒的流态有层流和紊流两种基本形式。当颗粒尺寸很小、运动速度很低时，迎面的介质被颗粒平稳地分开并绕过颗粒，在颗粒的后方会合起来，介质的运动是平稳而连续的，这种绕流称为层流绕流。层流绕流中，由于紧贴颗粒表面的一层介质和远离颗粒的各层介质所受到颗粒的牵连作用由内向外不断减弱，层面间出现了速度梯度，因而产生内摩擦力，形成阻碍颗粒运动的黏性摩擦阻力。

当颗粒尺寸较大、运动速度较高时，介质的流动不再是平稳的，在颗粒后方形成旋涡区，这种绕流称为紊流绕流。在紊流绕流中，也存在黏性摩擦阻力，但这不是阻力的主要形式。在漩涡区内，介质因激烈旋转而动能增加，压强降低，颗粒前、后形成了压强差，这种压差力与颗粒的运动方向相反，形成涡流压差阻力，阻碍颗粒在介质中运动。涡流压差阻力的大小与介质密度、颗粒的迎风面积和颗粒相对介质的运动速度有关。绕流的流态除上述两种基本形式外，还有介于两者之间的不稳定层流绕流。此时，颗粒同时受到黏性摩擦阻力和涡流压差阻力的作用。

介质的绕流流态可以用运动物体的雷诺数 Re 判断，雷诺数的表达式为

$$Re = \frac{d_s v \rho}{\mu} \tag{4-2}$$

式中，d_s 为颗粒的几何特征尺寸，球体为直径；v 为流体介质相对物体的运动速度；ρ 为介质密度；μ 为介质黏度。

英国物理学家李莱用实验方法确定了绕流流态的雷诺数 Re 和阻力系数 C 的关系曲线，

由 $C—Re$ 曲线可以得到三个不同区域的阻力系数，从而分别求出介质阻力 R。

斯托克区（黏性摩擦阻力区）　　$Re \leqslant 1$

$$C = \frac{24}{Re} \qquad\qquad R = 3\pi\mu d_s v \qquad\qquad (4\text{-}3)$$

阿连区（过渡区）$1 \leqslant Re \leqslant 500$

$$C = \frac{10}{\sqrt{Re}} \qquad R = 1.25\pi\sqrt{\mu\rho d_s^3}\, v^{1.5} \qquad\qquad (4\text{-}4)$$

牛顿区（涡流压差阻力区）$500 \leqslant Re \leqslant 2 \times 10^5$

$$C = 0.44 \qquad\qquad R = 0.055\pi\rho d_s^2 v^2 \qquad\qquad (4\text{-}5)$$

颗粒与流体介质产生相对运动时，会出现两种临界状态：一是悬浮状态；二是等速沉降状态。前者是物料在垂直运动流体介质作用下产生的，颗粒的浮重为零，悬浮在介质中；后者是物料在静止介质中沉降时发生的，当颗粒在静止介质中的浮重大于零时，即重力大于浮力时，颗粒发生沉降，并不断加速。随着颗粒相对介质运动速度的增加，介质阻力也逐渐加大，沉降的加速度不断减小。最终，当介质阻力与浮重相等时，颗粒下降速度不再变化，并以该速度匀速下降，颗粒出现稳定的等速沉降状态。由此看出，等速沉降状态与悬浮状态虽表面现象不同，但有着相同的力学特征，即介质阻力等于颗粒的浮重。

对于球形颗粒，其浮重为

$$W = \frac{\pi d_s^3 (\rho_s - \rho)g}{6} \qquad\qquad (4\text{-}6)$$

式中，ρ_s 为颗粒的密度。

由此可以得到不同雷诺数下的等速沉降速度 v_0。

斯托克公式（层流绕流）$Re \leqslant 1$

$$R = 3\pi\mu d_s v = \frac{\pi d_s^3 (\rho_s - \rho)g}{6} \qquad \left[a_s = \pi\left(\frac{d_s}{2}\right)^2\right]$$

$$v_0 = \frac{d_s^2 (\rho_s - \rho)g}{18\mu} \qquad\qquad (4\text{-}7)$$

阿连公式（不稳定层流绕流）$1 \leqslant Re \leqslant 500$

$$v_0 = 1.195 d_s\sqrt[3]{\frac{(\rho_s - \rho)^2 g}{\rho\mu}} \qquad\qquad (4\text{-}8)$$

牛顿公式（紊流绕流）$500 \leqslant Re \leqslant 2 \times 10^5$

$$v_0 = 5.45\sqrt{\frac{d_s(\rho_s - \rho)}{\rho}} \qquad\qquad (4\text{-}9)$$

上述公式的选用决定于雷诺数的大小。实际上，由于在等速沉降的稳定状态下有

$$Re = \frac{d_s v_0 \rho}{\mu} \qquad\qquad (4\text{-}10)$$

因此，将式（4-10）与式（4-7）、式（4-8）、式（4-9）联立，可以求得适用于上述三个公式的粒径范围公式，即

对于斯托克公式（$Re \leqslant 1$），应满足：

$$d_s \leqslant \frac{\mu}{v_0\rho} = \sqrt[3]{\frac{18\mu^2}{\rho(\rho_s - \rho)}} \qquad\qquad (4\text{-}11)$$

对于阿连公式（不稳定层流绕流）（$1 \leqslant Re \leqslant 500$），应满足：

$$0.915 \sqrt[3]{\frac{\mu^2}{\rho(\rho_s-\rho)}} \leqslant d_s \leqslant 20.4 \sqrt[3]{\frac{\mu^2}{\rho(\rho_s-\rho)}} \tag{4-12}$$

对于牛顿公式（紊流绕流）（$500 \leqslant Re \leqslant 2 \times 10^5$），应满足：

$$20.4 \sqrt[3]{\frac{\mu^2}{\rho(\rho_s-\rho)}} \leqslant d_s \leqslant 1100 \sqrt[3]{\frac{\mu^2}{\rho(\rho_s-\rho)}} \tag{4-13}$$

通过粒径范围公式，可以较为方便地确定混合流中介质绕流的流态和相应的等速沉降公式。也就是说，把雷诺数判别流态问题转化为用粒径范围来判别流态。

第二节　分离原理

通常分散介质为液体的系统，根据分散质的形态为固体、液体或气体而分别称为悬浮液、乳浊液和泡沫液，其中前两种在农产品加工中占有特别重要的地位。

一、沉降

沉降是农产品加工中经常采用的分离方法之一。通过沉降操作可以除去固液混合物料中的固体粒子，得到不含杂质的净化液体；还可对悬浮在液体中的颗粒进行分级，获得大小不同、密度不同的颗粒。沉降是利用悬浮液中固-液两相的密度差对悬浮液进行分离的方法。分离时，在重力或离心力作用下，密度较大的固体颗粒沉降，得到固体沉渣和澄清液体，当固相颗粒密度较液相密度小时，则固体颗粒浮在液体表面，相当于液体沉降。若各相间不存在密度差，则不能用沉降法进行分离。根据沉降驱动力的不同可把沉降分为重力沉降和离心沉降，重力沉降适用于分离较大的颗粒，离心沉降可以分离较小的颗粒。

1. 重力沉降

颗粒受重力作用而发生的沉降叫重力沉降。如果颗粒与容器壁以及其他颗粒之间有足够的距离，其沉降过程不受容器壁和周围颗粒的影响，则沉降为自由沉降。通常情况下，当颗粒粒径与容器直径的比值小于 1：200 或溶液中粒子的浓度小于 0.2%（体积）时，器壁和其他颗粒对沉降的影响小于 1%，可认为是自由沉降。在重力场内，一个颗粒在静止的液体中降落时，共受到三个力的作用：重力、浮力和阻力。重力与浮力之差是使颗粒发生沉降的驱动力，阻力则来自流体介质对运动颗粒的阻碍，其作用力与颗粒运动方向相反。

本章第一节给出了颗粒自由沉降速度的计算方法。多数沉降过程是在层流区内进行的，根据层流区的斯托克公式，从理论上可对影响沉降速度的因素分析如下。

颗粒直径　理论上沉降速度与粒径的平方成正比。颗粒越大，沉降就越快。农产品加工中的均质化处理（如牛奶和果汁的均质处理）就是使悬浮颗粒或液滴微粒化，降低沉降速度，达到使制品稳定的目的。另外，在农产品加工中，有时也采取适当措施增大颗粒直径达到迅速沉降澄清制品的目的，如常采用加热的方法使具有胶体性质的悬浮液食品产生絮凝，使颗粒增大以便沉淀析出。

分散介质黏度　沉降速度与介质的黏度成反比。介质的黏度越大，悬浮液越难用沉降法分离。如含有果胶的果汁，因其黏度高，在生产中常通过加酶制剂破坏果胶降低其黏度，达到改善澄清操作的目的。此外，还有利用适当加热的办法来降低黏度，达到加快沉降速度的目的。

两相密度差　沉降速度与两相密度差成正比。但在给定的悬浮液沉降分离过程中，其值是难以改变的。

除了上述直接的影响因素外，实际的沉降过程还受其他因素的影响。前面的讨论是基于以下假设，即颗粒为光滑球形，在无限连续的介质中颗粒间互不影响而沉降，容器壁对颗粒沉降的阻滞作用可以忽略。实际上，介质并非无限量，沉降都是在有限容器中进行，颗粒间有干扰，颗粒并非球形，而且大小、形状各异，即沉降实际上受到其他颗粒、颗粒自身形状及容器壁的影响。

（1）干扰沉降

自由沉降讨论的是单颗粒在静止流体中的理想沉降方式。但实际沉降过程是颗粒群在有界流体中的相对运动，颗粒在沉降中受器壁的影响以及颗粒间的互相干扰，尤其是当颗粒含量大时，其沉降受到其他颗粒的影响，沉降速度减小，这称为干扰沉降。每个颗粒周围流体的速度梯度都必然受到周围颗粒的影响。在液体中，向下沉降的颗粒取代了液体的位置，使液体产生了相当明显的向上速度。因此，颗粒与流体的相对速度显著高于颗粒与容器壁的相对速度。

一般而言，颗粒干扰沉降的速度比用前述方法算出的值要小。原因有二：一是颗粒实际上是在密度与黏度都比清液大的悬浮液体系内沉降，所受的浮力与阻力都比较大；二是颗粒向下沉降时，流体被置换而向上运动，阻滞了靠得很近的其他颗粒的沉降。干扰沉降的速度可先用自由沉降速度的计算法估算，然后根据颗粒的浓度对流体密度及黏度进行校正。

（2）非球形颗粒的沉降

农产品加工中许多物料的颗粒形状是不规则的。颗粒形状和球形之间的差异程度可以用球形度来表示。球形度越大，表示颗粒的形状与球形的差异越大。分析非球形颗粒的沉降速度时除了要考虑其形状特点以外，还要考虑其方位，例如针形颗粒直立着沉降与平卧着沉降，其阻力显然大有区别。对于形状较为普通的颗粒，已通过实验作出一些专门表示其雷诺数 Re 和阻力系数 C 的关系曲线，但有些颗粒形状差别很大而球形度却相近，同时此法又未考虑方位的影响，故所得结果也是很粗略的。

（3）壁面效应

当颗粒的直径（d_s）与沉降设备的直径（d）之比达到一定数值时，设备对颗粒会产生显著的阻滞作用，即为壁面效应。容器壁会增加沉降时的阻力，使沉降速度降低。当 $d_s/d < 0.05$，且沉降处于层流区时，自由沉降速度可用期托克定律算出的自由沉降速度乘以壁面效应引起的修正因子 K_w：

$$K_w = \frac{1}{1 + 2.1 \dfrac{d_s}{d}} \tag{4-14}$$

根据固体颗粒在流体中的沉降速率，重力沉降可以实现固体颗粒的分级分离，主要方法有两种，分别是沉-浮法和分级沉降法。

沉-浮法是使用一种密度介于重颗粒和轻颗粒之间的液体。在这种液体介质中，重颗粒下沉，轻颗粒上浮。该方法的分离效果与颗粒的大小无关，仅取决于两种物料的相对密度。由于大多数固体的密度都较大，所以在沉-浮法中所用的液体密度要大于水。但是几乎没有这样的液体既便宜又无腐蚀性，故而采用所谓的假液体。这种液体是由水和悬浮在水中的极其细小的固体颗粒组成的，这些颗粒的相对密度较大，如方铅石及磁铁石等。

沉-浮法也是一种干扰沉降。改变介质中细颗粒的数量可以使介质的有效密度在很大范围内变化。此技术一般应用于精选矿石和清洗煤块。由于介质中的细颗粒直径很小，其沉降速度可以忽略，所以悬浮液相当稳定。

分级沉降法是按照固体颗粒在介质中的沉降速度不同，把固体颗粒分成大小不同几部分的分离方法。在这种方法中，介质密度要低于重颗粒和轻颗粒的密度。在农产品加工中，此法常用于将粗细不同的颗粒按大小分级。将沉降速度不同的两种颗粒倾倒于向上流动的水流中，若水的流速介于二者的沉降速度之间，则沉降速度较小的颗粒便被漂走而分出；或是将悬浮于流体中的混合颗粒送入截面积很大的室中，流道扩大使流体线速度变小，悬浮液在室内经过一定时间后，其中沉降速度大的颗粒沉降于室的前部，沉降速度小的颗粒则集于室的后部。

若有密度不同的 a、b 两种颗粒要用分级沉降法分离，且两种颗粒的直径范围很大，则由于密度大而直径小的颗粒与密度小而直径大的颗粒可具有相同的沉降速度，使两种颗粒并不能完全分离。因此，要定出不能达到完全分离的两种颗粒的直径比 d_b/d_a，可利用沉降速度关系式，即按斯托克斯定律计算，当 a、b 两种颗粒达到相同的沉降速度时有

$$\frac{d_a^2(\rho_a-\rho)g}{18\mu}=\frac{d_b^2(\rho_b-\rho)g}{18\mu}$$

故

$$d_b/d_a=\sqrt{\frac{\rho_a-\rho}{\rho_b-\rho}} \tag{4-15}$$

式（4-15）中的 ρ_a 及 ρ_b 分别为 a、b 两种颗粒的密度。

将以上结论推广应用于其他流动状况的区间，还可得到如式（4-16）的通式，即

$$d_b/d_a=\left(\frac{\rho_a-\rho}{\rho_b-\rho}\right)^n \tag{4-16}$$

式（4-16）中的 n，在层流区为 $1/2$，湍流区为 1，过渡状态则在 $1/2\sim1$ 之间。

2. 离心沉降

用沉降的方法对固液混合物料进行分离时，沉降速度是由颗粒的尺寸、颗粒与介质的密度差以及液体的黏度决定的。对于给定的物料，颗粒的沉降速度是确定的。为更快速地对物料进行有效分离，需要获得更大的沉降推动力，利用离心力则很好地解决了这个问题。颗粒在离心场中受到离心力，转速越大，离心力也越大。因此，对于那些由于颗粒和液体的密度很接近，在重力沉降器中不能很快沉降或根本不沉降的颗粒，常常可利用离心力将其从液体中分离出来。例如，从牛奶中提取奶油的工艺操作，若用重力沉降分离法需要几个小时，而在奶油分离器中用离心分离法仅需几分钟就可完成。离心分离广泛应用于农产品加工中，如植物油、果汁生产中除去渣皮等。

当颗粒以一定的速度沿着设备中心轴作圆周运动时，会受到离心力的作用，离心力的作用方向是沿旋转半径从圆心指向外，其大小为

$$F_c=ma_r=\frac{mv_t^2}{r} \tag{4-17}$$

式中，m 为颗粒的质量；a_r 为离心加速度；v_t 为颗粒的切线速度；r 为旋转半径。

颗粒在旋转的液体介质中因受离心力而运动时，其路径成弧形，如图 4-1 中的虚线 ACB 所示。当其位于距旋转中心 O 的距离为 r 的点 C 处时，其切线速度为 v_t，径向速度为 v_r。绝对速度即为二者的合速度 v，其方向为弧形路线在点 C 处的切线方向。

离心力使颗粒穿过运动的液体逐渐远离旋转中心。然

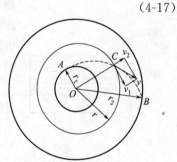

图 4-1 颗粒在旋转液体中的运动

而，正如颗粒在重力场中所受的净重力等于其所受重力减去它所排开的液体所受的重力（颗粒所受浮力），颗粒在离心力场中所受的作用力也等于它所受的离心力减去它所排开的液体所受的离心力。若颗粒为球形，则作用力为

$$F = \frac{\pi d_s^3 (\rho_s - \rho) v_t^2}{6r}$$ (4-18)

式中，d_s 为颗粒的直径；ρ_s 为颗粒的密度；ρ 为液体介质的密度。

颗粒运动中所受的介质阻力为

$$R = \frac{C \pi d_s^2 \rho v_r^2}{8}$$ (4-19)

阻力的方向与作用力相反，即指向旋转中心。

令上述两力的大小相等，可以解出达到力平衡时的离心沉降速度 v_r：

$$v_r = \sqrt{\frac{4 d_s (\rho_s - \rho) v_t^2}{3 C \rho r}}$$ (4-20)

v_r 与重力作用下的沉降速度 v_0 相当。值得注意之处是：v_r 并非颗粒运动的绝对速度，而是绝对速度在径向上的分量。颗粒实际上是沿着半径逐渐扩大的螺旋轨道前进的。

颗粒与液体介质的相对运动属于层流时，阻力系数 C 也可用 $24/Re$ 表示，将其代入式（4-20），化简后即得

$$v_r = \frac{d_s^2 (\rho_s - \rho) v_t^2}{18 \mu r}$$ (4-21)

与重力沉降速度式（4-7）相比，离心沉降速度在形式上的区别仅在于场强度，即用离心加速度 v_t^2/r 取代了重力加速度 g；离心沉降背离旋转中心，重力沉降则是垂直向下；离心力与径向位置 r 有关，不是常数，因此离心沉降速度 v_r 也与 r 有关，不是恒定的常数，而重力沉降速度 v_0 为常数。

二、过滤

过滤是分离悬浮液的一种最普通和最有效的单元操作之一，它是利用多孔物质对固-液两相的阻力差异进行固、液分离的方法。其原理是在一定压力的作用下，多孔介质将悬浮液中固体微粒截留，而液体能够自由通过，实现固、液两相的分离。按固体颗粒的大小和浓度，悬浮液可分为粗颗粒悬浮液、细颗粒悬浮液或高浓度悬浮液、低浓度悬浮液等。悬浮液的粒度和浓度对选择过滤设备有重要意义。

1. 过滤过程及分类

在过滤操作中，通常称处理的悬浮液为滤浆，滤浆中的固体颗粒为滤渣，截留在过滤介质上的滤渣层为滤饼，透过滤饼和过滤介质的澄清液为滤液。过滤时，流动阻力为过滤介质阻力和滤饼阻力。滤饼阻力取决于滤饼的性质及其厚度。图 4-2 为过滤操作示意图。过滤操作的外推动力可以是重力、压力或惯性离心力。

根据过滤介质的孔径大小，还可把过滤分为表面过滤和深层过滤两大类型。

（1）表面过滤

表面过滤又称为滤饼过滤。固体颗粒的粒径一般比过滤介质的孔道大，当滤浆流向过滤介质时，大于或相近于过滤介质孔隙

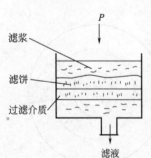

图 4-2　过滤操作示意图

的固体物以架桥的方式积聚于介质表面，形成滤饼，如图4-3所示，其孔隙通道比过滤介质孔隙更小，能截留住更小的颗粒。在过滤开始时，由于滤饼层还没有形成，很小的颗粒会进入介质的孔道内，其情况与深层过滤相同，部分特别小的颗粒还会通过介质的孔道而不被截留，因此滤液仍是混浊的。在滤饼形成以后，它便成为对其后的颗粒起主要截留作用的介质，滤液变清。过滤阻力随滤饼的加厚而渐增，滤液滤出的速度也渐减，故滤饼积聚到一定厚度后，要将其从介质表面上移去。在大多数情况下，滤饼厚度为4~20mm，个别情况下为1~2mm或40~50mm。此种过滤方法适用于处理固体含量比较大的悬浮物（体积分率在1%以上），可滤除比较多的固体物。

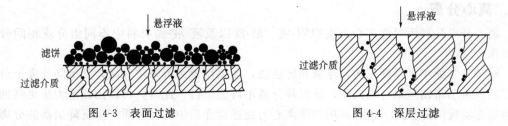

图4-3 表面过滤 　　　　　图4-4 深层过滤

（2）深层过滤

深层过滤多数固体颗粒的尺寸比介质孔道的直径小得多，但孔道弯曲细长，颗粒进入之后很容易被截住，而留于介质内部的孔隙中。由于流体流过时所引起的挤压与冲撞作用，颗粒会紧附在孔道的壁面上，不会被流体带走，如图4-4所示。这种过滤是在介质内部进行的，介质表面无滤饼形成。过滤用的介质一般采用0.4~2.5mm的砂粒或其他多孔介质，料浆多自上而下流动，但有时采用自下而上流动方式的过滤效果更好。深层过滤的过滤速度一般为5~15m/h，其过滤阻力实质上是介质阻力。此法适用于从液体中除去少量（体积分率在0.1%以下）的固体微粒，如饮用水的净化。

2. 过滤介质

为使过滤操作达到分离的要求，过滤介质的选择非常重要。过滤介质的作用是促使滤饼的形成，并支撑滤饼，它应满足下列基本要求：具有多孔性结构，滤液通过时阻力小；有足够的机械强度，耐热；有适当的表面特性，利于滤饼的卸除；用于农产品加工业的过滤介质应无毒，耐腐蚀，不易滋生微生物，易于清洗消毒。

最常用的过滤介质为织物，即用棉、毛、麻或合成材料如尼龙、聚氯乙烯纤维织成的滤布，此外还有用铜、镍、不锈钢等金属丝织成的平纹或斜纹网。用沙粒、碎石、炭屑等堆积成层，也可作过滤介质，此外还有专门的素烧陶瓷或管。这些介质多在深层过滤中使用。实际应用中应根据悬浮液中固粒含量、粒度范围以及介质所能承受的温度、化学稳定性、机械强度等选择过滤介质。

3. 助滤剂

过滤时，滤饼逐渐形成并增厚，同时过滤所需的压力也增大。若在压力差增大的过程中，滤饼结构不发生变化，颗粒之间不相互错动，滤饼的孔隙度不变，则这种滤饼为不可压缩性滤饼。但在大多数农产品生产中，滤饼都是可压缩的。因此，滤饼层在压力作用下变得非常紧密，使单位厚度滤饼层的流动阻力增大，甚至会将全部空隙堵死，使过滤困难。为了改善过滤操作，加快过滤速率，常采用添加助滤剂的方法。助滤剂一般是不可压缩、能悬浮于滤浆中且有一定粒度分布、不含可溶性盐及色素、具有化学稳定性的多孔性物质。

常用作助滤剂的物质有：硅藻土——应用最广的助滤剂，它是一种单细胞水生植物的沉积化石，经过干燥或煅烧，含85％以上的二氧化硅；珍珠岩——将一种玻璃状的火山岩熔融后倾入水中，得到中空的小球，再打碎而成；炭粉、石棉粉、纸浆粉等。

助滤剂通常采用两种方法施用。一是预涂法，将助滤剂配成悬浮液，在过滤介质表面滤出一薄层由助滤剂构成的滤饼，然后进行正式过滤。该方法可以防止滤布孔道被微细的颗粒堵死，并可在过滤一开始就得到澄清的滤液；在滤饼有胶黏性时，也易于从滤布上取下。二是混合法，将助滤剂混入滤浆中，所得到的滤饼将有较坚硬的骨架，压缩性减小，孔隙率增大。但若过滤的目的是回收固体物又不允许混入助滤剂，此法便不适用。只有悬浮物中的固体物量少又可弃去，且助滤剂用量不大时，使用此法才经济合理。

三、离心分离

离心分离是利用惯性离心力实现固-液、液-液以及液-液-固物料中不同组分或相间分离的操作。

对于具有细小悬浮颗粒的悬浮液和乳浊液，如果用重力沉降法分离，其沉降速度十分缓慢，甚至由于布朗运动与之抗衡，使沉降分离不可能进行。此时，可以用比重力场更强的离心力场来实现沉降分离。这种利用惯性离心力使连续介质中的分散质产生沉降运动的分离称为离心沉降。同样用惯性离心力作为过滤的推动力来强化过滤过程，使滤液迅速穿过滤饼及过滤介质而使固体颗粒被截留的分离称为离心过滤。

虽然离心过滤和离心沉降都是借助于离心力分离固-液或液-液混合物，但两者在分离原理上有较大区别。离心过滤对所要分离的液相和悬浮颗粒没有密度差的要求，它使悬浮液中固相颗粒截留在过滤介质上，不断堆积成滤饼层；同时，液体借离心力穿过滤饼层及过滤介质，从而达到分离的目的。因此，离心过滤适合于固相含量较多、颗粒较粗的悬浮液的分离。离心沉降则适合于固相含量较少、颗粒较细的悬浮液的分离。

在分离设备上，离心沉降的离心转鼓周壁无孔；而离心过滤的转鼓周壁开孔，转鼓内铺设滤布或筛网，旋转时悬浮液被离心力甩向转鼓周壁，固体颗粒被筛网截留在鼓内形成滤饼，而液体经滤饼和筛网的过滤由鼓壁开孔甩离转鼓，达到固液分离的目的。

对于液-液混合物料，离心分离时，转速一般比离心过滤和离心沉降高许多，离心转鼓周壁无孔。在离心力作用下液体按轻重分层，重者在外，轻者在内，在不同部位分别将其引出转鼓，从而达到液-液分离的目的。

1. 离心分离因数

做旋转运动且具有一定质量的颗粒或液滴均产生惯性离心力，简称离心力，离心力所产生的加速度为

$$a_r = r\omega^2 = r(2\pi n)^2 \tag{4-22}$$

式中，a_r 为离心加速度，m/s^2；ω 为旋转角速度，rad/s；r 为旋转半径，m；n 为转速，$1/s(Hz)$（工程上常用 r/min）。

作用于颗粒（或液滴）上的离心力 F_c 由设备旋转所产生，其大小为

$$F_c = ma_r = mr\omega^2 = 4\pi^2 mn^2 r \tag{4-23}$$

式中，F_c 为离心力，N；m 为颗粒（或液滴）质量，kg。

由式（4-23）可以得知，离心机转鼓的直径或转速大时，离心力也大，对分离有利。

在离心分离中用同一颗粒（或液滴）所受离心力 F_c 与重力 mg 的比值表示离心分离强度的大小，该比值称为离心分离因数，用 K_c 表示，即

$$K_c = \frac{F_c}{mg} = \frac{r\omega^2}{g} = \frac{4\pi^2 n^2 r}{g} = 4.024 n^2 r \tag{4-24}$$

分离因数也为颗粒运动的离心加速度 $r\omega^2$ 与重力加速度 g 之比。K_c 可作为衡量离心机分离能力的尺度。

2. 转鼓内液体的表面和压力

（1）液体表面

离心机启动后，转鼓内的液体在重力和离心力的作用下，其自由液面呈下凹的旋转抛曲面。它的形状主要取决于转鼓的旋转角速度 ω。

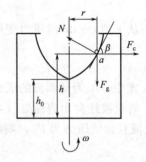

图 4-5　离心机转鼓内的液面

设想将转鼓沿其对称面截开，该截面与自由液面的截线是一条抛物线，如图 4-5 所示。

取自由液面上任一液体质点 a 进行受力分析，其质量为 m，回转半径为 r，a 点距转鼓底的距离为 h，转鼓角速度为 ω，则该质点的离心力 $F_c = mr\omega^2$，方向沿径向向外；所受重力 $F_g = mg$，铅垂向下，四周液体给予它的约束反力 N，其方向沿液面法线方向，其受力情况如图 4-5 所示。根据力学原理，此三力呈平衡关系。将此三力沿 a 点所在液面切线方向投影可得到下列平衡方程：

$$F_c \cos\beta - F_g \sin\beta = 0 \tag{4-25}$$

即

$$mr\omega^2 \cos\beta - mg \sin\beta = 0$$

式中，β 为液面截线在 a 点处的切线与水平线之间的夹角。

由式（4-25）可得液面截线的切线斜率为

$$\tan\beta = \frac{r\omega^2}{g} \tag{4-26}$$

由导数的几何意义可知，曲线函数的导数等于曲线切线的斜率，即

$$\frac{\mathrm{d}h}{\mathrm{d}r} = \tan\beta = \frac{r\omega^2}{g} \tag{4-27}$$

将式（4-27）分离变量积分得

$$h = \frac{r^2\omega^2}{2g} + h_0 \tag{4-28}$$

这是一抛物线方程，式中 h_0 为抛物线顶点至转鼓底的距离。由此可知，液体的自由表面为一旋转抛物面。当 ω 增大时，上式右边第一项迅速增大。对于给定位置 h，h_0 变小。当 $h_0 = 0$ 时，液面中心与转鼓底面相切。ω 继续增大时，可使 $h_0 < 0$，即液面中心转到鼓底以下。当 ω 很大时，重力相对于离心力可忽略不计，此时 $\beta \to 90°$，液面呈平行于旋转轴的圆柱面，如图 4-6 所示。为防止液体自转鼓上口溢出，通常离心机转鼓壁上方制成向内卷边的唇口。

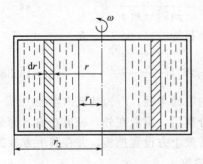

图 4-6　转鼓内液柱面上的离心压力

（2）液体的压力

在转速足够高时，若忽略重力的影响，转鼓中液体的表面可认为是圆柱面，如图 4-6 所示。在旋转转鼓内，距转轴 r 处厚度为 $\mathrm{d}r$ 的薄液筒产生的离心力为

$$\mathrm{d}F_c = \mathrm{d}m r\omega^2 \tag{4-29}$$

式中，ω 为转鼓转速；$\mathrm{d}m$ 为薄液筒的质量。若转鼓高度为 H，则

$$dm = 2\pi H \rho r\, dr \tag{4-30}$$

即

$$dF_c = 2\pi H \rho \omega^2 r^2\, dr \tag{4-31}$$

从 r 到 $r+dr$ 的压力变化为

$$dP = \frac{dF_c}{A} = \frac{2\pi H \rho \omega^2 r^2\, dr}{2\pi r H} = \rho \omega^2 r\, dr \tag{4-32}$$

式中，A 为薄圆筒的表面积。

若设液柱自由表面处（半径为 r 处）的压力为 p_1，从 r_1 到转鼓内壁 r_2 之间的任意半径 r 处液柱面的压力为 P_r，则将上式积分得

$$P_r = \frac{\rho \omega^2 (r^2 - r_1^2)}{2} + P_1 \tag{4-33}$$

式（4-33）表明在液体内部任意圆筒面上所受的压力 P_r 与自由液面上的压力 P_1、液体密度 ρ、转鼓旋转角速度 ω 和圆筒面所在半径 r 有关。

当 $r = r_2$ 时，式（4-33）所表示的压力即为液体作用于转鼓壁上的压力 P_2

$$P_2 = \frac{\rho \omega^2 (r_2^2 - r_1^2)}{2} + P_1 \tag{4-34}$$

若 $r_1 = 0$，转鼓内为液体所充满，此时 $P_1 = 0$，则

$$P_2 = \frac{\rho \omega^2 r_2^2}{2} \tag{4-35}$$

3. 离心力场中乳浊液的分层和两相排出

乳浊液在离心机内的分离是由于组分间密度的差异造成离心力的不同而产生的。密度大的重组分将聚集在转鼓壁附近形成外层，密度小的轻组分形成内层，两层液体之间形成界面。如果重力相对于离心力可忽略不计，轻液内表面和两液分层界面都可视为圆柱面。设轻重液分层界面的半径为 r_i，转鼓内轻液体积 V_1 和重液体积 V_h 之比为 φ，即

$$\varphi = \frac{V_1}{V_h} \tag{4-36}$$

由图 4-7 所示可知：

$$\varphi = \frac{\pi(r_i^2 - r_1^2)}{\pi(r_2^2 - r_i^2)} \tag{4-37}$$

可求得分层界面半径为

$$r_i = \sqrt{\frac{\varphi r_2^2 + r_1^2}{1+\varphi}} \tag{4-38}$$

式中，r_1 为液体内表面半径；r_2 为转鼓内半径。

轻重混合液离心分离后，重液在外，轻液在内。为分别引出轻、重液，在转鼓上方设置挡板，并在其上方放置

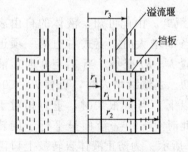

图 4-7 转鼓内轻、重两液的分离

溢流堰，溢流口位置 r_3 是设计分离式离心机的一项主要参数。

选取 r_3 的主要依据是使作用挡板上下转鼓壁上的离心压力平衡。

$$\frac{\rho_h \omega^2 (r_2^2 - r_3^2)}{2} = \frac{\rho_1 \omega^2 (r_i^2 - r_1^2)}{2} + \frac{\rho_h \omega^2 (r_2^2 - r_i^2)}{2} \tag{4-39}$$

简化后得

$$\rho_h (r_i^2 - r_3^2) = \rho_1 \omega^2 (r_i^2 - r_1^2) \tag{4-40}$$

则溢流堰半径为

$$r_3 = \sqrt{r_i^2 - \frac{\rho_1 (r_i^2 - r_1^2)}{\rho_h}} \qquad (4-41)$$

式中，ρ_1 为轻液的密度，kg/m^3；ρ_h 为重液的密度，kg/m^3。

第三节 分离设备

一、沉降设备

沉降槽

沉降槽利用重力沉降处理悬浮液，从中分离出清液而留下沉渣。按其获得清液或增浓制品目的的不同，可分别称为澄清和增稠；按其操作方式可分为间歇式、半连续式和连续式。

（1）间歇式沉降槽

间歇式操作是将悬浮液储于槽内，经一定时间的静置，将上层澄清液引出后，卸出沉于槽底的沉淀。在间隙式沉降槽内，悬浮液的进入和沉淀的排出是间隙进行的。

图 4-8(a) 为一种带锥底的圆形沉降槽，在槽内不同高度的侧壁上装几个侧管，并配有阀门，以引出清液。一般当一批物料沉降完毕后，先引出清液然后卸出沉淀。典型的间歇式沉降过程如图 4-8(b) 所示。当颗粒粒径分布较均匀时，操作开始不久就出现清液区 A 和悬液区 B 之间明显的界限，而底部只有少量的沉淀层，称为沉聚区 C。当 A—B 界面和 B—C 界面相距甚大时，A—B 界面以匀速向下移动。区域 B 内的浓度因该区域整体下沉而保持不变。清液区 A 和沉聚区 C 随时间不断扩大，而区域 B 则不断缩小。最后区域 B 完全消失，仅留下清液区 A 和沉淀区 C。此后，沉聚区 C 内的固体沉淀物继续被压紧，并不断游离出清液。

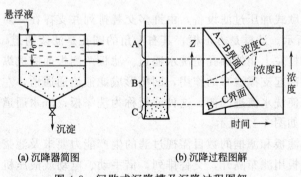

(a) 沉降器简图   (b) 沉降过程图解

图 4-8 间歇式沉降槽及沉降过程图解

（2）半连续式沉降槽

半连续式操作是将悬浮液以较小的流速连续流过沉降槽，或以一定流速流过相当长的沉降槽，保证其颗粒有充分时间沉于槽底，而槽底沉淀的卸出则为间歇式。在半连续式沉降槽内，被处理的物料连续地从一端进入，在向前流动的过程中，悬浮颗粒向下沉降，澄清液连续不断地从设备的另一端排出。常见的半连续式沉降槽是矩形横截面的长槽，如图 4-9 所示。为满足较大生产能力的要求，有时可设计成来回曲折的渠道，如玉米淀粉生产中的淀粉沉降槽。半连续式沉降槽因具有较大的沉降面积，而具有很大的生产能力。例如，在木质沉降槽中沉降分离淀粉时，槽长可达 30m，宽 0.5m，深仅 0.4m。

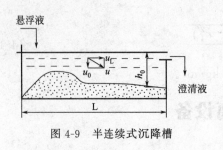

图 4-9　半连续式沉降槽

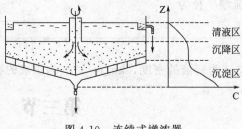

图 4-10　连续式增浓器

（3）连续式沉降槽

连续式沉降槽的进料以及清液和沉淀的卸出均为连续操作。图 4-10 所示为一典型的连续式增浓器示意图。该设备为一锥底的圆形浅槽，直径一般有 10m 以上，上部有溢流堰供清液排出，中心处有中央进料管供悬浮液进入，底部有中央出口管供增浓液排出。原料液由中央进料管进入，悬浮颗粒下沉并沿径向散开，而清液上流至溢流堰溢出，已增浓的悬浮液用转动很慢的齿形耙将其刮送到槽底中心处，由泵连续地排出。齿形耙对沉淀刮送的同时，还对其有挤压作用，可挤出更多的液体。正常情况下，增浓器自上而下可分为三个区域，即清液区、沉降区和沉淀区。

二、过滤设备

过滤设备有很多种类型，按过滤介质分，有粒状过滤机、滤布过滤机和多孔陶瓷过滤机；按操作方式分，有间歇式过滤机和连续式过滤机；按推动力分，有重力过滤机、加压过滤机、真空过滤机和离心式过滤机。大多数间歇式过滤机都是加压过滤机，而几乎所有连续过滤机都是真空过滤机。在农产品加工中，典型的过滤机有板框压滤机、叶滤机和转鼓真空过滤机。

1. 板框压滤机

板框压滤机属间歇式加压过滤设备，由许多交替排列并支撑在一对横梁上的滤板和滤框所组成，如图 4-11 所示。滤框是方形框，其右上角的圆孔是滤浆通道，此通道与框内相通，使滤浆流进框内；滤框左上角的圆孔是洗水通道。滤板两侧板面制成纵横交错的沟槽，形成凹凸不平的表面，凸部起支撑滤布的作用，凹槽形成滤液流通通道，左上角的洗水通道与两侧表面的凹槽相通，使洗水流进凹槽，这种滤板称为洗涤板；洗水通道与两侧表面的凹槽不相通，称为过滤板，如图 4-12 所示。

板框压滤机所用滤板和滤框的数目需视过滤的生产能力要求及滤浆的情况而定。过滤机组装时，将滤框与滤板用滤布隔开，交替排列，借手动、电动或液压机构将其压紧使滤布紧贴于滤板上，而相邻滤布之间的框内形成了供滤浆进入的空间。滤布同时起着密封衬垫的作

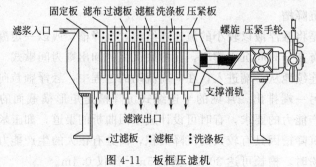

图 4-11　板框压滤机

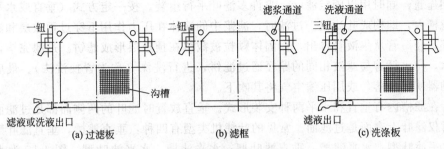

(a) 过滤板　　　　　(b) 滤框　　　　　(c) 洗涤板

图 4-12　滤板与滤框

用，防止板与框之间的泄露。压滤机组装后，板、框右上角小孔即连接形成滤浆进料通道。过滤时，滤浆由滤框上的滤浆进口导入框内，滤液在压力的作用下穿过滤框两侧的滤布而进入滤板表面沟槽内，沿沟槽向下流动，并从滤板上的滤液出口排出，如图 4-13(a) 所示，而滤渣则沉积于滤布之上在框内形成滤饼。

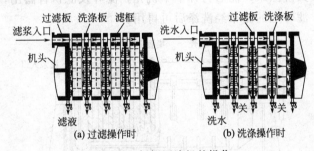

(a) 过滤操作时　　　　　(b) 洗涤操作时

图 4-13　板框压滤机的操作

　　板框压滤机的过滤操作进行到一定时间后，滤框内为滤渣所充满，过滤速率大大降低或压力超过允许的限度，此时停止进料，进行滤饼洗涤。洗涤操作时，洗涤板的下端出口关闭，洗涤液由洗涤板左上方小孔进入洗涤板两侧，穿过滤布或滤框的全部，向着过滤板流动，并从过滤板下部排出，如图 4-13(b) 所示。由此可见，洗涤液所走的全程为通过滤饼的整个厚度，并穿过两层滤布，是滤液所走路径的两倍。此外，洗涤液所通过的过滤面积仅为滤液通过的一半。洗涤完毕后，松开板框，取出滤框，卸去滤饼。然后将滤框及滤布洗净，重新组装，准备下一循环操作。

　　板框压滤机的优点是结构简单，制造方便，造价较为低廉，过滤面积大，过滤推动力大，一般压强差在 0.3～0.5MPa，最大可达 1MPa，无运动部件，辅助设备少，动力消耗低，对黏度大、颗粒细和可压缩性显著的物料也能适应。主要缺点是过滤过程为间歇操作，板框的拆装和滤饼的卸除需繁重的体力劳动；此外，随滤饼的形成滤速减慢，影响过滤效率，而且洗涤时间也长。

2. 叶滤机

　　洗涤时间比过滤时间长是板框压滤机的一个主要缺点。为了克服这个缺点，工业上出现另一种加压过滤机，称为叶滤机。叶滤机的基本过滤元件是椭圆形的滤叶。图 4-14 所示为垂直滤叶结构，袋状滤布（或细金属丝网）由大孔目的芯网（或带沟的板）支承，作为预敷层过滤时，滤布外覆以预敷材料（如硅藻土、珍珠岩等助滤剂），滤叶的一端装有短管作为滤液的流出口并与集液管（滤液排出

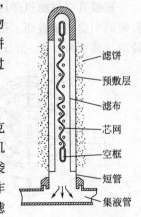

图 4-14　垂直滤叶

总管）相连通，同时用以固定滤叶。将许多滤叶平行组装，按一定方式（垂直或水平）置于密闭的滤槽内，即构成叶滤机。过滤时，滤浆中的液体在压力作用下穿过预敷层和滤布进入滤叶内部，经短管从集液管排出，而固体颗粒被截留在预敷层形成滤饼。过滤完毕，机壳内改充清水，使水循着与滤液相同的路径通过滤饼，进行洗涤（称为置换洗法）。最后，滤饼可用振动器使其脱落，或用压缩空气将其吹下。

滤叶在滤槽内有垂直和水平两种安装形式。垂直放置时滤叶的两侧面都是过滤面，而水平放置时仅滤叶上表面是过滤面。常见的叶滤机类型有四种：垂直滤槽，垂直滤叶型；垂直滤槽，水平滤叶型；水平滤槽，垂直滤叶型；水平滤槽，水平滤叶型。图 4-15 为水平滤槽垂直滤叶型叶滤机简图，多片滤叶组合体置于由上下两个半圆机壳构成的圆形滤槽内，上半机壳固定，下半机壳用铰链连接。工作时，上下两半机壳用螺栓紧密连接，滤浆由入口泵入滤槽，经各滤叶过滤，滤液经滤布、滤液排出管进入集液管排出，滤渣截留在滤布表面形成滤饼。当滤饼增至一定厚度阻碍过滤时，停止加入滤浆，残留在滤槽内的滤浆由出口排出。预剥除滤饼时，先泵入洗涤水，而后打开下半机壳，滤叶及滤饼皆露出，可用压缩空气、蒸汽或清水卸除滤饼，滤叶上的滤布经洗涤后可再用。

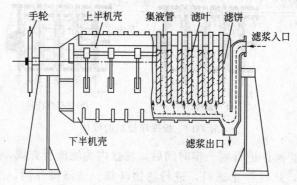

图 4-15　水平滤槽垂直滤叶型叶滤机

叶滤机也是间歇操作设备，它具有过滤推动力大，单位地面所容纳的过滤面积大，滤饼洗涤较充分等优点。其生产能力比压滤机还大，而且机械化程度高，劳动力较省，密闭过滤操作环境较好。缺点是构造较为复杂，造价较高，滤饼中粒度差别较大的颗粒可能分别积聚于不同的高度，使洗涤不易均匀。

3. 转鼓真空过滤机

转鼓真空过滤机是应用较广的连续操作的过滤机，其构造原理如图 4-16 所示。在水平安装的中空转鼓表面上覆以滤布，转鼓下部（约 1/3 直径）浸入盛有悬浮液的滤槽中并慢速转动（通常为 0.1～3r/min）。转鼓内分成若干个扇形格室，每个格室与转鼓端面上的带孔

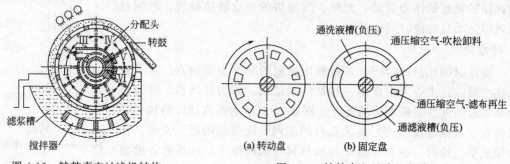

图 4-16　转鼓真空过滤机结构　　　　图 4-17　转鼓真空过滤机的分配头

圆盘的一孔相通。该盘随转鼓转动，称为转动盘，它与安装于支架上的固定圆盘借弹簧压紧力紧密叠合构成一个特殊的旋转阀，称之为分配头，如图 4-17 所示。在固定盘上有若干个弧形凹槽分别与滤液吸管、洗涤液吸管和压缩空气管相通，便可使每个扇形格室表面在转鼓旋转一周的过程中相继进行过滤、洗涤、吸干、吹松和卸渣操作。

整个操作周期分为 6 步，同时在转鼓Ⅰ～Ⅵ的不同区域进行：Ⅰ为过滤区，此区域内扇形格室浸于滤浆中，格室内为负压（50～85kPa），滤液透过滤布进入格室内，然后经分配头的固定盘弧形槽缝以及与之相连的接管排入滤液槽。Ⅱ为滤液吸干区，此区域内扇形格室已转至滤浆液面之上，格室内仍为负压，使滤饼中的残留滤液被吸尽，并与过滤区滤液一并排入滤液槽。Ⅲ为洗涤区，洗涤水由喷水管洒于滤饼上，扇形格室内为负压，将洗液吸入，但经过固定盘的槽缝通向洗液槽。Ⅳ为洗后吸干区，洗涤后的滤饼在此区域内借扇形格室内的负压进行残留洗液的吸干，并与洗涤区洗出液一并排入洗液槽。Ⅴ为吹松卸料区，此区域内格室与压缩空气相通，将被吸干后的滤饼吹松，同时被伸向过滤表面的刮刀所剥落。Ⅵ为滤布再生区，以压缩空气吸掉残留滤渣。

转筒真空过滤机能自动操作，适用于处理量大且固体颗粒含量较多的滤浆的过滤。但由于用负压（或真空）作过滤推动力，对于滤饼阻力较大的物料适应能力较差。

三、离心分离机

产生惯性离心力的方法有两种。一种方法是通过离心机的高速旋转使其内的物料产生惯性离心力。根据操作原理的不同，离心机可分沉降式离心机、过滤式离心机和分离式离心机。另一种方法是将高速流动的非均相物料切向导入圆筒形容器内，使其变为在筒内的高速旋流运动而产生惯性离心力，应用广泛的旋风分离器和旋液分离器就属于此类。

1. 过滤式离心机

过滤式离心机是以离心力作推动力用过滤方式分离悬浮液的机械。按其构造和操作方式可分为多种类型。它们的共同特点是具有一个高速旋转且在壁面上开有许多通孔的转鼓，在转鼓内表面敷设有编织布、金属丝网等过滤介质。当滤浆定量加入转鼓内时，高速旋转的转鼓带动料浆旋转，料浆获得惯性离心力而向鼓壁运动，液体穿过过滤介质，而固体颗粒被留在过滤介质内表面形成滤饼。过滤式离心机的转速一般为 1000～1500r/min，离心分离因数不大。这类离心机在农产品加工中应用甚广，如冷冻浓缩中冰晶的分离、糖类结晶食品的精制、淀粉脱水和干制果蔬的预脱水等。

（1）三足式过滤离心机

三足式过滤离心机是一种上部加料、间歇操作的过滤式离心机，其结构如图 4-18 所示。转鼓体、主轴、轴承座、外壳、电动机、皮带轮等几乎全部装在底盘上，然后通过三根牵引杆悬吊在三根支柱上，由此得到三足式之名。牵引杆上装有弹簧，可以起到隔震和减震的作用，因而转鼓运转平稳，不易松动。转鼓由转鼓体（鼓壁上开有许多小孔）、挡液板和转鼓底组成。当对悬浮液进行离心过滤时，并衬以底网和筛网；当对块状物料进行离心脱水时，则不必加网。滤浆加入高速旋转的转鼓后，滤液受离心力作用经筛网、鼓壁小

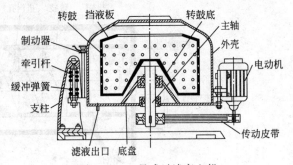

图 4-18 三足式过滤离心机

孔甩到外壳，流入底盘，再从滤液出口排出，而固体颗粒被筛网截留在转鼓内，待一批滤浆过滤完毕，或转鼓内的滤渣达到设备允许的最大量时，可停止加料并继续运转一段时间以沥净滤液。必要时，可以向滤饼表面洒以清洗液进行洗涤，然后停车卸料，清洗设备。

三足式过滤离心机的优点是结构简单、操作平稳、占地面积小和滤渣颗粒不易磨损。它适用于过滤周期长，处理量不大，且滤渣含水量可以较高的生产过程。对于粒状、结晶状和纤维状的物料脱水效果较好，能通过控制分离时间来达到控制滤渣湿分含量的目的。三足式过滤离心机的主要缺点是人工卸渣，劳动强度大；由于采用下部驱动，轴承和传动装置在转鼓下方，检修、清洁不便，且悬浮液有可能漏入轴承及传动装置使其锈蚀。

（2）上悬式过滤离心机

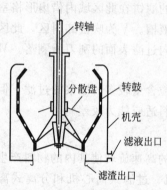

图4-19　上悬式过滤离心机

上悬式过滤离心机是转鼓悬挂在一竖直轴上，上置驱动，上部加料，下部卸料的一种间歇操作过滤式离心机，如图4-19所示。它消除了由于上部卸料和下置驱动所引起的缺陷。操作时，悬浮液通过进料管被送至固定在转轴上的分散盘上，靠离心力作用飞溅到转鼓内壁，滤液穿过转鼓从外侧流出。当转鼓内的滤渣达到允许的厚度时，停止加料，若需洗涤滤饼，则可通过鼓内的喷洒器将洗涤液喷洒于滤饼上，滤渣沥干后卸渣。

上悬式过滤离心机的主要优点是：工作稳定并允许转鼓有一定程度的自由振动；卸除滤渣容易；传动装置不因泄露而受到腐蚀。适用于颗粒粒度大且颗粒不允许破损的晶体悬浮液和粗粒悬浮液的分离，如蔗糖、葡萄糖等的脱水。它的主要缺点是：主轴长，加料负荷不稳定时易引起振动，轴承易磨损；人工卸渣，因而劳动强度也较大。

2. 沉降式离心机

沉降式离心机主要用于含有少量悬浮颗粒的悬浮液或者用过滤法将产生很大过滤阻力的悬浮液的分离和澄清。在农产品加工中，如植物蛋白的回收，可可和咖啡等悬浮液的分离等常采用此类机械来完成。

（1）螺旋沉降离心机

螺旋沉降离心机属连续操作的沉降式离心机。其结构有立式和卧式两种，常用卧式结构，如图4-20所示，由可绕水平主轴高速旋转的柱锥形外转鼓和其内绕同一水平轴线旋转的螺旋输送器组成。螺旋叶片与外转鼓之间的间隙不得超过1.5mm。工作时，电动机通过皮带传动带动转鼓旋转，转鼓通过行星齿轮差速器带动螺旋输送器旋转，使螺旋输送器与转

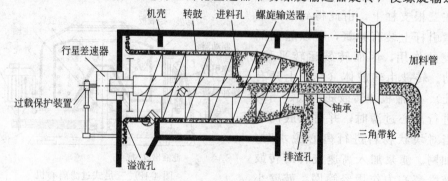

图4-20　螺旋沉降离心机

鼓间同向旋转但有一较小的转速差。悬浮液从加料管进入螺旋内筒,再经内筒加料隔仓的进料孔进入转鼓。由于转鼓的高速旋转,使加入转鼓的悬浮液一起旋转,在离心力的作用下,固体颗粒物料沉降到转鼓的内壁表面而形成沉渣。由于差速器的调节,螺旋叶片与转鼓存在着一个同向的差速相对运动,沉渣被螺旋叶片推至转鼓右侧小端经排渣孔排出。与固相分离的液相,经液相回流系统,从转鼓左侧大端的溢流孔溢出。

这种离心机分离性能好,对物料的适应性强,可以在高温、高压及低温、低压条件下操作,生产能力大,适宜于分离浓度较大的悬浮液。

(2)沉降式柱形离心机可分离的最小颗粒

与重力沉降器的原理相同,在沉降式柱形离心机中混合液中固体颗粒的沉降速度由斯托克公式得到

$$v_r = \frac{\mathrm{d}r}{\mathrm{d}t} = \frac{d_s^2(\rho_s - \rho)\omega^2 r}{18\mu} = F_r v_g \tag{4-42}$$

式中, $v_g = \dfrac{d_s^2(\rho_s - \rho)g}{18\mu}$ 为颗粒在重力场中的沉降速度; r 为颗粒距回转轴线的半径; ω 为转鼓回转角速度; d_s 为颗粒直径; ρ_s 为颗粒的密度; ρ 为液体的密度; μ 为液体的黏度; F_r 为分离因数 $(r\omega^2/g)$。

以图 4-21 所示的柱形转鼓为例,颗粒由圆柱形自由液面 r_1 处沉降到转鼓内壁 r_2 处所需沉降时间 t_0,由上式分离变量积分求得

$$t_0 = \frac{18\mu}{d_s^2(\rho_s - \rho)\omega^2} \ln\left(\frac{r_2}{r_1}\right) \tag{4-43}$$

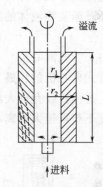

图 4-21 柱形转鼓

假设混合流沿轴向的流动为均匀流,颗粒的轴向速度等于液流速度,则

$$v_z = \frac{\mathrm{d}z}{\mathrm{d}t} = \frac{Q}{\pi(r_2^2 - r_1^2)} \tag{4-44}$$

式中, Q 为液体体积流量,m^3/s; r_2 为转鼓内径,m; r_1 为转鼓内液流层内径,m。

液体在转鼓内的停留时间 t 为,

$$t = \frac{L}{v_z} = \frac{\pi L(r_2^2 - r_1^2)}{Q} \tag{4-45}$$

式中, L 为转鼓长,m。

故颗粒的沉降分离条件为: $t \geq t_0$。

颗粒沿 v_r 和 v_z 的合成速度方向运动,不同大小的颗粒 v_r 不同,运动轨迹也不同。大颗粒易沉降,小颗粒易排出,为了提高分离效果(分选率),混合流中的小颗粒在液流从进入到离开转鼓的时间内,应由自由液面沉降到转鼓内壁。

$$v_r = \frac{\mathrm{d}r}{\mathrm{d}t} = \frac{d_s^2(\rho_s - \rho)\omega^2 r}{18\mu} \tag{4-46}$$

积分式(4-46),利用 $v_z = \dfrac{Q}{\pi(r_2^2 - r_1^2)}$,得

$$Q = \frac{\pi d_{min}^2(\rho_s - \rho)(r_2^2 - r_1^2)L\omega^2}{18\mu} \ln\left(\frac{r_2}{r_1}\right) \tag{4-47}$$

由式（4-47）可求得所能沉降的最小颗粒直径为

$$d_{min} = \sqrt{\frac{18Q\mu\ln\left(\frac{r_2}{r_1}\right)}{\pi(\rho_s - \rho)(r_2^2 - r_1^2)L\omega^2}}$$ (4-48)

由此可见，在物料一定（ρ_s，ρ，μ，r_1，Q）的情况下，离心机可分离的最小颗粒与分离机的结构（r_2，L）和性能（ω）有关。

3. 分离式离心机

在分离液-液混合的乳浊液和极细颗粒的固-液悬浮液时，需要有极大的向心加速度才能产生足够的惯性离心力完成分离，这就要求离心机应具有很高的转速。根据转鼓内液体表面压力 $P_2 = \frac{\rho\omega^2 r_2^2}{2}$ 可知，转鼓壁所受的离心压力与转鼓半径的平方成正比，也与转速的平方成正比：

$$P_2 \propto n^2 r_2^2$$ (4-49)

为产生高的转速，同时转鼓壁不致产生过大的应力，需采用小直径的转鼓。凡分离式离心机均具有这一结构特点，故也称为超速离心机。

超速离心机可分为管式离心机和碟片式离心机。管式离心机常用于动、植物油的脱水和果蔬汁及糖浆等液体的澄清；碟片式离心机在乳品工业上广泛用于奶油分离和牛奶的除杂净化。

（1）管式离心机

管式离心机的转鼓直径在 200mm 以内，一般为 70～160mm，其长度与直径之比一般为 4～8。这种转鼓允许大幅度地增加转速（一般约为 15000r/min），可在不过度增加鼓壁应力的情况下获得很大的离心力。

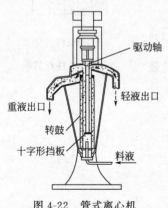

图 4-22 管式离心机

如图 4-22 所示，管式离心机的转鼓为一壁面上无通孔的狭长管，它竖立地支撑于机架上的一对轴承之间，电动机通过传动装置从上部驱动。转鼓上端设有轻、重液排出口，下端的中空轴与转鼓内腔相通，并通过轴封装置与进料管相连。离心机启动后，料液由进料管进入转鼓底部，在转鼓内从下向上流动的过程中，由于轻、重组分的密度不同而分成内、外两液层。外层为重液，内层为轻液，到达顶部后，轻液通过轴周围环状挡板环溢流而出，而重液则通过转鼓前端的内径可更换的环状溢流堰外面引出。为使转鼓内料液能以与转鼓相同的转速一起高速旋转，转鼓内常设有十字形挡板，用以对液体加速。

如果将管式离心机的重液出口关闭，只留有轻液的中央溢流口，则可用于悬浮液的澄清，称为澄清式离心机。悬浮液进入转鼓后，固体微粒沉积于转鼓而不被连续排出，待固体积聚到一定数量后，以间歇操作方式停车进行清理。

管式离心机的优点是分离因数高，可达 8000～50000，结构紧凑和密封性好。缺点是容量小，生产能量低，悬浮液的澄清为间歇操作。

（2）碟片式离心机

碟片式离心机的转鼓与管式离心机相比，其直径较大，长度较短，转速较低，一般为 5500～10000r/min。碟片式离心机转鼓内部有一开孔中心套管，其上装有多层（25～125）

喇叭形碟片，间隙为 0.4~1.0mm，每两个碟片之间的间隙为一个相对独立的分离空间，转鼓外缘装有对称均匀排列的喷嘴。料液自进料管进入随轴旋转的中心套管后，从下部的孔眼流出，在离心力的作用下进入碟片间的间隙内，此后料液的流动路径随碟片上有无孔眼而异，其工况可分为分离操作和澄清操作两种。

　　分离操作　若各碟片上有一组沿周围均匀分布的孔眼，料液通过小孔分配到各碟片间隙之间，在离心力作用下，重液及其夹带的少量固体杂质逐步沉于每一碟片的下方并向转鼓外缘移动，经汇集后由重液出口连续排出，轻液则流向轴心由轻液出口排出，如图4-23（a）所示。这种由有孔碟片构成的离心机主要用于乳浊液的分离，如牛奶分离机。

　　澄清操作　若碟片上无孔眼，底部的分配板将从中心套管流出的料液导向转鼓边缘，随后料液从转动碟片的四周进入碟片间的通道并向轴心流动，重液出口关闭，澄清液由轻液出口连续排

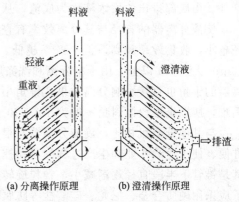

(a) 分离操作原理　　　　(b) 澄清操作原理

图 4-23　碟片式分离机

出，如图4-23（b）所示；同时，固体颗粒逐渐向每一碟片的下表面沉降，并在离心力的作用下向碟片外缘移动，最后沉积在转鼓壁上。沉渣可在停车后用人工卸除，或间歇地用机械装置自动排除。这种由无孔碟片构成的离心机主要用于悬浮液的澄清，如牛奶净化机和酵母分离机。

　　碟式分离机的分离因数较高，可达 3000~10000；且碟片数较多（一般为 50~180 片），碟片间隙小，增大了沉降面积，缩短了沉降距离，因此分离效率高。

四、旋液分离器

　　旋液分离器的结构和工作原理与旋风分离器（见第二章离心式分离器）相同，只是将物料由气固混合物变成液固混合物（悬浮液）。旋液分离器简称旋液器，它提供了一个从液相中分离固相的廉价手段，比重力沉降法更有效率。在农产品加工中，经常用于分离胚芽、纤维和蛋白质，也可用于淀粉洗涤等。

　　旋液分离器是一种离心沉降式分离器，旋液器壳体上部是圆柱体，下部是圆锥体，尾部是流体口（排料口）。圆柱体部分在切线方向设置有喷嘴作为进料口，在圆柱管上部中央设有尾水管，尾水管向下延伸到圆柱与圆锥交界面下，圆锥管下部为底流嘴。旋液分离器与普通的旋转式离心分离机不同。离心机是将处理液与离心机转鼓同时转动，而旋液分离器是将处理液高速注入静止的器室中，使其在器室中产生高速旋转，在旋转流动的过程中进行离心分离，轻液由上部溢流口排出，重液则由底部排出。旋液分离器本身没有动力驱动部分，必须通过泵进行加压。

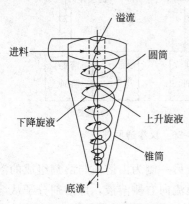

图 4-24　旋液分离器原理图

　　旋液分离器利用悬浮液在旋液器内作高速旋转时所产生的惯性力使具有不同密度的物料成分进行分离，原理如图4-24所示。当待分离物料通过输送泵从喷嘴切向喷入旋液分离器的圆柱体后，带有悬浮粒子的液体在喷嘴速度及压力的作用下，在管内沿悬液管轴线作螺线旋转运动，

外层为下降旋流，内层则为上升旋流。由于固体物料具有更大的密度，受惯性离心力的作用在旋转过程中逐步贴向旋液器内壁，并与内壁发生摩擦逐渐降低旋转速度，在重力的作用下向下旋转，形成下降旋流进入圆锥管，在底流堆积并不断地排出；密度较小并在旋液器中央旋转的去除固体物料的液体则形成螺旋上升的清流，并随着进料而被挤入尾水管，从而排出管外。由底部排出的增浓液称为底流，从顶部中心管排出的清液被称为溢流。

旋液分离器的直径与其分离效率有直接关系，小直径的圆筒有利于增大惯性向心力，直径越小，收集效率越高，但生产率越低。工业应用上旋液分离器的直径（圆柱部分）小至10mm大到1m以上，用于精分离和洗涤用的旋液分离器的直径一般在20～30mm。旋液分离器的锥角也直接影响分离效果，锥角小，分离效果好，但旋液器高度增加，会给加工带来困难，所以锥形段倾斜角一般为10°～20°。

与其他分离机相比，旋液分离器有很多优点，如结构简单紧凑、占地面积小、使用维护方便、便于连续作业和生产过程的自动控制、使用寿命长等。但旋液器管子内壁易磨损，尤其是锥管下半段直径逐渐减小，颗粒旋转速度增大使器壁磨损加剧。因此，旋液分离器的管子应采用硬质合金、尼龙、硅酸盐等防腐耐磨材料制造；使用时应经常清洗旋液器、过滤器及其他附属设备，防止系统堵塞。

第四节　膜分离及设备

一、膜分离原理

膜分离是利用天然或人工合成的高分子薄膜作为选择障碍层，以外界能量或化学位差作为推动力，对双组分或多组分的溶质和溶剂进行分离、分级、提纯和富集的方法。

膜分离主要包括渗透、反渗透、超滤、透析、电渗析、液膜技术、气体渗透和渗透蒸发等方法。在农产品加工中主要应用超滤和反渗透方法对各种农产品液态溶质进行分离、浓缩。

超滤原理　利用半透膜的微孔过滤以截留溶液中大溶质分子的操作称为超滤，这样的半透膜称为超滤膜。超滤是以膜两侧的压力差为推动力，孔径为1.0～20nm的超滤膜为过滤介质，在一定压力（0.1～0.8MPa）下，当溶液流过膜表面时，超滤膜表面密布的许多细小的微孔只允许水及小分子的溶质透过，成为透过液；而溶液中比膜孔大的溶质分子被截留在膜的进液侧，成为浓缩液，超滤原理如图4-25所示。

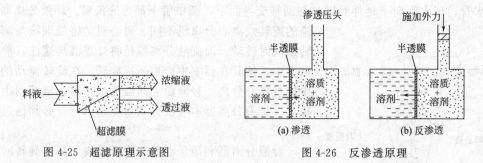

图4-25　超滤原理示意图　　　　图4-26　反渗透原理

反渗透原理　如图4-26(a)所示，半透膜一侧为溶剂；另一侧为由溶质与溶剂组成的溶液，在没有外力的作用下，左侧溶剂分子会自动穿过半透膜流向右侧溶液，即溶剂分子从溶液的低浓度区域流向溶液的高浓度区域。由于溶剂的流动，在高浓度溶液区域会形成一个渗透压头，从而达到渗透的平衡，此渗透压头则称之为溶液的渗透压。如果在溶液的一侧（膜的右侧）加上一个大于渗透压的压力，则高浓度溶液区域的溶剂会穿过半透膜流向低浓度溶液（或溶剂）的一侧，这种现象称之为反渗透，如图4-26（b）所示。因此，反渗透的动力也是压力。超滤是从小分子溶质或溶剂分子中将比较大的溶质分子筛分出来，反渗透法则主要是截留无机盐那样的小分子，即基本上只让溶剂水通过，所以半透膜的孔径小，工作压力大于超滤，为4~8MPa。因膜的材质不同，有时工作压力可高达70MPa。

膜是反渗透和超滤的主要工作材料，是膜分离技术的关键。随着膜分离技术应用领域的扩大，对膜性能的要求越来越高，不但要有良好的分离性能，而且要有良好的耐温性、耐压性、耐酸碱腐蚀性以及抗氧化、抗微生物、抗化学污染等，还要求有较高的机械强度。从材质上看，膜材料的发展基本上经历了三个阶段：第一阶段是醋酸纤维素膜，也称CA膜，是最初工业化的膜，它价格便宜、成膜性能好，但醋酸纤维素膜使用的温度较低（小于40℃），抗污染性差，易受微生物和酶的作用，在强酸和弱碱作用下会水解；第二阶段膜材料是高性能的合成材料，如各种纤维素酯、脂肪族和芳香族聚酰胺、聚砜、聚丙烯腈、聚四氟乙烯、聚偏氟乙烯等，可经受强酸强碱，在高压下抵抗破坏能力强，在各种溶剂及较高温度下均能正常操作，耐氧化、耐腐蚀、抗污染性好，是目前膜分离技术中应用最为广泛的膜材料；第三阶段膜材料以无机膜为代表，包括多孔性陶瓷、多孔性玻璃及多孔性金属等。

二、膜分离设备

1. 膜组件

膜分离装置主要包括膜组件、泵、阀门、管路、过滤器和仪表等。膜组件是将膜以某种形式组装在一个基本单元内，以便在外界驱动力作用下实现对混合物中各组分的分离。膜组件是膜分离装置中最核心的部分，工业上常用的膜组件主要有平板式、管式、螺旋卷式和中空纤维式。

平板式膜组件是由许多平板膜和框组装起来的，外形和原理类似板框压滤机，其结构如图4-27所示。平板式膜组件的特点是单位体积膜面积大，制造、组装简单，膜的更换、清洗和维护容易，可按要求改变膜的层数。

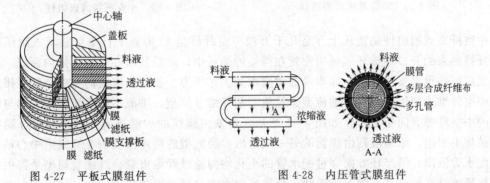

图4-27 平板式膜组件　　　　　图4-28 内压管式膜组件

管式膜组件是把膜牢固地黏附在支承体的内侧或外侧制成管状，再将一定数量的管以一定方式连成一体而组成的。按膜附着在支承管的内侧或外侧可分为内压管式和外压管式膜组件；按连接方式可分为单管式和管束式膜组件。图4-28为内压管式膜组件结构，外层为多孔金属管或玻璃纤维增强塑料管，中间为多层合成纤维布过滤层，内层为管状超滤或反渗透膜。料液由装配端的进口流入，浓缩液经膜管从另一端流出，透过液透过膜管侧面由收集管汇集。管式膜组件的优点是流速易控制，安装、拆卸、换膜和维修均较方便；但与平板式膜组件相比，单位体积内有效膜面积较小。

螺旋卷式膜组件是将平板膜与支承材料、隔网等相间重叠放置后卷绕起来形成膜卷，其结构如图4-29所示。在螺旋卷式膜组件中料液沿管的轴向在膜间隔网中流动，浓缩液由另一端流出，穿过膜的透过液在膜间多孔支承材料中呈螺旋状流向中心集水管，由透过液出口流出。将多个卷式膜组件装于一个壳体内，然后将中心管相连通，便组成了螺旋卷式反渗透器，如图4-30所示。

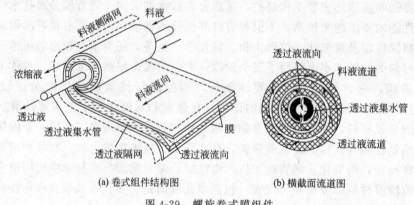

(a) 卷式组件结构图　　　　(b) 横截面流道图

图 4-29　螺旋卷式膜组件

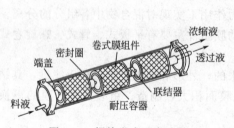

图 4-30　螺旋卷式反渗透器

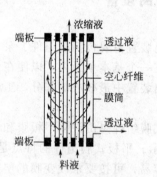

图 4-31　中空纤维式膜组件

中空纤维式膜组件是把几十万至几千万根中空纤维呈 U 形或平行集束装填入耐压容器内，纤维集束的开口端被环氧树脂密封在两端的端板中，然后装填在管状壳体内而成。中空纤维式膜组件没有支承材料，靠本身的强度承受工作压力。根据料液流向和中空纤维排列方式，中空纤维式膜组件可分为轴流型、径流型和纤维卷筒型。轴流型的料液流动方向与装在筒内的中空纤维方向相平行，如图4-31所示，料液由膜筒的一端进入，透过液穿过膜筒从侧面被集中引出，浓缩液则由膜筒的另一端排出。径流型的料液由安装在纤维束中心轴处的多孔配水管流出，沿半径方向穿过配水管的小孔均匀流过纤维束管。纤维卷筒型是将中空纤维螺旋形缠绕在轴心多孔管上成筒状，料液流动方式与径流型相同。

2. 膜分离工艺流程

膜分离工艺流程包括前处理工艺、分离工艺和后处理工艺。

前处理工艺是指在分离前对料液采取一系列处理措施降低料液对膜的污染，主要包括调整料液温度和 pH 值，去除微生物、悬浮物、胶体和可溶性高分子物质等。

分离工艺是按照溶液分离的质量要求、废液的处理排放标准、浓缩液有无回收价值等综合考虑膜组件的配置方式，形成不同的分离工艺流程。常见的分离工艺流程有一级流程和多级流程。一级流程是指进料液经一次加压反渗透或超滤分离的流程；多级流程是指进料液经过多次加压反渗透或超滤分离的流程。在同一级中，排列方式相同的膜组件组成一段。

一级一段连续式是料液一次经过膜组件，透过液和浓缩液分别被连续引出系统。此流程操作最为简易，能耗最少，但水的回收率不高、浓缩液的溶质浓度不高。一级一段循环式是料液经过膜组件后，将部分浓缩液返回料槽中，与原有的料液混合后再次通过膜组件进行分离。这样虽然提高了水的回收率，但由于浓缩液浓度比原料液高，所以透过水水质有所下降。一级多段连续式是把前一段的浓缩液作为后一段的进料液，而各段的透过液连续排出。在一级多段流程中，随段序增加，进料液量渐减，流速渐降，加大了浓度变化。为保持各段膜组件中流量均衡，减小浓度极化，可将多个组件并联成段，且随段序增加而减少组件个数，使之近于锥形排列，如图4-32所示，这种方式水的回收率高，浓缩液的量减少但浓度提高。多级连续式是把上一级的透过液作为下一级的进料液，这种方式使透过水水质大大提高，但水回收率低，因此也可采用多段。多级多段循环式是将上一级的透过液作为下一级的进料液，直至最后一级透过液引出系统，而浓缩液从后级向前级返回并与前一级的料液混合后，再进行分离。这种方式既可提高水的回收率，又可提高透过液的水质，但由于泵设备的增加，能耗加大。

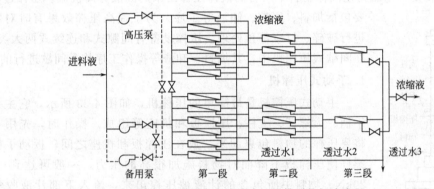

图 4-32　一级多段连续式锥形排列的超滤流程

后处理工艺包括对透过水和浓缩液的后处理和对膜的后处理。如反渗透产生的透过液含有 CO_2 等气体，可通过脱气塔脱除。当膜的透水率显著下降或压降成倍增长，表明膜表面的污染严重，需要清洗。

第五节　压榨及设备

一、压榨原理

压榨是通过机械压力把固体物料中包含的液体分离出来的一种单元操作。在压榨过程中，将物料置于两个表面（平面、圆柱面或螺旋面）之间，对物料施加压力使液体释出，释出的液体再通过物料内部空隙流向自由表面。在农产品加工中，压榨主要用于从大豆、花生、椰子或菜籽中榨取油脂；从苹果、梅、柑橘或番茄中榨取果汁以及从甘蔗中榨取糖汁等。过滤操作中滤饼中的水分也可用压榨的方法进一步除去，因此，压榨还常用于排除水分。

压榨的加压和分离方法有平面压榨、螺旋压榨和转辊压榨三种。

平面压榨利用两个可相向移动的平面对物料施加压力。这种方法方便简单，一次可以处理较多的物料，而且操作压力也可以很高，加压方式可以是液压、气压或机械曲杆等。

　　螺旋压榨利用一个多孔的圆筒表面和另一个螺距逐渐减小的旋转螺旋面之间的空间向物料施加压力进行压榨。此方法容易实现连续化，因为物料可以连续加入，液体从多孔圆筒表面流出，留下的物料也可以连续地从另一端卸出。

　　转辊压榨利用旋转辊子之间的空间对物料施加压力进行压榨，并备有液体、固体排出装置，转辊表面需要适当地刻出沟槽或开出孔洞。

　　在压榨操作中，出汁率是反映压榨效果好坏的主要指标之一，它是指榨出的汁液重量与被压榨的物料重量之比，出汁率越高说明压榨效果越好。操作温度的选择对出汁率有较大影响。操作温度越高，液体的流动性越好，而且温度升高可以降低物料的刚性，压榨的压力也可以降低。但是，温度过高时，会破坏物料中的有效成分，因此应合理选择压榨操作温度。另外，出汁率还与物料的性质有关，当液体大多数存在于物料的细胞间隙之中，压榨操作不需破坏细胞壁时，出汁率较高；如果需要破坏细胞壁则需要更高的压力。因此，有时在对物料进行预处理时，可以先用某种方法破坏细胞壁，使汁液从细胞壁中流出，再进行压榨操作。

二、压榨设备

　　压榨设备就是利用压力把固体物料中所含的液体压榨出来的固液分离机械。压榨过程主要包括加料、压榨、卸渣等工序。为了提高压榨效果有时对物料进行破碎、打浆等预处理。压榨设备有间隙式和连续式两大类型。在间歇式压榨机中，其加料、卸渣等操作工序均是间歇进行的。

1. 手动式压榨机

　　手动式压榨机是最简单的压榨机，如图 4-33 所示，它主要由手柄、大螺杆、支柱、压榨板和机座等组成。操作时，先用布袋将要压榨的物料包裹起来，放在压榨板和机座之间，扳动手柄经螺杆使压榨板下降而对物料施加很高的压力，一般可达到 10～20kN。物料中所包含的汁液被压榨出来，流入下部汁液收集盘中，榨渣则留在布袋中。施压过程中应注意压力必须缓缓地增加，以免布袋破裂造成榨汁混浊。待卸压且压榨板复位后，将榨渣由

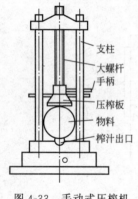

图 4-33　手动式压榨机

　　支柱
　　大螺杆
　　手柄
　　压榨板
　　物料
　　榨汁出口

机座取下卸料。

2. 水压式压榨机

　　水压式压榨机是利用高压液体将压榨机内的活塞顶起并施压于物料上，从而实现压榨。这种压榨机的效率低，而且还需要有附属的加压系统，用以保证必要的压榨压力。加压系统一般由水压泵、蓄能器和配压器组成。高压液体经蓄能器和配压器送入压榨机，然后又从压榨机沿回流线路回到水压泵的储液槽中，构成封闭的循环系统。水压泵通常多采用四活塞立式泵，由于活塞式水压泵输送的液体压力不均匀，属于脉冲式输送形式，如果将高压液体直接送入压榨机中，可能使压榨机压力突然升降，物料受压波动厉害，造成操作的不稳定性，而且也容易损坏设备。因此，在回路中常安装蓄能器，用以防止这种压力冲击作用所产生的危害。配压器的作用主要是调节压力，以提供压榨机所需的压力，成组装配的配压器可同时配合 4～6 台压榨机。

　　水压式压榨机的压榨板有箱式、板式、栏式、笼式和缸式等形式，其目的都在于使物料受压均匀、汁液易于流出、装卸操作方便等。图 4-34 是一种板式压榨机，它由四根直立钢

柱做成坚固的压榨支架，上有顶板，下有底板，中间夹有 10～16 块压榨板，距离为 75～125mm。当水压活塞加压时，压榨板间的物料受到压缩，压缩初期的压力较低，通常仅几个兆帕；当被榨物料的体积逐渐缩小时，压力增加很快，可达到初期压力的 5～10 倍，压榨后的残渣形成了组织致密而又坚实的榨饼。

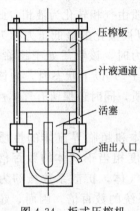

图 4-34　板式压榨机

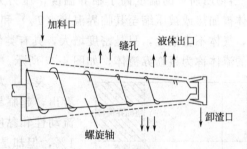

图 4-35　螺旋压榨机

3. 螺旋压榨机

　　螺旋压榨机的主要结构是榨膛，如图 4-35 所示，由榨笼和在榨笼内旋转的榨轴（螺旋轴）组成。榨笼是由数十根长方形扁铁做成的一个圆筒形骨架。骨架由螺栓固定、垫片充填，同时垫片间有缝隙供榨出液流出。螺旋轴类似螺旋输送器，依靠它来完成挤压物料的工作。物料由螺旋轴尺寸较大的一端进入，经旋转输送到较小端，沿物料流动方向螺旋轴与榨笼壁之间的间隙逐渐变小，榨膛工作空间也随之变小，物料所受压力逐渐增加，液汁被榨出，榨渣从卸渣口排出。控制出口缝隙的大小，可调节榨渣出口压力，使榨膛内操作压力保持稳定。

　　物料流动及受压是由螺旋轴的转动引起的，因此螺纹的规格尺寸将影响压榨条件。螺纹间距逐渐缩小，形成一定的压缩比，即榨膛中螺旋轴前截与后截所构成的空余体积的比例。所以，通过控制螺旋轴的压缩比，可以使不同的物料达到其最佳压榨条件。

4. 辊式压榨机

　　辊式压榨机常用在制糖工业的甘蔗榨汁上，按安装形式可分为竖立式和横卧式两种类型，后者较为常见。根据辊的个数，又可分为双辊、三辊、四辊和六辊等多种，其中以三辊压榨机最为普遍。如图 4-36 所示的三辊式压榨机，三辊位置呈倾斜，两辊间互相排成 30°，1、2 两辊间榨出的汁液由辊 2 下方的汁液收集槽送出，2、3 两辊榨出的稀汁则由辊 3 下方的稀汁收集槽送出，榨渣由压榨机下方的刮板分离后去除。

　　制糖工业上还有另一种三辊压榨机，其顶辊位于其余两辊中间的上方，在两端压杆作用下与两辊发生挤压。物料先进入顶辊与前辊之间被压缩，经底梳导至顶辊与后辊之间再被压缩，榨出的汁液流入底座中的汁槽。顶辊和后辊均有与齿沟吻合的梳板，以清除粘在辊面的料渣。同时，顶辊上有液压装置，并与蓄能器连接，以保证对辊施加稳定的压力。

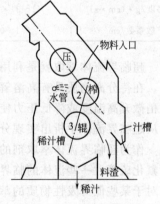

图 4-36　三辊式压榨机

第六节　超临界流体萃取及设备

一、超临界流体萃取原理

物质是以气相、液相和固相三种形式存在的，在不同的压力和温度下可以进行相的转换。在温度高于某一数值时，任何大的压力均不能使某纯物质由气相转化为液相，此时的温度被称为该物质的临界温度 T_c；而在临界温度时，气体可以被液化的最低压力称为临界压力 P_c。当物质所处的温度高于临界温度，压力大于临界压力时，该物质处于超临界状态。如果流体被加热或被压缩至其临界温度（T_c）和临界压力（P_c）以上状态时，向该状态气体加压，气体不会液化，只是密度增大，具有类似液体的性质，同时还保留有气体性能，这种状态的流体称为超临界流体，如图 4-37 所示。

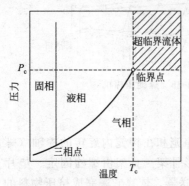

图 4-37　纯流体的相态图

表 4-1 为气体、液体和超临界流体的性质，可以看出，超临界流体的密度相当于气体的数百倍，而其流动性和黏度仍接近于气体，扩散系数虽约为气体的 1%，但却是液体扩散系统的数百倍。因而，超临界流体具有类似气体的较强穿透力和类似于液体的较大密度和溶解度，具有良好的溶剂特性，对许多物质有很强的溶解能力。一般来说，超临界流体的密度越大，其溶解能力就越强。在临界点附近，压力和温度的微小变化，都会引起流体密度的大幅度变化，流体溶解能力相应改变。也就是说，超临界流体中物质的溶解度在恒温下随压力 $P（P>P_c$ 时）的升高而增大，而在恒压下，其溶解度随温度 $T（T>T_c$ 时）的增高而下降。这一特性有利于从物质中萃取某些易溶解的成分，而超临界流体的高流动性和扩散能力，则有助于所溶解的各成分之间的分离，并能加速溶解平衡，提高萃取效率，即通过调节超临界流体的压力和温度可以选择性地萃取所要的物质。

表 4-1　气体、液体和超临界流体的性质

性　　质	气体	超临界流体		液体
	101.325kPa,15～30℃	T_c,P_c	$T_c,4P_c$	15～30℃
密度/g·mL^{-1}	$(0.6～2)×10^{-3}$	0.2～0.5	0.4～0.9	0.6～1.6
黏度/g·(cm·s)$^{-1}$	$(1～3)×10^{-4}$	$(1～3)×10^{-4}$	$(3～9)×10^{-4}$	$(0.2～3)×10^{-2}$
扩散系数/cm^2·s^{-1}	0.1～0.4	$0.7×10^{-3}$	$0.2×10^{-3}$	$(0.2～3)×10^{-5}$

超临界流体萃取就是利用超临界流体溶解能力随其密度变化特性，以超临界流体为萃取剂，在待分离物质具有高溶解度的温度和压力（低温、高压）条件下对其进行溶解萃取，然后稍微升高温度或降低压力使超临界流体的密度变小，待分离物质的溶解度也相应降低，从而从超临界流体中析出实现分离。

作为超临界流体萃取剂的物质有很多，如二氧化碳、一氧化碳、水、乙烷、庚烷、氨、六氟化硫等。一些流体的临界特性如表 4-2 所示。目前广泛选用 CO_2 作为超临界萃取剂，虽然对于某些低挥发性物质的萃取，它比不上常规的有机溶剂，但在农产品加工业中却具有无毒无害、不易燃易爆、低黏度、低表面张力、低沸点等优点，被广泛使用。

表 4-2 各种流体的临界特性

流体名称	分子式	临界压力/MPa	临界温度/℃	临界密度/g·cm⁻³
二氧化碳	CO_2	7.39	31.1	0.448
水	H_2O	22.0	374.2	0.344
氨	NH_3	11.28	132.3	0.24
乙烷	C_2H_6	4.89	32.4	0.203
乙烯	C_2H_4	5.07	9.5	0.20
一氧化二氮	N_2O	7.23	36.5	0.457
丙烷	C_3H_8	4.26	97.0	0.220

与普通的液体萃取相比较，超临界流体萃取具有以下特点：在较低温度和无氧环境中操作，能够分离、精制各种热敏物料和易氧化的物质；通过温度和压力的控制，能完全去除萃取流体，产品无溶质污染；能从固体或黏稠的原料中快速萃取有效成分，被分离出的萃取物纯度高、品质好；溶剂通过回收可重复利用；能耗低。

二、超临界流体萃取设备

萃取系统中的主要设备有萃取器、分离器、换热器和压缩机。此外，还有一些阀门、储罐、辅助泵、热量回收器、流量计及温度-压力控制系统等。

超临界流体萃取流程基本上由萃取阶段和分离阶段构成。在萃取阶段，装在萃取器中的物料与通入的超临界流体密切接触，使待分离的物质溶解；在分离阶段，溶有待分离物质的超临界流体经减压阀改变压力，或经换热器改变温度，使待分离物质在分离器中从溶剂流体内析出，分离后的溶剂流体再经压缩机等处理，循环使用。超临界流体萃取根据采用的分离方法不同，可以分为等温变压萃取、等压变温萃取和吸附萃取三种工艺流程。

等温变压萃取通过压力变化使超临界流体密度变化，引起超临界流体对待分离物质溶解能力的变化从而实现溶质与超临界流体的分离，是超临界流体萃取应用中最方便的一种流程，如图 4-38(a) 所示。超临界流体加入到萃取器中与物料接触进行萃取，随后萃取了待分离物质的超临界流体经减压阀减压，超临界流体密度随之下降，待分离物质的溶解度也显著下降，于是待分离的物质析出并在分离器底部收集。释放了溶质后的萃取剂经压缩机升温加压后再送回萃取器中循环使用。

等压变温萃取保持超临界流体的压力一定，利用温度的变化，引起超临界流体对溶质溶解度的变化，从而实现溶质与超临界流体的分离，如图 4-38(b) 所示。从萃取器引出的溶有待分离物质的超临界流体不是经减压阀而是经过加热器升温后在分离器中析出待分离物质。萃取剂经冷却器等降温升压后送回萃取器循环使用。

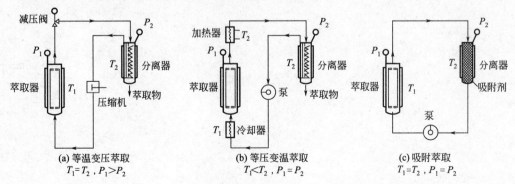

(a) 等温变压萃取
$T_1 = T_2$，$P_1 > P_2$

(b) 等压变温萃取
$T_1 < T_2$，$P_1 = P_2$

(c) 吸附萃取
$T_1 = T_2$，$P_1 = P_2$

图 4-38 超临界流体萃取的三种工艺流程

吸附萃取如图 4-38(c) 所示，分离器中装有只吸附待分离物质而不吸附超临界流体的吸附剂，当萃取了待分离物质的超临界流体通过这种吸附分离器，待分离物质便与溶剂分离，溶剂经压缩后循环使用。

对比以上三种流程，吸附萃取最节能，但因绝大多数物质很难通过吸附剂来吸收，故吸附法只能用于少量杂质脱除过程，如咖啡豆中脱除咖啡因。通过改变温度进行的等压萃取虽然可节省压缩能耗，但由于温度升高会使溶质的蒸气压提高，其溶解度也会提高，因此会抵消升温引起的超临界流体的分离效果。超临界 CO_2 萃取大多采用改变压力的等温萃取法，如图 4-39 所示。将萃取原料装入作为萃取器的料筒、密闭，与加压的超临界 CO_2（或与夹带剂的混合物）在萃取器混合后，通过对温度和压力的控制，高密度的超临界 CO_2 选择性地萃取物料中所需分离的成分，然后使含有提取物的超临界 CO_2 从萃取器中进入分离器，通过调节压力，降低流体密度，萃取物的溶解度下降，与超临界 CO_2 在分离器中分离，超临界 CO_2 再经压缩后，送回萃取器中循环使用。

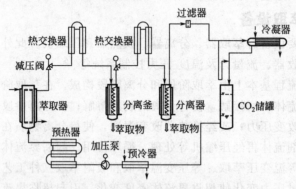

图 4-39　超临界 CO_2 萃取系统

由于超临界萃取技术作为一种新型分离技术有着其独到的优势，因而，在农产品加工领域有着广阔的应用前景，也是食品工业中获得高品质产品的最有效手段之一，主要被应用于食品工业中有效成分的提取、有害成分的脱除以及食品原料的处理等方面。应用较为成熟的技术主要有：咖啡豆的脱咖啡因，啤酒花制造啤酒花浸膏，动植物油的萃取分离，香料成分的萃取与分离以及动植物及鸡蛋、奶油中的脂肪酸、色素提取和去除胆固醇等。

第五章 干燥及其设备

降低或除去物料中的水分称为干燥。在农产品加工和食品加工领域，干燥具有十分重要的意义。干燥能保持和改善农产品的品质、有利于贮藏和加工，干燥能使农产品的水分降低到最不易引起霉变、酶化和虫害的状态，从而减少损失。另外，干燥后的某些农产品（如干果、干菜等）经济价值也较高，并能调节市场供应。因为农产品的种类多种多样，其形态和物性也各有差异，为适应不同农产品的干燥要求，所用的干燥方法及其设备也有很多。

第一节　物料的水分及其测定方法

一、水分在物料中存在的形式

物料中的水分是影响物料安全贮藏的一个重要因素。为使物料能长期安全贮藏，必须使物料的水分降低到安全水分范围内。

根据物料与水分结合的情况，可将物料中所含水分可分为结合水和非结合水。

结合水是以化学力或物理化学力与物料相结合的，由于结合力强，其蒸汽压低于同温度下纯水的饱和蒸汽压，使得干燥过程中的传质推动力降低，故除去结合水比较困难。化学结合水是化学反应的结果，与干物质结合最牢固，只能通过化学反应除去。物理化学结合水包括吸附水分和渗透水分。吸附水分存在于物料细小颗粒（或纤维）的表面，渗透水是指物料细胞壁或纤维皮壁内的水分，这两种水分均可用干燥的方法除去。通常物料可视为由许多细小颗粒和纤维组成的复杂网状结构体。结合水分包括物料细胞壁内的水分、物料内毛细管中的水分和以结晶水的形态存在于固体物料中的水分等。

非结合水包括机械地附着于固体表面的水分，如物料表面的吸附水分、较大空隙中的水分和毛细管水等。物料中非结合水与物料的结合力弱，其蒸气压与同温度下纯水的饱和蒸气压相同，干燥过程中除去非结合水比较容易。毛细管水是存在于物料毛细管内的水分，水果和蔬菜内的水分绝大多数都是以游离的毛细管水状态存在。这种水分很易被蒸发除去，其蒸发与自由表面水分的蒸发一样，所需能量较少。因此，在干燥物料时，首先被蒸发除去的就是这部分水分，只有当物料被干燥至一定程度时，才开始排除较难除去的吸附水分。

物料的结合水和非结合水的划分只取决于物料本身的性质，而与干燥介质的状态无关。平衡水分与自由水分则还取决于干燥介质的状态。干燥介质状态改变时，平衡水分和自由水分的数值将随之改变。

二、物料水分的表示方法

物料的水分有两种表示方法：湿基水分和干基水分。所谓湿基水分是以物料的质量为基准，用物料中的水分质量对物料质量之比的百分数来表示，即

$$M = \frac{m_w}{m_w + m_d} \times 100\% \qquad (5-1)$$

式中，M 为湿基水分；m_w 为物料中水分的质量；m_d 为物料中干物质的质量。

干燥过程中，物料的总质量在不断变化，用湿基水分难于准确表达干燥速率和所除去的水分，应当采用一个在干燥过程中始终不变的量（物料的干物质质量）作为计算基准，即干基水分

$$M_d = \frac{m_w}{m_d} \times 100\% \qquad (5-2)$$

式中，M_d 为干基水分。

在实际应用中，可以根据需要选用任意一种形式来表示物料的水分。一般情况下，不加特殊说明的是指湿基水分，但在干燥过程计算中常用干基水分。这两种水分表示方式可以互相转换，公式为

$$M = \frac{M_d}{100\% + M_d} \times 100\%$$

$$M_d = \frac{M}{100\% - M} \times 100\%$$

三、物料水分的测定方法

物料水分的测定方法可以分为直接测定和间接测定两种。测量时，既要保证样品具有代表性，又要保证从取样到测定，样品的水分含量不变。

直接测定法将物料置于烘箱中加热、除去水分，测出失去的水分值即可确定物料的水分含量。这种方法的优点是简单、准确，但测定时间较长。

间接测定法是根据物料的某一特性与其所含水分的关系，利用相应的仪表进行测定。如根据谷物的电阻与其水分含量的关系设计的水分测定仪，可快速测定谷物水分，但其结果需经校正。还有利用电容（或物料的其他物性）与水分含量的关系设计的水分测定仪，其测得的结果同样需要校正。

测定平衡水分的方法有静态和动态两种方法。静态法是将物料暴露于静止的湿空气中，等待物料水分与介质水分达到平衡，再测定该状态下物料的水分。这种方法需要较长的时间，有时甚至长达几周，以致在高温、高湿环境下，物料未达到平衡状态就可能发霉变质了。动态法的特点是采用流动的空气，所需测定时间短。

测定平衡水分时，空气条件必须保持恒定，温度用恒温器加以控制，而物料周围空气的水蒸气分压可以用不同浓度的硫酸或盐酸溶液以及盐类饱和溶液来维持，其中以盐类饱和溶液应用较为广泛。

四、物料的平衡水分与水分活度

物料干燥就是靠汽化来降低物料中的水分。水与干燥介质接触的表面称为自由表面。由于水分子在自由表面上汽化，在该表面上形成一层处于饱和状态的水蒸气层。如果自由表面水蒸气分压大于干燥介质的水蒸气分压，则水分汽化，逐渐向介质中扩散。因而，增加物料表面与干燥介质的水蒸气分压的差值，就可加快干燥速度。反之，如果物料表面水蒸气的分压小于干燥介质的水蒸气分压，则物料将吸收干燥介质中的水分，物料水分增加变为吸潮过程。经过一定时间后，物料的水蒸气分压与干燥介质的水蒸气分压达到相等的状态，此时，两者的水分交换达到动态平衡，物料所含的水分即为平衡水分，周围介质的相对湿度称为平衡相对湿度。在物料干燥中，物料平衡水分的概念很重要，因为在一定的干燥条件下，平衡

水分决定了物料所能干燥到的最低水分。

通常将湿物料表面附近的水蒸气压 P 与同温同压下水的饱和气压之比定义为湿物料的水分活度，用 a_w 表示。

从相对湿度 φ 的定义（见本章第二节）可知，若物料的水分活度 a_w 大于空气的相对湿度 φ，则物料表面的水蒸气压大于空气中水蒸气的分压，此时，水分将从物料向湿空气中传递，此乃物料的干燥过程，即解湿、含水量减少。若物料的水分活度 a_w 小于空气的相对湿度 φ，则物料表面的水蒸气压小于空气中水蒸气的分压，此时，水分将从湿空气向物料中传递，此乃物料的吸湿，含水量增加。若物料的水分活度 a_w 与空气的相对湿度 φ 相等，则物料表面的水蒸气压等于空气中水蒸气的分压，水分交换达到平衡状态，物料的含水量不再发生变化。

物料的水分活度与其相应的湿空气平衡相对湿度在数值上相等；而平衡含水量是在这种湿空气条件下物料干燥所能达到的极限。水分活度大小取决于水的存在量、温度、水中溶质的浓度、物料成分、水与非水部分结合的强度等。

没有水微生物不能生存。水分活度低，微生物生长率低，a_w 低于 0.6 时微生物不能生长。水分减少，酶的活性降低，水分降到 1% 以下，a_w 低于 0.3，酶的活性完全消失。因此，通过干燥将物料中的水分活度降到一定程度，可以使物料在一定的保质期内不受微生物利用而腐败，同时能维持一定的质构不变并控制生化反应及其他反应。

物料的平衡水分与干燥介质的温度和湿度、物料的性质等因素有关。在一定温度条件下得到的物料平衡水分与周围介质平衡相对湿度的关系曲线，称为平衡水分曲线。一般说来，在给定的相对湿度条件下，介质温度升高，平衡水分下降；在给定的温度下，相对湿度提高，平衡水分也提高，当相对湿度超过 85% 时，平衡水分将急剧上升。

第二节　湿空气的性质

湿空气是指含有水蒸气的空气。通常遇到的空气都是由干空气和水蒸气组成的湿空气。由于空气中的水蒸气含量不大，一般情况下，可以按干空气计算。但在，某些时候空气中的水蒸气有特殊用途，如物料干燥、食品冷冻、通风调气及杀菌消毒等，这时空气作为传热介质，必须考虑空气中的水蒸气，即按湿空气来处理。

由于湿空气中水蒸气的分压力很低，因此，干空气和水蒸气都可以视为理想气体，适用于理想气体的一些定律及混合气体的计算公式也都适用于湿空气。如湿空气的总压力为水蒸气的分压和干空气的分压之和。

一、绝对湿度和相对湿度

空气的湿度分为绝对湿度和相对湿度。绝对湿度是单位体积湿空气中所含水蒸气的质量。由于湿空气中的干空气和水蒸气是均匀混合的，而且占有相同的体积，所以绝对湿度在数值上等于湿空气在温度 t 和水蒸气分压力 p_v 下的水蒸气密度 ρ_v。绝对湿度只能说明湿空气中实际所含水蒸气的多少，但不能说明湿空气的干湿程度（吸收水蒸气能力的大小）。绝对湿度相同的两种空气，其干湿程度并不一定相同，温度高者干，温度低者湿。只有在相同的温度下，才能根据绝对湿度的数值来判断哪一种空气较为干燥或潮湿。这在应用上很不方便，因此有必要引进相对湿度的概念。

相对湿度是湿空气与同温同压下饱和空气的绝对湿度的比值，也等于这两种空气中水蒸气分压力的比值，用 φ 表示，即

$$\varphi = \frac{\rho_v}{\rho_{sv}} \times 100\% = \frac{p_v}{p_{sv}} \times 100\% \qquad (5\text{-}3)$$

式中，ρ_v 为湿空气中水蒸气的密度；ρ_{sv} 为与 ρ_v 同温同压下饱和空气中水蒸气的密度；p_{sv} 为与 p_v 同温同压下饱和空气中水蒸气的分压力。

从相对湿度的定义可以看出，在一定温度下，相对湿度随湿空气中水蒸气量或水蒸气分压的提高而增大，反之亦然。当水蒸气达到饱和时，相对湿度为 100%，称为饱和相对湿度。另外，随着温度升高，相对湿度降低。所以，用空气作干燥介质时常要加热。

二、湿空气的状态参数

1. 含湿量

含湿量 d 是指单位质量（1kg）干空气中所含水蒸气的质量。令 m_v 和 m_{da} 代表水蒸气和干空气的质量，R_v 和 R_{da} 代表水蒸气和干空气的气体常数，则

$$d = \frac{m_v}{m_{da}} = \frac{R_{da} p_v}{R_v p_{da}} = 0.622 \frac{p_v}{p_{da}}$$

又 $p_v = \varphi p_{sv}$，$p_{da} = P - p_v = B - p_v$，则

$$d = 0.622 \frac{\varphi p_{sv}}{B - \varphi p_{sv}} \qquad (5\text{-}4)$$

式中，B 为大气压力（101325Pa）。

这里要特别指出的是，1kg 质量的干空气不同于 1kg 湿空气。湿空气把水蒸气的质量计算在干空气之外，也就是说在 $(1+d)$ kg 湿空气中含 $d$kg 水蒸气。根据干燥介质含湿量的变化，可以确定在干燥过程中物料失掉的水分。

2. 比容

湿空气的比容 v 定义为单位质量干空气的容积，它可由气体状态方程确定，即

$$v = \frac{R_{da} T}{p_{da}} = \frac{R_{da} T}{B - p_v} \qquad (5\text{-}5)$$

式中，$R_{da} \approx 287\text{J}/(\text{kg} \cdot \text{K})$。将式（5-4）代入式（5-5）得

$$v = 460.92(0.622 + d)T/B$$

在计算物料干燥所需的空气量时，经常用到湿空气的比容。如已知干空气消耗量为 $\dot{m}_{da}$，则空气消耗的体积流量为 $V = \dot{m}_{da} v$。

3. 露点

湿空气在一定的压力下冷却到某一温度即呈饱和状态，继续冷却，水开始从湿空气中析出，这个温度称为露点，用 t_d 表示。此时湿空气的湿度为饱和湿度。

露点温度可用以下方法确定，由式（5-4）得

$$d_{td} = 0.622 \frac{p_{td}}{B - p_{td}}$$

式中，d_{td} 为露点下湿空气的饱和含湿量；p_{td} 为露点下水的饱和蒸气压。

上式可整理为

$$p_{td} = \frac{d_{td} B}{0.622 + d_{td}} \qquad (5\text{-}6)$$

由于露点是将湿空气冷却到饱和时的温度，因此只要知道大气压力 B 和含湿量 d_{td}，即可由式（5-6）求得 t_d 下的 p_{td}，再由水蒸气表查出对应的温度即为该空气的露点。

4. 比热容

在干燥计算中，由于压力变化不大，一般采用定压比热容的平均值，简称比热容，用 c 表示。湿空气的比热容定义为：在常压下将单位质量（1kg）干空气和其所含的 d kg 水蒸气的温度升高 1℃ 所需要的总热量，即

$$c = c_{da} + dc_v = (1.01 + 1.88d) \times 10^3$$

式中，c_{da} 为干空气的比热容，其值约为 1010J/(kg·℃)；c_v 为水蒸气的比热容，其值约为 1880J/(kg·℃)

5. 焓

湿空气的焓 h 是指单位质量（1kg）干空气和其所含的 d kg 水蒸气的焓之和，即

$$h = h_{da} + h_v d$$

式中，h_{da} 为干空气的焓；h_v 为水蒸气的焓。

焓值是相对值，计算焓值时规定 0℃ 的干空气及液态水的焓值为零。因为湿空气中干空气和水蒸气的分压力都很低，温度变化不大，可认为比热容为常数。这样，$h_{da} \approx c_{da}t$，$h_v \approx r_0 + c_v t$，则

$$h = h_{da} + h_v d = c_{da}t + d(r_0 + c_v t) = [(1.01 + 1.88d)t + 2490d] \times 10^3 \qquad (5\text{-}7)$$

式中，r_0 为 0℃ 时水蒸气的潜热。

从式（5-7）中可以看出，湿空气的焓由两部分组成，一部分是湿空气的显热 $(1.01 + 1.88d)t \times 10^3$；另一部分是水蒸气的汽化潜热 $(2490d) \times 10^3$。物料干燥时，只利用了干燥介质中的显热，而潜热则不能利用。因为只有湿空气的温度降到露点以下时，潜热的热量才能释放出来，同时水蒸气发生凝结，这在物料干燥过程中是不容许的。

三、干球温度和湿球温度

干球温度是指用通常的温度计测得的温度，即湿空气的温度。湿球温度是由水银球用浸于水中的湿纱布包起来的湿球温度计测得的温度。由于通常空气都是未饱和的，湿纱布中的水分会蒸发，水汽化需要汽化潜热，因而湿球温度较干球温度低。空气的相对湿度越小，湿球温度比干球温度低得越多，当空气的相对湿度为 100%，干湿球温度相等。干球温度与湿球温度之差与相对湿度的关系通常制成数据表或线图，只要测得了干球温度和湿球温度，即可查得相对湿度。

需要注意的是，湿球温度计的读数与掠过温度计的风速有关，有风速时湿球温度计的读数比风速为零时要低些。当风速在 2~4m/s 范围内时，湿球温度计读数的变化很小。

第三节 热 交 换

热交换是物体之间或物体内部因温度差而引起的能量转移，又称为热传递。根据热力学第二定律，作为能量形式之一的热，总是自发地从高温处传向低温处。温度差是热传递的推动力，其平衡极限是温度趋于一致。但是，在消耗机械功的条件下，热量可以从低温物体传向高温物体，这是一个外界强制的非自然过程。

在农产品的加工过程中，热量的传递和交换是重要的单元操作，有着极为广泛的应用。例如，谷物的干燥、果蔬的冷却和贮藏、果汁和牛奶的杀菌消毒、肉品的冷冻等，都包含热量的传递过程。农产品加工过程中对热交换的要求通常有两个方面：一方面是强化传热过程，希望热量以期望的速率进行传递，使物料在给定的时间内达到指定的温度；另一方面是

削弱传热过程，以减少热量的损失。

热传递有三种基本方式，即导热、对流和辐射。在实际过程中，上述三种基本的传热方式往往不是单独存在的，通常是两种或三种传热方式相组合，称为复合传热。

一、热传导

热量从物体内部温度较高的部分传递到温度较低的部分或者传递到与之接触的另一个温度较低的物体的过程称为热传导，简称导热。导热是由于温度差而导致的热量转移。

大量的实践和经验证明，由导热所传递的热量是与所在导热体系的温度梯度和垂直于导热方向的面积成正比的，其数学表达式为

$$Q = -\lambda A \frac{\partial t}{\partial n} \tag{5-8}$$

式中，Q 为单位时间内导热传递的热量，也称为热流量；A 为垂直于导热方向的截面积；λ 为物体的热导率，也称为导热系数；$\frac{\partial t}{\partial n}$ 为在导热方向上的温度梯度。

式（5-8）就是傅里叶导热基本定律的一般数学表达式，式中的负号表示传热方向与温度梯度方向相反，即热量由高温处传向低温处。根据这一定律，可以对工程中应用最广泛的平壁式和圆管式换热器的导热过程进行具体分析。

物质的热导率一般随温度变化。金属材料的热导率随温度升高而减小，非金属材料的热导率随温度的升高而增大。除甘油和水外，大多数液体的热导率随温度的升高而减小。气体的热导率随温度的升高而增大。在热传导进行的过程中，物体各部分温度不同，各点的热导率也不同。经验表明，绝大多数材料的热导率与温度具有近似线性的关系，即 $\lambda = \lambda_0 (1+bT)$，其中 λ_0 为 0℃ 时的热导率，T 为温度值，b 为实验测得的常数。

在实际计算中，热导率常按传热过程中温度上、下限的平均值处理。

压力对固体和液体的热导率影响很小，可以忽略不计。而气体的热导率只有压力超过 200MPa 或低于 2.7kPa 时才与压力有关。

1. 平壁的稳态导热

所谓稳态导热是指传热系统内各点温度均不随时间变化的导热过程；反之，温度随时间变化的导热过程称为非稳态导热。

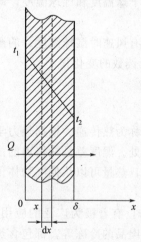

一块厚度均匀的平壁，如果其长度和宽度均比厚度 d 大得多，以至于沿长度和宽度方向的端面导进和导出的热量与厚度方向两表面所传递的热量相比可以忽略不计，通常把这种平壁称为无限大平壁。设该平壁两表面的温度分别为 t_1 和 t_2，而且 $t_1 > t_2$，平壁的热导率 λ 是不随温度而变化的定值（见图 5-1），这样一个体系就是最简单的一维稳态导热系统。此时，傅里叶导热定律可以表达为

$$Q = -\lambda A \frac{\mathrm{d}t}{\mathrm{d}x}$$

将上式在 x 轴向的 $[0, \delta]$ 区间积分，便可求得通过平壁的导热热流量为

图 5-1 单层平壁的一维
稳态导热

$$Q = \lambda A \frac{t_1 - t_2}{\delta} = \frac{\Delta t}{\delta / \lambda A} \tag{5-9}$$

式中，δ 为平壁厚度；Δt 为平壁两侧的温度差。

如果将导热热流公式与电学中的欧姆定律相比较，不难发现两者在形式上有十分相似之处：与导电系统中一定要有电位差才能形成电流一样，在导热系统中，只有存在温度差才能产生热流量；而且与电流的大小与电阻成反比一样，热流量的大小与 $\delta/(\lambda A)$ 成反比。这样，可以把 $\delta/(\lambda A)$ 称为导热热阻，其单位为℃/W。

必须指出的是，在上述解析过程中，除了应用傅里叶导热基本定律外，同时还借助了能量守恒的原理，即假定在导热过程中，热流量 Q 始终保持不变，仅从一处传导到另一处。

在实际工程中，如锅炉的炉壁、冷库的墙壁等均不是单层，而是由不同材料组成的复合平壁。由于各层材料不同，它们的热导率是有差别的，这样的问题比单层平壁复杂，但是，其导热过程的实质仍然相同。因此，同样可以根据傅里叶定律和能量守恒定律来分析。

图 5-2 所示为一个由三层热导率不同的材料构成的平壁，各层的厚度分别为 δ_1、δ_2、δ_3，热导率分别为 λ_1、λ_2、λ_3，平壁的面积为 A，而壁面的温度依次为 t_1、t_2、t_3、t_4。在这样的导热系统中，热流量依次传过各层平壁，其值为

$$Q=\frac{\lambda_1(t_1-t_2)}{\delta_1/\lambda_1 A}=\frac{\lambda_2(t_2-t_3)}{\delta_2/\lambda_2 A}=\frac{\lambda_3(t_3-t_4)}{\delta_3/\lambda_3 A}$$

应用数学上的加比定律得出三层平壁稳态导热的流量为

$$Q=\frac{t_1-t_4}{\dfrac{\delta_1}{\lambda_1 A}+\dfrac{\delta_2}{\lambda_2 A}+\dfrac{\delta_3}{\lambda_3 A}}$$

以此类推，n 层平壁稳态导热的流量为

$$Q=\frac{t_1-t_{n+1}}{\sum_{i=1}^{n}\dfrac{\delta_i}{\lambda_i A}} \tag{5-10}$$

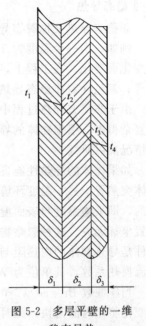

图 5-2 多层平壁的一维稳态导热

2. 圆筒壁的稳态导热

设圆筒的内直径为 d_1，外直径为 d_2，长度为 L，内外表面的温度均匀，分别为 t_1 和 t_2，导热过程仅沿圆筒的径向进行，如图 5-3 所示。在这种情况下，只要将式（5-8）改为圆柱坐标的形式，便不难导出圆筒壁的导热公式

$$Q=\frac{2\pi\lambda L(t_1-t_2)}{\ln(d_2/d_1)} \tag{5-11}$$

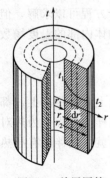

图 5-3 单层圆筒壁的导热

由式（5-11）可以看出，通过圆筒壁的导热热阻取决于圆筒外内直径之比的对数值，而不是简单地取决于筒壁的厚度，这是和平壁导热明显不同的。此外，圆筒壁内的温度分布呈对数曲线状，而不是平壁导热时的直线。究其原因，这是由于圆筒壁内各等温面面积不相等的缘故。但是，如果圆筒壁的内、外直径相差不大，就可以近似地将其视为平壁，并可得到与平壁相同形式的导热公式

$$Q=\frac{t_1-t_2}{\delta/\lambda A_m}$$

其中，$\delta=(d_2-d_1)/2$，即圆筒壁的厚度，而 $A_m=(d_2+d_1)L/2$ 是圆筒内、外表面积的平均值。在 $d_2/d_1<2$ 的情况下，由上式计算所的结

果的误差不超过 4%，这足以满足过程上的要求。

对于多层圆筒壁的稳态导热，同样可以根据热阻串联的形式，求出其总热阻，并得到该导热体系的导热流量为

$$Q = \frac{2\pi L \left(t_1 - t_{n+1}\right)}{\displaystyle\sum_{i=1}^{n} \frac{1}{\lambda_i} \ln\left(\frac{d_{i+1}}{d_i}\right)} \tag{5-12}$$

3. 非稳态导热

非稳态导热又称瞬态导热。在这样的导热过程中，物体内部的温度场是随时间而变化的。例如，当一个温度为 T_i 的物体置于温度为 T_f 的介质中，物体内部的温度场将随着时间的变化而变化。在工程上，这样的例子是很多的，如肉类及果蔬的冷藏，罐装食品的加热处理等，都包含着非稳态导热过程。

由于非稳态导热过程中有热量的储存现象，因此，处理这样的导热过程要比稳态导热过程复杂得多。根据物体的导热特性与表面对流换热特性的不同，可将非稳态导热过程分成两种情况加以研究。

如果物体的导热性能良好，即其内部导热热阻比其表面的对流换热热阻小很多，则当该物体突然置于另一温度环境中，由对流换热引起的物体内部各点温度变化速率可以看作是相同的，即平均温度与表面温度没有明显的差别。这时所要求解的温度仅是时间的函数，而与位置坐标无关。这种忽略物体内部导热热阻的分析方法称为集总参数法。使用集总参数法的条件是导热物体的内热阻与对流换热热阻的比值——毕渥数 $Bi = \alpha\delta/\lambda < 0.10$。这里，$\alpha$ 为对流换热系数，其单位为 $W/(m^2 \cdot ℃)$。有关对流换热系数将在对流换热一节中详细说明。

当毕渥数 $Bi = \alpha\delta/\lambda > 0.10$ 时，说明物体表面的对流换热强度较为剧烈，物体表面的温度变化将比内部为快。此时，必须考虑由温度梯度引起的局部温度随时间的变化，问题变得更为复杂。根据热力学第一定律和导热过程普遍适用的傅里叶定律，对于物理性质恒定的导热物体，即物体的比热容、密度和热导率为常数时，最终可以导出下述微分方程：

$$\frac{\partial t}{\partial \tau} = \alpha \left(\frac{\partial^2 t}{\partial x^2} + \frac{\partial^2 t}{\partial y^2} + \frac{\partial^2 t}{\partial z^2} \right)$$

在许多工程问题中，往往对无限大平壁中心平面层的温度变化情况尤为关注。例如，对于大块的冰冻板状肉类，准确预测板状体中心平面层的温度随时间的变化，对于食品的贮藏和加工是很重要的。这类问题可以看作一维的非稳态导热，其导热微分方程可简化为

$$\frac{\partial t}{\partial \tau} = \alpha \frac{\partial^2 t}{\partial x^2}$$

给定了初始条件和边界条件，运用一般的数学解析方法，上述偏微分方程可以求解，但是，具体的函数关系比较复杂。此外，也可以利用有限元分析的方法对物体内部的温度场数值求解。关于更多非稳态导热的分析和计算，读者可请参阅相关的著作。

二、对流换热

在工程上，如果仅仅依靠导热来达到换热的要求，无论在传热的数量上或者距离上，都受到很大的限制。为此，常常设法利用流体的流动以实现热量的传递，这样的过程称为热对流。由于流体在流动的过程中，常常和不同温度的流体或固体接触，这样就一定伴随有导热过程。这种伴有导热的热对流过程，称为对流换热。

对流换热可分为自然对流与强制对流两大类。自然对流是由于冷、热流体密度不同而产生的浮升力所引起的流动；强制对流是由于受到各种不同外力作用所造成的流动。根据流体

力学，流体在流道内受迫流动时，其流动状态又可按雷诺数分成层流和紊流两种。流体的流动状态不同，对流换热过程中的热对流作用也不同。

无论对流换热的形式及流体流动状态如何，对流换热量均可按牛顿公式进行计算：

$$Q = \alpha \Delta t A \qquad (5\text{-}13)$$

式中，Q 为单位时间内整个受热体和流体之间的对流换热量；A 为换热面积；α 为平均对流换热系数；Δt 为固体受热面的平均温度与流体平均温度之差。

必须指出，牛顿公式仅仅说明对流换热流量是与对流换热面积及温度差成正比，对流换热系数 α 是由各种因素决定的综合系数，而不像热导率 λ 那样是表征物体导热能力强弱的固有特征参数。影响对流换热系数的因素很多，有流体的性质，如密度、比热容、体积膨胀系数、黏度，也有固体的热导率，还有几何位置，流体运动参数，以及固体受热面或管道的几何特征等。此外，换热系统及工况不同，影响因素及影响程度也不同。因此，在实际工程问题中，用解析的方法来寻找换热系数与上述各项因素之间的关系，几乎是不可能的。

这样，求解对流换热的问题归结为如何确定和计算各种情况下的对流换热系数。计算对流换热系数有效而可靠的方法是在大量实验的基础上，利用相似原理导出由描写各种现象的若干物理量所组成的准则和由此构成的准则方程，而换热系数 α 正好包含在待求的准则中。

需要指出的是，本节所讨论的对流换热都是在不发生相变的情况下进行的。在某些换热过程中，参与换热的液体因受热沸腾而变成蒸气，而在另一些情况下，参与换热的气体（如水蒸气）因放热而凝结成液体，这样，在仅有相变的情况下，流体与壁面间的换热量等于流体吸收或放出的潜热，而且气、液两相流动情况也不同于单相流动，所以有相变时与无相变时的换热机理大不一样，换热计算也要复杂得多。一般地说，对于同一种流体，有相变时的换热强度要比无相变时大得多，至于具体的计算分析，读者可参阅有关专著。

三、辐射换热

当物体的温度大于绝对零度时，该物体就能向空间放射出各种波长的电磁波，并以此进行能量的传递和转换。物体通过电磁波的形式传递能量的过程称为辐射。物体放射辐射能的原因是多种多样的，其中物体转化本身的内能而产生的辐射称为热辐射。

自然界中所有物体都不断地向四周发出热辐射，同时又不断地吸收其他物体发出的热辐射能。辐射与吸收的综合结果就造成了以辐射方式进行的物体间的能量转移——辐射换热。

像所有的辐射现象一样，热辐射可以在真空中传播，而导热、对流这两种传热方式只有存在传热介质时才能进行，这是辐射换热区别于导热和对流换热的一个根本特点。辐射换热区别于导热和对流换热的另一个特点是辐射不仅产生能量的转移，而且还伴随着能量形式的转化，即从热能到辐射能，又从辐射能转化成热能。

实践证明，不同物体的辐射能力是各不相同的，即使是同一物体，在不同的温度条件下，其辐射能力也是不一样的。

在辐射过程中，辐射能投射到物体表面上后，可能一部分被吸收，一部分被反射，还有一部分穿透过去。如用 Q 表示投射到物体上的辐射能，用 Q_A、Q_R 和 Q_T 分别表示吸收、反射和穿透的能量，则

$$Q = Q_A + Q_R + Q_T \quad \text{或} \quad Q_A/Q + Q_R/Q + Q_T/Q = 1$$

根据物体对辐射能的吸收、反射和穿透能力的强弱，可以区分为绝对黑体（吸收率 $\alpha = Q_A/Q = 1$）、绝对白体（反射率 $\rho = Q_R/Q = 1$）和绝对透明体（穿透率 $\tau = Q_T/Q = 1$）。自然界中只有某些气体是近似的透明体，而大多数的固体和液体都不能让热射线透过，即 $\tau = 0$，此时便有 $\alpha + \rho = 1$。由此可知，物体的吸收能量越强，其反射能力就越弱，反之亦然。

在辐射换热中，被称为绝对黑体（简称黑体）的理想物体有着重要的意义。黑体能吸收投射到其表面上的全部辐射能，即 $\alpha=1$，而在相同条件下，与其他物体相比，它所发出的辐射能也是最大的。

根据斯蒂芬-玻尔兹曼定律，黑体在单位时间内所发出的辐射热能为

$$Q=\sigma_b AT^4 \tag{5-14}$$

式中，σ_b 为黑体辐射常数，其值为 $5.67\times10^{-8}\,W/(m^2\cdot K^4)$，$K$ 表示热力学温度；A 为黑体的表面积；T 为黑体的热力学温度。

在自然界中，所有实际物体的辐射能力都小于同温度下的黑体。实验证明，所有物体的辐射能量总可以表示成斯蒂芬-玻尔兹曼定律的经验修正形式：

$$Q=\varepsilon\sigma_b AT^4 \tag{5-15}$$

式中，ε 为物体的黑度，对于除黑体以外的所有物体它们的黑度恒小于 1，其值的大小与物体的种类以及表面状态有关。

在辐射换热过程中，一个物体既能向外辐射热量，同时又能吸收外界辐射来的热量。经验和理论表明，实际物体的吸收率是一个非常复杂的问题，影响因素也很多，这里不予详细讨论。必须指出的是，实际物体的吸收率除了与物体本身的情况，即物体的种类、表面状况（如颜色和粗糙度）以及表面温度有关外，还与投射到该物体的辐射能的波长有关。例如，温室就利用了玻璃或塑料对不同辐射能的吸收和穿透能力的选择性。太阳的可见光和波长较短的红外线绝大部分穿过玻璃或塑料进入温室，成为一种天然的热源，而玻璃或塑料却不允许温室内的物体在常温下所发出的较长波长的红外线穿透进入外界环境，因此温室中的热量不易损失。

第四节　干燥机理和干燥方法

一、干燥机理

物料的干燥过程，一般是水分由内部扩散到表面，然后在表面汽化。水分的内部扩散和表面汽化是同时进行的。

如果表面汽化速率小于水分的内部扩散速率，内部水分能迅速到达物料层表面，使表面在干燥过程中保持充分湿润的状态，这时水分的去除主要由表面水分汽化速率所控制，此乃物料干燥的表面汽化控制。欲提高此类物料的干燥速率，必须努力改善影响水分蒸发的外部因素。提高空气温度，降低其相对湿度，改善空气与物料的接触和流动情况，均有助于提高干燥速率。

如果表面汽化速率大于水分的内部扩散速率，水分无法扩散至表面以供汽化，此时干燥过程为水分的内部扩散所控制。要提高此类物料的干燥速率，可采取减小物料厚度，缩短水分的扩散距离；使空气与物料层穿流接触；搅拌物料使深层物料及时暴露于表面；利用接触加热或微波加热，使深层料温高于表面料温等措施。

干燥过程中，干燥介质将热量传递到物料的表面，再由表面传递到物料的内部，这是传热的过程。另一方面，物料中的水分以液态或气态的形式穿过物料迁移到物料表面，然后在物料表面汽化蒸发到空气中去，这是传质的过程。因此，干燥是传热和传质同时进行的过程，干燥速度也同时受传热速率和传质速率的影响。对于气流干燥，传热速率主要与干空气的性质和操作条件有关，而传质速率在空气性质一定的条件下，只与干燥时水分在空气与物料间的平衡状态有关。

湿物料进行干燥时，将逐渐形成从内部到表面的湿度梯度，此乃水分向表面迁移的推动力。温度梯度也可以使物料内部的水分发生传递，称为热湿导，方向是由高温向低温进行。

对于热风干燥和一般的辐射干燥，物料内部的温度梯度与湿度梯度方向相反，温度内低外高，湿度内高外低；而对于接触干燥和微波加热干燥，两种梯度方向一致，内高外低。

影响湿热迁移的重要因素有以下几个。

（1）物料表面积

物料表面积越大，物料与加热介质的接触表面积或与吸湿介质的接触面积就越大，这有利于水分的蒸发。因此，可采用将物料分割成薄片或小片的方法，不但可以增加物料的表面积，而且可以缩短热量向物料中心传递的距离以及水分从物料中心外移的距离。

（2）温度

传热介质和物料间温差越大，热量向物料传递的速度也越快，水分外逸的速度越大。空气温度越高，在饱和前所能容纳的蒸汽量越多，空气相对饱和湿度下降，这会使水分从物料表面扩散的驱动力更大。物料温升和水分扩散速率也加快，使内部干燥加速。

（3）空气流速

若以空气作为加热介质，温度并非主要因素，因为物料中的水分以蒸汽状态从表面外逸时，将在其表面形成饱和水蒸气层，若不及时排除掉，将阻碍物料内水分进一步外逸，从而降低水分的蒸发速度。增加空气流速，可以及时将物料表面的饱和湿气带走。物料表面接触空气的量增多，加速水分的蒸发。

（4）空气的干燥程度或空气湿度

空气的干燥程度关系到其吸收蒸发水分的能力。空气越干，物料的干燥速度越快。空气越湿，吸湿越少。空气湿度决定物料的干燥程度，因为空气将与物料间达到湿度平衡。

（5）大气压力和真空度

水的沸点与气压有关，气压越低沸点越低。在真空室内加热干燥，将加速物料内的水分蒸发，还能使产品具有疏松的结构。

（6）时间

在延长时间可使物料得到更充分的干燥，但干燥时间过长可能会导致物料的品质发生变化。一般说来，高温短时的干燥工艺对物料品质的损害小于低温长时干燥。热敏物料脱水采用低温加热和缩短干燥时间对保证品质极为重要。

在干燥过程中，物料的含水量和表面温度随时间不断变化，通常把物料的含水量、表面温度与干燥时间的关系曲线称为干燥曲线。干燥过程中干燥速率与干燥时间或含水量的关系曲线称为干燥速率曲线。干燥速率曲线也可以由干燥曲线对时间或含水量微分得到。干燥曲线和干燥速率曲线不仅与干燥条件有关，还与物料本身的组织结构、物理化学特性等因素密切相关。物料的干燥曲线一般由实验得到。

在干燥过程中，物料的含水量随时间是逐渐减少的，直至最后达到平衡含水量。物料的表面温度是逐渐上升的，最后达到介质温度。干燥速率在初始阶段有一升高过程，而后保持最大干燥速率，最后干燥速率逐渐减小，直至趋于零，即达到平衡含水量。根据干燥过程中水分或干燥速率的变化特点，可将干燥过程分为预热、恒速干燥和降速干燥三个阶段。

在预热阶段，物料含水量略有下降，表面温度略有上升。此时，空气的热量主要用于物料的加热，水发蒸发量较少，物料表面呈湿润状态。对于谷物等较小的物料，升温的时间很短，可以忽略不计。在研究过程中，一般也忽略这一阶段。

在恒速干燥阶段，物料的温度不变，物料含水量迅速下降，干燥速率基本不随物料含水量而变化，干燥曲线为一直线，干燥速率曲线为一水平线，物料表面温度等于干燥介质的湿球温度，物料中心的温度则较低，水分不断向外表移动，从表面蒸发，空气热量全部用于水分的汽化，空气显热等于水分的汽化潜热。此时的物料表面湿润，物料内部水分扩散速率大于或等于水分在表面的汽化速率，干燥处于表面汽化控制状态，去除的水分为非结合水分。对某些农产品来说，等速干燥段很短，温度梯度也不大，水分向外移动主要靠物料内部的湿度梯度。

干燥的恒速阶段结束后，便进入降速干燥阶段。在降速干燥阶段，干燥速率开始下降，物料表面开始出现部分干区，此区域物料表面温度大于空气的湿球温度并逐渐上升。空气的热量除了用于水分的蒸发外，还用于物料的升温，所除去的水分有结合水和非结合水，干燥进入内部扩散控制状态。随着降速干燥的进行，物料表面的湿润部分完全消失，水分蒸发面开始向物料内部转移，水分扩散阻力加大，干燥速率进一步下降，物料表面的温度进一步上升，干燥曲线趋于水平，物料含水量达到平衡含水量，物料表面温度达到空气的干球温度，干燥速率等于零，干燥脱水过程结束。

恒速干燥与降速干燥的转折点称为干燥的第一临界点，该点的含水量称为临界含水量，该点也是表面汽化控制和内部扩散控制的转折点。临界点的干燥速率仍然等于恒速干燥阶段的干燥速率。临界含水量的大小影响物料进入降速干燥阶段的时间。若临界含水量值大，则物料会较早进入降速干燥阶段；反之，则较迟进入降速干燥阶段。若物料较早进入降速干燥阶段，则需要的干燥时间加长，既消耗较多的能量，也影响产品的质量。

临界含水量随物料的性质、厚度及干燥条件（介质温度、湿度和流速等）的不同而不同。无孔吸水物料的临界含水量比多孔物料的大；在一定的干燥条件下，物料层越厚，临界含水量越大，因此，物料在平均含水量较高的情况下就开始进入降速干燥阶段。例如，稻谷干燥过程中，恒速干燥阶段时间较短，大部分在降速干燥阶段进行。

干燥工艺条件决定了干燥过程中的干燥速率、物料临界水分和干燥物料品质等主要参数组成。合理选用干燥工艺条件是十分重要的。最适宜的干燥工艺条件应使干燥时间最短、热能和电能的消耗量最低、干燥物料的质量最高。为此，所选择的干燥工艺条件应使物料表面的水分蒸发速率尽可能等于内部的水分扩散速率，同时力求避免在物料内部建立起和湿度梯度方向相反的温度梯度，以免降低物料内部的水分扩散速率。在恒速干燥阶段，为了加速蒸发，在保证物料表面的水分蒸发速率不超过内部水分扩散速率的原则下，尽可能提高空气温度。在降速干燥阶段时，应设法降低水分的表面蒸发速率，使它能和逐步降低了的内部水分扩散率一致，以免物料表面过度受热，导致不良后果。干燥末期干燥介质的相对湿度应根据预期干燥水分加以选用。

干燥过程是一个复杂的湿热交换过程，关于降水速率已经有许多理论研究，也有一些半理论公式。有的理论认为，降水速率与物料的平均水分和平衡水分之差成正比，即

$$dM(\tau)/d\tau = -k[M(\tau) - M_b] \tag{5-16}$$

式中，$dM(\tau)/d\tau$ 为物料的降水速率；M_b 为物料的平衡水分（干基）；k 为干燥常数，因物料和干燥规范（介质的温度、湿度、质量流等）而异，k 的单位为 h^{-1}。

式（5-16）也可写成

$$M(\tau) = (M_0 - M_b)e^{-kt} + M_b \quad 或 \quad \frac{M(\tau) - M_b}{M_0 - M_b} = e^{-k\tau} \tag{5-17}$$

式中，$M(\tau)$ 为物料在时刻 τ 的平均水分（干基）；M_0 为初始干基水分；τ 为时间，单位为 h。

式（5-17）通常称为半理论干燥方程。由于上述干燥方程是在一定的温度、相对湿度、

气流速度和水分范围内推导出来的，因此，只有在相同条件下，该方程才能够应用。

二、干燥方法

干燥过程的核心问题是将热量传递给物料，并促使物料组织中的水分向外转移。干燥过程既有热的传递，又有物质（水分）的迁移。干燥可分为常压干燥和真空干燥两类。前者采用热空气或烟道气作为干燥介质，将汽化的水分带走，后者则是用真空泵将水蒸气抽吸除去。为促使水分汽化，通常需将物料加热。在农产品干燥作业中，应用最广泛的是通过外加热量而使物料中的水分蒸发并去除，所以是属于热力干燥的范畴。根据热交换方式和操作压力的不同，可将干燥方法进一步划分。一般来说，干燥方法有以下几种。

1. 对流干燥法（热风干燥）

将加热的空气或烟道气与冷空气的混合气以对流方式接触物料，从而进行湿热交换，即物料吸收热量、蒸发水分，蒸发出来的水分则由干燥介质带走。热风干燥一般在常压下进行。这种方法的主要特点是干燥介质的温度和湿度容易控制，可避免物料发生过热而降低品质。但是，由于只是依靠物料内、外层之间的水分梯度使水分从内部移至表面，而物料表面的温度又高于内部，这样的温度梯度会阻碍水分向表面运动，因此对流干燥过程较为缓慢，且热效率也不高。尽管如此，由于对流干燥设备结构简单、操作容易，所以在农产品干燥作业中是主要的干燥方法之一。

2. 传导干燥法（接触干燥）

物料与热表面直接接触而获得热量、蒸发水分。若物料层很薄或物料很潮湿，则采用传导干燥较为适宜，因为蒸发水分的热量是从热表面转给物料的，热经济性好。例如，在热炕上烘干谷物；在蒸气式烘干机中谷物边运动边与蒸气管接触而被烘干，均属此法。接触干燥也可在真空下进行。这种方法的缺点是干燥速度慢而且不均匀，温湿度不易控制，成本较高。

3. 辐射干燥法

这种方法是利用阳光或红外辐射器或微波发生器发出的辐射热能来干燥物料，可在常压和真空状态下进行。此法与接触干燥的不同仅在于热源的不同。

红外线是位于可见光与微波之间的电磁波（波长范围：$0.72\sim1000\mu m$）。通常将波长在 $5.6\mu m$ 以上的称为远红外线，波长在 $5.6\mu m$ 以下的称为近红外线，工业上多用远红外线干燥物料。当辐射波长与物料的吸收波长一致时，物料就大量吸收红外线，分子振动加剧，温度升高，内部的水分向表面转移并蒸发。在远红外干燥中，由于被干燥物料中表面水分不断蒸发吸热，使物料表面温度降低，造成内部温度比表面高，物料的热扩散方向是由内向外的，同时，由物料内存在的水分梯度所引起的水分移动，总是从水分较多的内部向水分较少的外部进行湿扩散。这样，物料内部的湿扩散与热扩散方向是一致的，从而加速水分由内向外的扩散过程，也就加速了干燥过程，干燥后的物料内外水分比较均匀。远红外干燥正越来越多地被采用，其优点包括干燥速度快、干燥质量好、能量利用率高等。

此外，用高频（$300MHz\sim300GHz$）电场（微波）对物料进行加热干燥也可归入辐射干燥的范畴。高频振荡的电场使物料的极性分子迅速振动，如果富含水分的物料处于 $2450MHz$ 的微波场中，具有很大极性的水分子的振荡频率将达到 0.408 亿次/min，分子的快速运动使水分子间的碰撞和摩擦加剧，产生大量的热量，从而把物料加热。因微波是电磁波，会在传播过程中发生反射、折射、吸收、穿透等作用，故处于微波干燥设备中的被干燥物料所受的微波作用是来自各个方向微波的叠加。

　　微波在传输过程中会遇到不同的材料，并产生反射、吸收和穿透现象，这种情况完全取决材料本身的几个特性，如介电常数、介电损耗系数、比热容、形状和含水量等。

　　对于一定的介质（物料），其吸收的功率由下式计算：

$$N = 5.56 \times 10^{-11} f E^2 \varepsilon \tan\delta \tag{5-18}$$

式中，N 为单位体积物料吸收的功率，W/cm³；f 为微波的频率，MHz；ε 为物料的介电常数；$\tan\delta$ 为介质损耗系数；E 为电场强度，V/cm。

　　可见对一定的介质（ε 和 $\tan\delta$ 一定），吸收功率与微波频率及电场强度平方成正比。为了提高吸收功率，可以提高电场强度或增加工作频率。但是电场强度 E 的提高有局限性，若电场强度过高，电极间会产生击穿现象；而提高频率到微波波段（300MHz～30GHz）时，则可以很好地解决放电击穿问题。当频率固定时，电场强度 E 也一定，吸收功率的大小完全决定于 $\varepsilon\tan\delta$，$\varepsilon\tan\delta$ 称为介质损耗因素。在微波干燥中，因为水的 $\varepsilon\tan\delta$ 值比其他介质的 $\varepsilon\tan\delta$ 值大，吸收功率大，水分易被干燥蒸发掉。某些介质随温度的升高，其 $\varepsilon\tan\delta$ 反而下降，出现自动平衡，使加热均匀，水分先蒸发掉，同时也避免了过热现象。

　　微波可对绝大多数的非金属材料穿透到相当的深度，因此对加热的物料表里一致。

4. 冷冻干燥法

　　冷冻干燥也称为升华干燥，是利用冰晶升华的原理，先将物料在较低温度下（−50～−10℃）冻结成固态，然后置于高真空度（1～10N/m²）的环境下，使冰冻物料中的水分直接从固态升华到气态而除去的干燥过程。实现这种干燥的必要条件是干燥过程的压力应低于操作温度下冰的饱和蒸气压，一般控制在相应温度下冰的饱和蒸汽压的 1/4～1/2。冷冻干燥所需的汽化热可从干燥室的传热壁或远红外辐射加热器获得。因此，既要供给湿物料热量以保证一定的干燥速率，又要避免冰的融化。

　　冷冻干燥的过程一般分为以下三个阶段。

　　第一阶段为预冻阶段，其目的是将物料中的自由水固化。在这一阶段，从冰点到物质的共熔点温度需要快速冷却。冷却的速度根据不同的物料而定，一般通过试验找出合适的冷却速率。湿物料也可以不预冻，而是利用高度真空时水分汽化吸热而将物料自行冻结。这种冻结能量消耗小，但对液体物料易产生泡沫或飞溅现象而造成损失，同时也不易获得多孔性的均匀干燥物。

　　第二阶段为升华干燥阶段。在这一阶段中，物料中的冰晶升华成为水蒸气逸出，物料得以干燥。干燥是从外表面开始逐步向内推移，冰晶升华后留下的空隙成为后续升华的水蒸气逸出通道。在此过程中，干燥层和冰冻部分的结合部（界面）成为升华界面。升华界面在升华干燥中以一定的速率向内推进，直至全部冰晶除去，升华干燥结束。升华干燥阶段约除去物料水分的 90%。干燥过程中升华温度一般为 −35～−5℃。若升华时需要的热量直接由所干燥的物料供给，在这种情况下，物料温度降低很快，以至于冰的蒸气压很低而使升华速率降低。

　　第三阶段为解析阶段，又称第二干燥阶段。在升华干燥阶段结束后，由于物料的毛细管壁和极性基团上还吸附着一些水分，必须将这部分水分解析出来，方法是在物料内外形成大的蒸汽压差，即使用更高真空的方法。该阶段完成后，物料的含水率一般在 0.4%～4% 之间。

　　冷冻干燥有许多优点，由于在低温下进行，因此对于许多热敏性的物质特别适用，多用于对热极为敏感的药品、疫苗、蔬菜、肉、奶及海鲜等物料的干燥。在低温下干燥时，物质中的一些挥发性成分损失很小，所以该法适合一些化学产品、药品和食品干燥。在冷冻干燥过程中，微生物的生长和酶的作用无法进行，因此能保持物料原来的性质。由于在冻结的状态下进行干燥，因此物料的体积几乎不变，保持了原来的结构，不会发生收缩现象。干燥后的物质疏松多孔，呈海绵状。由于冷冻干燥在真空下进行，氧气极少，所以一些易氧化的物质得到了保护。冷冻干燥目前在医药工业、食品工业、科研和其他部门得到了广泛的应用。

5. 真空干燥

　　将物料置于负压条件下，并通过适当加热达到负压状态下的沸点或者通过降温使得物料凝固后通过熔点来干燥物料的方式。物料内水分在负压状态下熔点和沸点都随着真空度的提高而降低，同时辅以真空泵间隙抽湿降低水汽含量，使得物料内水等溶液获得足够的动能脱离物料表面。真空干燥由于处于负压状态下，干燥过程中物料与空气隔绝，所以可以使部分在干燥过程中容易发生氧化等化学变化的物料更好地保持原有的特性。

　　在真空干燥过程中，液体水分汽化有蒸发和沸腾两种方式。水在沸腾时的汽化速度比在蒸发时的汽化速度快得多，水分蒸发变成蒸汽可以在任何温度下进行。水分沸腾变成蒸汽，只能在特定温度下进行。但是，当降低压强的时候，水的沸点也降低。例如，在 19.6kPa 气压下，水的沸点即可降到 60℃。真空干燥机就是在真空状态下，提供热源，通过热传导、热辐射等传热方式供给物料中水分足够的热量，使蒸发和沸腾同时进行，加快汽化速度。同时，通过抽真空快速抽出汽化的蒸汽，并在物料周围形成负压状态，物料的内外层之间及表面与周围介质之间形成较大的湿度梯度，加快了汽化速度，达到快速干燥的目的。

6. 喷雾干燥

　　喷雾干燥属于对流干燥的一种，该方法通过机械作用，将需干燥的物料分散成雾状微粒（增大水分蒸发面积，加速干燥过程），并使微粒与热空气接触，在瞬间将大部分水分除去，使物料中的固体物质干燥成粉末。

　　通过机械作用将物料雾化的方法有压力喷雾法和离心喷雾法。压力喷雾法的原理是利用高压泵，以 70～200 大气压的压力，将物料通过雾化器（喷枪），雾化成 10～200μm 的微粒并与热空气直接接触，进行热交换，短时间完成干燥。离心喷雾法的原理是利用水平方向作高速旋转的圆盘给予料液以离心力，使其高速甩出，形成薄膜、细丝、液滴。由于空气的摩擦、阻碍、撕裂的作用以及随圆盘旋转产生的切向加速度与离心力产生的径向加速度，物料以一合速度在圆盘上运动，其轨迹为一螺旋形。液体沿此螺旋线自圆盘上抛出后，就分散成很微小的液滴沿，此后液滴又受到地心吸力而下落，由于喷洒出的微粒大小不同，因而它们飞行距离也就不同。

　　喷雾干燥过程非常迅速，可直接将物料干燥成粉末。喷雾干燥机调节方便，可以在较大范围内改变操作条件以控制产品的质量指标，如粒度分布、湿含量、生物活性、溶解性、色、香、味等。喷雾干燥生产能力大，产品质量高，但也存在一些缺点，如设备较复杂，占地面积大，一次投资大（雾化器、粉末回收装置价格较高），热效率不高，能耗大等。

　　在实际生产中，为提高干燥效果，也可将上述各种干燥方法综合应用。

三、物料干燥过程的衡算

　　物料干燥是一个相当复杂的过程，这个过程的实质是物料失去的水分转移到干燥介质中，物料水分降低，温度升高，而介质的水分增加，温度降低。换句话说，物料和介质之间既有热交换，又有质的传递，两者相互影响，但传热是手段，传质是目的。因此，物料干燥过程的衡算包括物料衡算和热量衡算两部分。

1. 物料衡算

　　物料衡算是解决物料干燥过程中水分蒸发量和干燥介质（空气）消耗量的问题。在干燥过程中，被干燥物料的温度和水含量发生变化，同样干燥介质（空气）的温度和相对湿度也发生变化，但是物料中的干物质和介质中的干空气没有变化（假定设备没有漏气和吸气现象）。所以，在物料衡算和热量衡算中都是以单位质量的干物质作为计算基准。

(1) 单位时间内物料水分蒸发量的计算

令每小时进入烘干室的物料质量流量为 $\dot{m}_1$，离开烘干室的质量流量为 $\dot{m}_2$，其水分由 M_1 降低到 M_2，干物料的衡算方程为

$$\dot{m}_d = \dot{m}_1 \frac{100\% - M_1}{100\%} = \dot{m}_2 \frac{100\% - M_2}{100\%} \tag{5-19}$$

式中，$\dot{m}_d$ 为物料干物质的质量流量。

物料经过干燥后所失去的水分为

$$\dot{m}_w = \frac{\dot{m}_1 M_1 - \dot{m}_2 M_2}{100\%} \tag{5-20}$$

式中，$\dot{m}_w$ 为物料所失去的水分质量流量。

$\dot{m}_w$ 也可用下式计算：

$$\dot{m}_w = \dot{m}_1 \frac{M_1 - M_2}{100\% - M_2} = \dot{m}_2 \frac{M_1 - M_2}{100\% - M_1} \tag{5-21}$$

降水率 w 可用下式计算

$$w = \frac{\dot{m}_1 - \dot{m}_2}{\dot{m}_1} \times 100\% = \frac{M_1 - M_2}{100\% - M_2} \times 100\% \tag{5-22}$$

(2) 干燥介质消耗量计算

在干燥过程中，物料所失去的水分是被干燥介质带走的，因此由物料和干燥介质所带入的水分应等于它们所带走的水分。这样，根据物料平衡的原理就可以求出干燥介质的消耗量，即单位时间内干燥介质所增加的水分应等于物料失去的水分。

$$\dot{m}_w = \dot{m}_{da}(d_2 - d_1) \tag{5-23}$$

$$\dot{m}_{da} = \frac{\dot{m}_w}{d_2 - d_1} \tag{5-24}$$

式 (5-23) 和式 (5-24) 中，$\dot{m}_{da}$ 为单位时间内物料水分蒸发所需干空气流量；d_1 为干燥介质的含湿量；d_2 为离开干燥室时的干燥介质含湿量。

当采用间接加热时，d_1 等于环境空气的含湿量 d_0，此时

$$\dot{m}_{da} = \frac{\dot{m}_w}{d_2 - d_0} \tag{5-25}$$

从而，可按下式算出蒸发每千克水所需的干空气量为

$$g_{da} = \frac{\dot{m}_{da}}{\dot{m}_w} = \frac{1}{d_2 - d_1} \tag{5-26}$$

或

$$g_{da} = \frac{1}{d_2 - d_0} \tag{5-27}$$

从式 (5-27) 可以看出，d_2 增加时，所需干空气量减少；当 d_2 相同时，所需干空气量又随 d_0 的增加而增加。因此，在进行干燥设备的设计计算时，应按 d_0 取得最大值的条件进行。由于冬季外界空气含湿量低于夏季的含湿量，故计算时应按夏季来考虑。

2. 热量衡算

(1) 烘干室中的热平衡方程式

进入烘干室的热量主要是干燥介质所带入的热量和物料本身所具有的热量。干燥介质所带入的热量为

$$\dot{m}_{da}h_1 = \dot{m}_{da}h_0 + Q \tag{5-28}$$

式中，h_0为干燥介质进入加热器（或燃烧设备）前的焓值；h_1为干燥介质进入烘干室前的焓值；Q为加热器（或燃烧设备）供给干燥介质的热量。

物料带入烘干室的热量为$\dot{m}_1c_1t_1$。由于烘前物料热量可以看成烘后物料热量与所失水分的热量之和，故有

$$\dot{m}_1c_1t_1 = \dot{m}_2c_2t_1 + \dot{m}_w c_w t_1$$

式中，$\dot{m}_1$为烘前物料质量流量；$\dot{m}_2$为烘后物料质量流量；t_1为烘前物料温度；c_1为烘前物料比热容；c_2为烘后物料比热容；c_w为水的比热容，其值可取 4.187kJ/(kg·℃)；$\dot{m}_w$为物料在烘干过程中失去的水分质量流量。

由烘干室排出的热量主要有废气带走的热量、物料带走的热量及损失的热量。废气带走的热量为$\dot{m}_{da}h_2$，h_2为干燥介质离开干燥室时的焓值；物料带走的热量为$\dot{m}_2c_2t_2$，t_2为烘后物料的温度；至于损失的热量Q_L则可根据传热方程式计算，即

$$Q_L = kA\nabla t$$

综上所述烘干室的热平衡方程式为

$$\dot{m}_{da}h_1 + \dot{m}_2c_2t_1 + \dot{m}_w c_w t_1 = \dot{m}_{da}h_2 + \dot{m}_2c_2t_2 + Q_L \tag{5-29}$$

（2）单位热耗量计算

将式（5-28）代入式（5-29），整理后可得

$$Q = \dot{m}_{da}(h_2 - h_0) + \dot{m}_2c_2(t_2 - t_1) + Q_L - \dot{m}_w c_w t_1 \tag{5-30}$$

上式两边同除以$\dot{m}_w$即可得到蒸发每千克水加热器所需供给的热量，即

$$q = g_{da}(h_2 - h_0) + g_2c_2(t_2 - t_1) + q_L - c_w t_1 \tag{5-31}$$

式中，$q = Q/\dot{m}_w$，$g_{da} = \dot{m}_{da}/\dot{m}_w$，$g_2 = \dot{m}_2/\dot{m}_w$，$q_L = Q_L/\dot{m}_w$。

根据q值，可用下式计算蒸发每千克水的耗煤量G_C

$$G_C = \frac{q}{Q_H \eta_T} \tag{5-32}$$

式中，Q_H为煤的低热值；η_T为炉灶效率，通常为$80\% \sim 90\%$。

如果使用气体或液体燃料，也可用类似上述公式计算出不同燃料的消耗量。

物料经过干燥机的烘干室后，常被加热到较高温度，因此最后还需进行冷却。许多干燥机本身都有冷却段，物料在冷却过程中仍有少量水分被蒸发，所以物料的水分仍有所降低，其计算方法与干燥过程相似。

第五节 干燥设备

由于被干燥物料的形状、含水量、热敏特性等物化指标千差万别，干燥所需要的时间、温度、水分汽化量、传热量等变化很大，所以干燥机械的品种和类型繁多。干燥器的分类依据有多种：如按热交换方式分为对流干燥器、传导干燥器和辐射干燥器等；按操作方式分为连续式干燥器和间隙式干燥器；按干燥介质和物料的相对运动方向分为并流、逆流和错流干燥器；按操作压力分为常压干燥器和真空干燥器。

通常，要求干燥器能够满足干燥产品的质量要求（如含水量、形状等）；干燥速度快、尺寸小、能耗低、成本低；操作控制方便，劳动条件好。下面介绍一些常用的干燥设备。

一、对流干燥设备

对流干燥是农产品加工业中应用最普遍的干燥方法。对流型干燥设备依靠流过物料表面或穿过物料层的热空气或其他气体供热,蒸发的水分由干燥介质带走。这类干燥设备在初始恒速干燥阶段,物料表面温度为对应加热介质的湿球温度,在干燥末期降速阶段,物料的温度逐渐逼近介质的干球温度。在干燥热敏性物料时,必须考虑此因素。

对流干燥设备利用热风作为干燥介质,适用于块状、片状、颗粒状等物料的干燥。在物料的干燥过程中,介质与物料的相对运动方向具有很重要的意义。它不仅影响物料的干燥速率,同时也影响产品的质量。

在并流(顺流)干燥器中,物料的运动方向与介质的流动方向一致,因而水含量高的物料与温度最高、湿度最小的干燥介质在进口端接触,此处干燥推动力最大;而在出口端则相反。并流干燥的缺点是:由于推动力沿物料移动方向逐渐变小,所以在干燥的最后阶段,干燥速度很慢而影响生产能力。

在逆流干燥器中,物料的移动方向与干燥介质流动的方向相反,干燥器内各部分的干燥推动力比较均匀。逆流干燥的缺点是:入口处物料温度较低,而干燥介质湿度很大,介质中的水分会冷凝在物料上,使物料湿度增加,干燥时间加长,影响生产能力。

在穿流(错流)干燥器中,物料移动方向与干燥介质流动方向垂直,物料表面各部分都与湿度小、温度高的干燥介质接触,所以干燥推动力很大。由于这个特点,它适合于在湿度高或低时都能耐受快速干燥和高温的物料。

1. 常压对流箱式干燥机

常压对流箱式干燥机以热风与物料接触达到干燥的目的。当热风沿着物料的水平表面通过时,称为水平气流箱式干燥;当热风垂直穿过物料时,称为穿流气流箱式干燥。

图 5-4 所示的是轴流(平行流)式干燥机,由箱体、料盘、保温层、加热器、风机等组成。箱体是一个内藏保温层的箱式结构,材料为各种轻金属板材,内设多层框架,其上放置料盘。有的箱体只是一个空间,湿物料放在框架小车上推入箱内。箱内夹层的保温层材料为耐火、耐潮的材料。加热器有电热(一般小型烘箱采用)、翅片式水蒸气排管和煤气加热等。风机为轴流式或离心式风机。风速通常为 1.0m/s 左右,根据物料的性质可在 0.5~3.0m/s范围内选取。物料的装填厚度,最好是通过实验取得,一般为 10~100mm。

图 5-5 为穿流箱式干燥机,其结构与水平气流式相同。由于热风形成穿流气流,易使物料飞散,对于小颗粒物料更为明显,所以在料盘上中下层,物料的分配要合理,同时可在盛

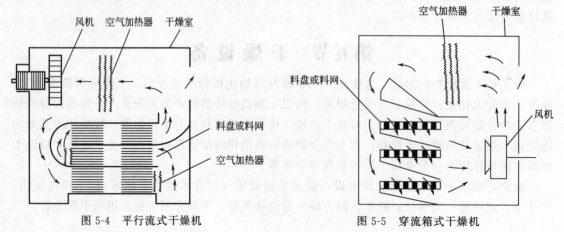

图 5-4 平行流式干燥机   图 5-5 穿流箱式干燥机

料盘上盖上金属网，以防止物料的飞散。搁板或容器的底部由金属网或多孔板构成，使风能均匀地通过物料层。通过物料层的风速为 0.6~1.2m/s。物料层的装填厚度通常为 45~65mm。箱式干燥机一般为间歇操作，广泛用于干燥时间较长和数量不多的物料。间隙操作的箱式干燥机，结构简单，设备投资少，适应性强，故使用较多。

常压对流箱式干燥机的一般特点为：物料破损及粉尘少；适于少量、多种物料干燥；适用于能适当改变温度而进行干燥的程序控制方式。缺点是每次操作都要装卸物料，劳动强度大，设备利用率低，产品质量不一致。

2. 隧道式干燥机

隧道式干燥机是一种连续作业的干燥设备，由隧道、风机、加热装置、料车、料盘和输料装置等组成。隧道用砖或带有绝热层的金属材料构成，根据干燥介质的温度而定。干燥机的门必须严密。干燥机隧道长度一般不超过 50m，宽度不超过 3.5m。料车与隧道的墙壁和洞顶的间隙，在物料对空气通过阻力较大的情况下，应取最小值，一般为 70~80mm。干燥介质在有效截面上的流速不应小于 2~3m/s。

隧道式干燥机的加料和卸料可以是连续进行的，或者是经过一定时间间隔，将一部分待干燥的物料从干燥机的一端加入，从另一端把已干燥好的物料取出。可在狭长的隧道内铺设铁轨，用一系列小车承载盛放在浅盘中或悬挂在架上的物料，热空气通过隧道对物料进行干燥。干燥介质的温度和湿度沿干燥室的纵长方向而改变，干燥介质通过物料表面时，温度逐渐降低，而湿含量逐渐增加。

隧道式干燥机的类型有顺流型、逆流型、两段中间排气型（混合型）和穿流型等，如图 5-6 所示。其中两段中间排气型隧道式干燥机兼有顺流型和逆流型隧道式干燥机的优点，与单段隧道式干燥设备相比，干燥时间短，产品质量好，但隧道体较长。而穿流型隧道干燥机在隧道的上下分段设有多个加热器，在每一个料车的前侧固定有挡风板，将相邻料车隔开。热风垂直穿过物料层，并多次换向，热风的温度可以分段控制。穿流型隧道干燥机比平流型的干燥迅速，产品的水分均匀，但结构较复杂。

隧道式干燥机具有的优点包括构造简单，操作方便；适应性强，可用于多种物料的干燥作业；生产能力较大，适合于大中型规模生产；物料干燥过程中处于静止状态，形状无损伤，物料与热风接触时间长，热能利用较好。但是，隧道式干燥机结构庞大，热耗值大，不能按干燥工艺分区控制热风的温度和湿度。

3. 带式干燥机

带式干燥机是将物料置于输送带上，在物料随带运动的过程中与热风接触而干燥的设备。因结构的不同，带式干燥机可分为单级、多级和多层等各种类型；根据气流与物料的作用形式不同，又可分为平流型和穿流型。

带式干燥机一般处理不带黏性的物料，对于有微黏性的物料，需设布料器，使物料均匀散布在带上。物料从输送带上脱离和连续出料也需要相应的专门装置。通常采用滚筒托辊结构支承运输带及上面的物料，并保持输送带沿预定的方向平稳地运行。若输送带由数段组成，应设隔板，使各段处于最适宜的干燥条件。在处理飞散性大的干燥物料时，为了防止其飞散，需要在分段部分安装盖板。

如图 5-7 所示，单级带式干燥机一般由一个循环输送带、两个以上空气加热器、多台风机和传动变速装置组成。循环输送带用不锈钢丝网或多孔的不锈钢板制成，由电动机经变速箱带动，转速可调。物料置于在干燥器内运动的网带上，气流经加热器加热由风机送入热风分配器，然后吹向物料，进行传热传质。

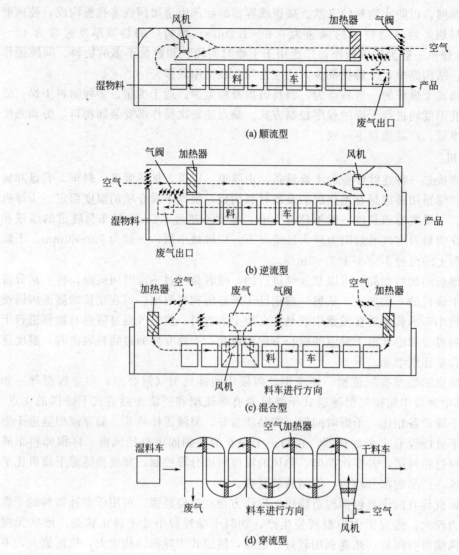

(a) 顺流型

(b) 逆流型

(c) 混合型

(d) 穿流型

图 5-6 隧道式干燥机

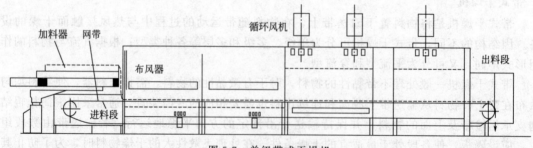

图 5-7 单级带式干燥机

干燥机内几个单元可以单独控制运行参数，优化操作。如果单级带式干燥机受干燥时间限制，难以达到干燥目的，可将数台串联组成多级带式干燥机。多级带式干燥机（也称为复合型带式干燥机）的结构与干燥过程与单级带式干燥机基本相同，可分为多个干燥段和冷却段。多级带式干燥机的优点是物料在传送带间转移时得以松动和翻转，物料的蒸发面积增大，改善了透气性和干燥均匀性；不同输送带的速度可独立控制，多个干燥区的热风流量及温度和湿度均可单独控制，便于优化物料的干燥工艺。

图 5-8 为多层水平气流带式干燥机。输送带为多层，上下相叠架设在干燥室中。层间有隔板控制干燥介质定向流动。各输送带的速度可独立调节，一般最后一层或几层的速度较低而料层较厚，这样可使大部分干燥介质与不同干燥阶段的物料实现合理的接触分配，从而提高总的干燥速率。工作时物料由输送机从干燥机顶端定量送入，物料落在第一条输送带上，随输送带运动至末端，通过翻板落至下一输送带，下一条输送带做反方向运动，又倾撒到第三条输送带上，如此类推，直至由卸料口排出。外界空气经风机和换热器形成热风，送入加热室，可根据物料干燥的要求，分层调节进风量，以提高产品质量和生产效率。

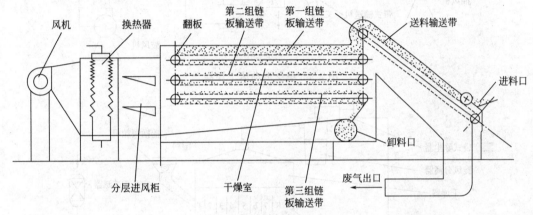

图 5-8 多层水平气流带式干燥机

由于多层带式干燥机由若干运输带组成，可以克服单层带式干燥机对物料层干燥不均匀的缺点。当物料从一条输送带落到另一条输送带上时，物料受到翻动，改善了物料的通气性，使物料的干燥更加均匀，该设备适用于容易结块和变硬物料的干燥。此外，采用多层干燥可使干燥机的尺寸大大减小。

4. 流化床干燥设备

在一个干燥设备中，将颗粒物料堆放在分布板上，当气体由设备下部通入床层，随着气流速度加大到某种程度，固体颗粒在床层内就会产生沸腾状态，称为流化床。流化床干燥就是在干燥介质作用下，使物料处于流化状态进行干燥的过程。目前，工业上常用的主要流化床干燥器形式有：单层流化床、多层流化床、卧式多室流化床、喷动式流化床、振动流化床、脉冲流化床等。

单层流化床干燥器是结构最为简单的干燥器，因其结构简单，操作方便，生产能力大，被广泛应用。单层流化床干燥器一般在床层颗粒静止高度较低（300～400mm）的情况下使用，适宜于较易干燥或要求不严格的湿粒状物料。图 5-9 为单层流动床干燥器的工作示意图。湿物料由带式输送机送到加料斗，再经加料机送入干燥机内。空气经过滤器由鼓风机送入加热器加热，热空气进入流化床底后对湿物料进行干燥，物料在分布板上方形成流化床。干燥后的物料经卸料管排出，夹带细粉的空气经旋风分离器分离后由抽风机排出。单层流化床干燥器的缺点是干燥后的产品湿度不均匀，针对这个缺点出现了多层流化床。

卧式多室流化床干燥器如图 5-10 所示，干燥室底部为多孔筛板，并用垂直挡板分隔成多室，每块挡板可上下移动，以调节其与多孔板的间距。挡板下端与多孔板之间的间隙使物料能从一室进入另一室。每一小室的下部，有一进气支管，支管上有调节气体流量的阀门。

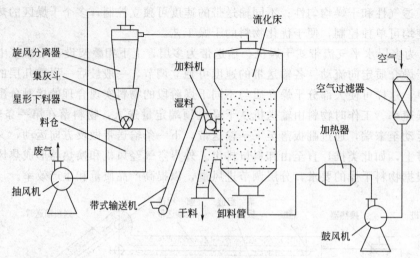

图 5-9　单层流动床干燥器

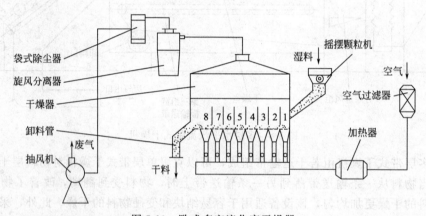

图 5-10　卧式多室流化床干燥器

物料由第一室进入，从最后一室排出，在每一室与热空气接触，气、固两相总体上呈错流流动。干燥后的空气由干燥器顶部排出，经旋风分离器、袋式除尘器，由抽风机排入大气。不同小室中的热空气流量可以分别控制，最后一室必要时可以通入冷空气对物料进行降温。

卧式多室流化床干燥器结构简单，制造容易，干燥速度快，生产能力大，干燥后产品湿度也较均匀。与气流干燥器比较，可调节物料在床层内的停留时间，易于操作控制，而且物料颗粒粉碎率较小，应用较为广泛。但它的热效率比多层流化床干燥器低，特别是采用较高温度热风时更为明显。若调整进入不同室的风量和风温及热风串联通过各室，可提高热效率。

对于粗颗粒和易黏结的物料，因其流化性能差，在流化床内不易流化干燥，可采用喷动式流化床干燥器，操作为间歇式。如图 5-11 所示，喷动式流化床干燥器底部为圆锥形，上部为圆筒形，空气由鼓风机经加热炉加热后鼓入喷动床底部，与由螺旋加料器加入的湿物料接触喷动干燥。气体夹带一部分固体颗粒向上运动，形成中心通道。在床层顶部颗粒好似喷泉一样，从中心喷出向四周散落，然后沿周围向下移动，到锥底又被上升气流喷射上去，如此循环，当干燥达到要求后，由底部放料阀料，然后再进行下批湿物料的干燥。

振动流化床干燥器如图 5-12 所示，振动流化床干燥器的机壳安装在弹簧上，可以通过电动机使其振动。流化床的前半段为干燥段，加热的空气从床底部进入床内，后半段为冷却

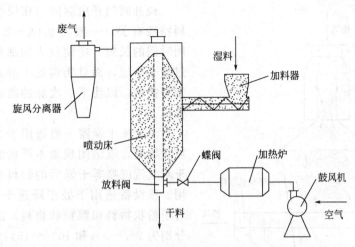

图 5-11 喷动式流化床干燥器

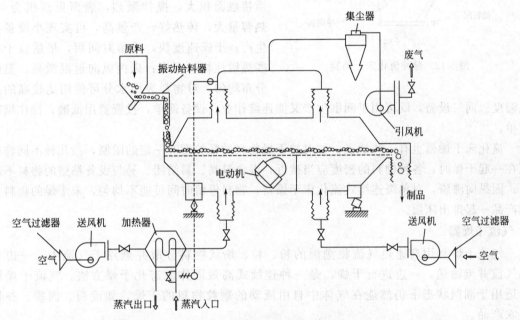

图 5-12 振动流化床干燥器

段，空气经过滤器用风机送入床内。工作时物料从振动给料器进入流化床前端，通过振动和床下气流的作用，物料以均匀的速度沿床面向前移动，先进行干燥，然后冷却，最后卸出产品。带有粉尘的气体，经集尘器回收物料并排出废气。根据需要整个床内可变成全送热风或全送冷风，以达到物料干燥或冷却的目的。

脉冲流化床干燥器结构和流程如图 5-13 所示。在干燥器下部均布有几根进风管，每根管又装有快开阀门，这些阀门按一定的频率和次序进行开关。当气体突然进入时就产生脉冲，此脉冲很快在颗粒间传递能量，随着气体的进入，在短时间内就形成了一股剧烈的沸腾状态，使气体和物料进行强烈的传热传质，此沸腾状态在床内扩散和向上运动。当阀门很快关闭后，沸腾状态在同一方向逐步消失，物料又回到固定状态。如此往复循环进行脉冲流化干燥。脉冲流化床干燥器每次可装料 1000kg，间歇操作，干燥物料粒度可大到 4mm，也可小到约 $10\mu m$。适用于不易流化的或有特殊要求的物料。

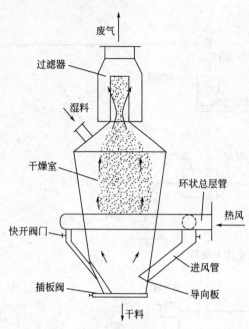

图 5-13　脉冲流化床干燥器

快开阀门开启时间与床层的物料厚度和物料特性有关，一般为 0.08～0.20s。而阀门关闭时间的长短，应使放入的那部分气体完全通过整个床层，而且物料处于静止状态，颗粒间密切接触，以使下一次脉冲能在床层中有效地传递。

流化床干燥器一般适用于 $30\mu m$～6mm 颗粒状物料，或结团现象不严重的场合，故常用于对气流或喷雾干燥后的物料作进一步干燥之用。该设备适用于处于降速干燥阶段的物料。对于粉状物料和颗粒状物料，适宜的水分范围分别为 2%～5% 和 10%～15% 之间。

流化床干燥器的优点包括：物料与干燥介质接触面积大，搅拌激烈，表面更新机会多，热容量大，传热好，产量高，可实现小设备大生产；干燥速度快，停留时间短，最适宜于某些热敏性物料干燥；床内纵向返混激烈，温度分布均匀，对物料表面水分可使用比较高的热风温度。同一设备，既可用于间歇生产又能连续作业；设备简单，投资费用低廉，操作维修简单。

流化床干燥器也有一些缺点，如对被干燥物料的颗粒度有一定的限制，当几种不同物料混在一起干燥时，各种物料的密度应当接近；湿含量高、易结团、易与设备粘壁的物料不适合；因纵向沸腾，对单级连续式流化床干燥器，物料停留时间可能不均匀，未干燥的物料会随产品一起排出床层。

5. 气流干燥器

气流干燥利用高速热气流将潮湿的粉、粒、块状物料分散并悬浮于气流中，一边与热气流并流输送，一边进行干燥，是一种连续式高效固体流态化干燥方法。气流干燥设备适用于潮湿状态下仍然能在气体中自由流动的颗粒物料的干燥，如淀粉、面粉、谷物等农产品。

气流干燥由于气流速度高，物料颗粒在气相中分散良好，干燥的有效面积大大增加。同时，由于干燥时的分散和搅动作用，使气化表面不断更新，因此，干燥的传热、传质过程强度较大。气流干燥工程中气固两相的接触时间极短，干燥时间一般在 0.5～2.0s，最长不超过 5s，对于热敏性或低熔点物料不会造成过热或分解而影响其质量。气流干燥设备简单，而且可以与粉碎、筛分、输送等过程联合操作。

不适用于气流干燥的物料为：产品要求有一定形状的物料，易于粘壁、非常黏稠以及要求干燥至临界湿含量以下的物料。

气流干燥设备一般由空气滤清器、热交换器、干燥管、加料器、旋风分离器、出料器及除尘器等组成。其结构有直管式、脉冲式、倒锥式、套管式和旋风式。目前，我国生产的气流干燥设备主要为直管式和脉冲式两种。

直管式气流干燥机如图 5-14 所示。其工作过程为，物料通过螺旋加料器从干燥管的下端进入后，被下方送来的热空气向上吹起，热空气和物料在向上运动中进行充分接触并做剧烈的相对运动，进行传热和传质，从而达到干燥的目的。干燥后的制品从干燥管顶部送出，旋风分离器回收夹带的粉末产品，废气经排气管排入大气中。为了使产品的含水量均匀及供料连续、均匀，在干燥管的出口处装有测定温度的装置，以控制螺旋加料器的供料情况。

脉冲式气流干燥机的特征是干燥管的直径交替缩小和扩大，如图 5-15 所示。物料首先进入管径较小的干燥管内，此处气体以较高的速度流过，使颗粒产生加速运动。当颗粒的加速运动终了时，干燥管直径突然扩大。由于颗粒运动的惯性，进入大管径干燥管段的颗粒速度大于气流的速度，颗粒在运动过程中因气流阻力而不断减速，在减速终

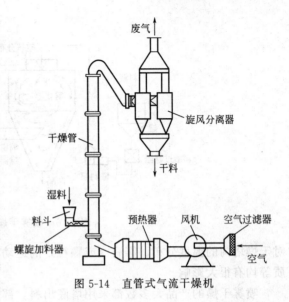

图 5-14 直管式气流干燥机

了时，管径又突然缩小，颗粒又被加速。管径重复交替的缩小与扩大，颗粒则重复不断地被加速和减速，从而强化了传热传质的速率。

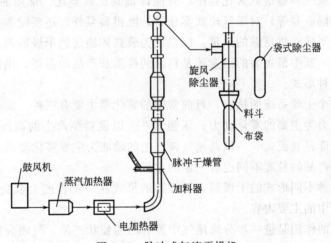

图 5-15 脉冲式气流干燥机

6. 喷雾干燥机

图 5-16 为一个典型的喷雾干燥系统流程图。原料液从储料罐经料液过滤器由输料泵输送到喷雾干燥器顶部的雾化器雾化为雾滴。加热后的热空气由空气分布器送入喷雾干燥器的顶部，与雾滴接触、混合，进行传热与传质，即干燥。干燥后的产品由塔底引出，夹带细粉的废气经旋风分离器净化后由引风机排入大气。

料液雾化为雾滴以及雾滴与热空气的接触、混合是喷雾干燥独有的特征。雾化的目的在于将料液分散为微细的雾滴，增加比表面积，当其与热空气接触时，雾滴中水分迅速汽化而干燥成粉末或颗粒状产品。雾滴的大小和均匀程度对产品质量和技术经济指标影响很大，如果雾滴大小不均匀，就会出现大颗粒还没达到干燥要求，而小颗粒却已干燥过度而变质。因此，料液雾化器是喷雾干燥的关键部件。

在干燥塔内，雾滴和空气的流向有并流、逆流及混合流。雾滴与空气的接触方式不同，

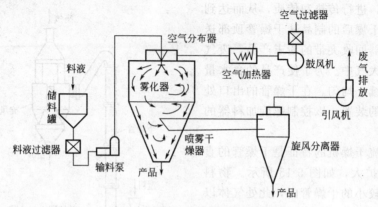

图 5-16　喷雾干燥系统流程图

对干燥塔内的温度分布、雾滴（或颗粒）的运动轨迹、颗粒在干燥塔中的停留时间及产品性质等均有很大影响。

喷雾干燥的产品大多数都采用塔底出料，部分细粉夹带在排放的废气中，这些细粉在排放前必须收集，以提高产品回收率，降低生产成本。

喷雾干燥机一般由供料系统、供热系统、雾化系统、干燥系统和气固分离系统组成。

供料系统将料液顺利输送到雾化器中，并能保证其正常雾化。常用的供料泵有柱塞泵、螺杆泵、计量泵、隔膜泵等，对于气流式雾化器，除供料泵外，还要配备空气压缩机。

供热系统是给干燥提供足够的热量，以空气为载热体输送到干燥器内，供热系统的选定也与许多因素有关，其中最主要的因素还是料液的性质和产品的需要，供热设备主要有直接供热和间接换热两种形式。

雾化系统是整个干燥系统的核心，目前常用的雾化器主要有三种：离心式——以机械高速旋转产生的离心力为主要的雾化动力；压强式——以供料泵产生的高压为主要雾化动力，由压强能转变成动能；气流式——以高速气流产生的动能为主要雾化动力。三种雾化器对料液的适应性随不同产品的粒度不同也有一定的差异。

干燥系统有各种不同形式的干燥器，干燥器的形式在一定程度上取决于雾化器的形式，也是喷雾干燥设计中的主要内容。

气固分离系统的作用是进一步分离尾气中混有的粉粒状产品，气固分离主要有干式分离和湿式分离两类。

干燥室是喷雾干燥的主体设备，雾化后的液滴在干燥室内与干燥介质相互接触进行传热传质而达到干制品的水分要求。其内部装有雾化器、热风分配器及出料装置等，并开有进、排气口等。干燥室依据所处理物料、受热温度、热风进入和出料方式等的不同，可分为厢式和塔式两大类。

厢式干燥室又称卧式干燥室，用于水平方向的压强喷雾干燥。这种干燥室有平底和斜底两种类型。前者在处理量不大时，可在干燥结束后由人工打开干燥室侧门对器底进行清扫排粉，规模较大的也可安装扫粉器；后者底部安装有一个供出粉用的螺旋输送器。由于厢式干燥室气流方向与重力方向垂直，雾滴在干燥室内行程较短，接触时间短并且不均等，产品的水分含量不均匀；而且从底部卸料也较困难，所以很少使用。

塔式干燥室常称为干燥塔，新型喷雾干燥设备几乎都用塔式结构。干燥塔的底部有锥形底、平底和斜底三种。对于吸湿性较强且有热塑性的物料，往往会造成干粉粘壁成团的现象，且不易回收，必须具有塔壁冷却措施。

为了防止热湿空气在器壁结露和出于节能考虑，喷雾干燥室壁均由双层结构夹保温层构成，并且内层一般为不锈钢板制成。另外，为了尽量避免粉末黏附于器壁，一般干燥室的壳体上还安装有使粘粉抖落的振动装置。

干燥室内热气流与雾滴的流动方向，直接关系到产品质量以及粉末回收装置的负荷等问题。各种类型的喷雾干燥设备中，热气流与雾滴的流动方向有并流、逆流及混流三类。

并流操作时，热空气与雾滴同向运动，与干粉接触时的温度最低，因而目前在食品工业中，如乳粉、蛋粉、果汁粉等的生产，大多数均采用并流操作。并流式可分为水平、垂直下降和垂直上升式三种，其中水平并流式和垂直上升并流式仅适用于压强喷雾。垂直下降并流式适用于压强喷雾、离心喷雾，热风与料液均自干燥室顶部进入，粉末沉降于底部，而废气则夹带粉末从靠近底部的排风管一起排至集粉装置。这种设计有利于微粒的干燥及制品的卸出，缺点是加重了回收装置的负担。

逆流操作时，热风自干燥室的底部上升，料液从顶部喷洒而下。在这种操作中，已干制品与高温气体相接触，因而不适合于热敏性物料的干燥。由于废气从顶部排出，为了减少未干雾滴被废气带走，必须控制气体速度保持在较低的水平。这样，对于给定的生产能力，干燥机的直径就很大，传热、传质的推动力都较大，所以热能利用率较高。

混流操作综合了并流和逆流的优点，削弱了两者明显的弊端，且有搅动作用，所以脱水效率较高。

图 5-17 为压强喷雾干燥机示意图，主要由空气过滤器、进风机、空气加热器、热风分配器、压力喷雾器、干燥塔、布袋过滤器和排风机等组成。进风机、空气加热器和排风机安排在一个层面。

经空气过滤器过滤的洁净空气，由进风机吸入送入空气加热器加热至高温，通过塔顶的热风分配器进入塔体。干燥塔体的上部为圆柱形，下部为圆锥形，塔体上下有两个清扫门用于清扫塔壁积粉。布袋过滤器紧靠在干燥室旁边。热风分配器由呈锥形的均风器和调风管组成，它可使热风均匀地呈并流状以一定速度在喷嘴周围与雾化浓缩液微粒进行热质交换。经干燥后的粉粒落到塔体下部的圆锥部分，与布袋过滤器下螺旋输送器送来的细粉混合，不断由塔下转鼓阀卸出。

离心喷雾干燥系统的组成及原理基本与压强式喷雾干燥系统相同，最大区别在于雾化器形式不同。由于离心喷雾器的雾化能量来自离心喷雾头的离心力，因此，供料泵不必是高压泵。此外，离心式的热风分配器为蜗旋状；干燥塔的圆柱体部分径高比较大（这主要因为离心喷雾有较大雾化半径，从而要求有较大的塔径）；布袋过滤器装在干燥塔内，它分成两组，可轮流进行清粉和工作。布袋落下的细粉直接进入干燥室锥体。

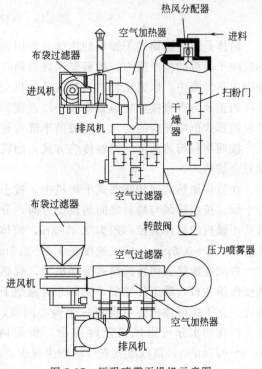

图 5-17　压强喷雾干燥机示意图

　　不论是压强式还是离心式喷雾干燥机系统，直接从干燥室出来的粉体一般温度较高，因此需要采取一定措施使之冷却。普通的做法是使干燥室出来的粉料在凉粉室内先进行冷却，再进行包装。先进的喷雾干燥系统则通常结合流化床技术，使干燥塔出来的粉粒在此得到进一步流态化干燥，然后进行流态化冷却。

7. 回转圆筒式干燥机

　　回转圆筒式干燥机的主体是略带倾斜并能回转的圆筒体，如图 5-18 所示。物料从左端上部加入，借助圆筒的缓慢转动，在重力作用下，从高端向低端移动，并与通过筒内的热风或加热壁面进行有效接触而被干燥，干燥后的产品从右端下部收集。筒体内壁上装有抄板等装置，可不断地把物料抄起又洒下，使物料与热风的接触面积增大，提高干燥速率并促进物料向前移动。干燥所用的热载体一般为热空气、烟道气或水蒸气等。如果热载体直接与物料接触，则经过干燥机后，通常用旋风除尘器将气体中夹带的细粒物料收集起来，废空气排出。

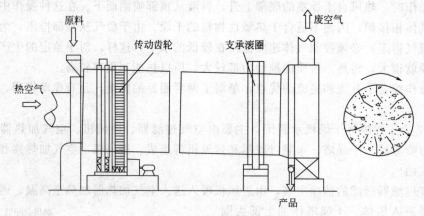

图 5-18　回转圆筒式干燥机

　　筒体是回转圆筒式干燥机的主体，多用钢板制作，其直径和长度由工艺条件确定，其大小反映干燥机的生产能力。抄板是回转圆筒式干燥机的重要部件，它的作用是将物料抄起来并洒向热气流中，以强化物料与热气流的热交换，促进干燥过程的进行。抄板的形式及数量选择的正确与否直接影响热效率和干燥强度。随着筒内干燥的进行，物料的性状发生变化，抄板的形式也应相应的变化。一般前半部为较简单的搅拌桨，后半部为弧形板或分割板等。

　　按照物料与热载体的接触传热方式，回转圆筒式干燥机可分为直接加热式、间接加热式和复合加热式。

　　在直接加热式回转圆筒式干燥机中，被干燥物料与热风直接接触，以对流传热的方式进行干燥。按照热风与物料之间的流动方向，分为并流式和逆流式。常规的直接加热式回转圆筒式干燥机的筒体直径一般为 0.4～3m，筒体长度与直径之比一般为 4～10。干燥机的圆周速度为 0.4～0.6m/s，空气速度在 1.5～2.5m/s 范围内。

　　在间接加热式回转圆筒式干燥机中，载热体不直接与物料接触，干燥所需的热量经过传热壁传给物料，属于传导型干燥而非对流型干燥。该类型的回转圆筒式干燥机用烟道气加热外壳。在干燥筒体内还可设置一个同心圆筒，供烟道气流通。物料在外壳和中心管之间通过。汽化的水分可用风机及时排出，所需风量比直接加热式要小得多。由于风速很低（0.3～0.7m/s），所以废气夹带的粉尘很少，几乎不需气固分离设备。也可不用排风机而直接采用自然通风除去汽化的水分。

在复合加热式回转圆筒式干燥机中，物料干燥所需要的热量一部分通过壁面以热传导的方式传给物料，另一部分通过热风与物料直接接触，以对流传热的方式传给物料，以提高热量的有效利用率，属于对流和传导相结合的组合型干燥。

回转圆筒式干燥机与其他干燥设备相比，具有生产能力大，可连续操作；结构简单，操作方便；维护费用低；适用范围广等优点。但是，该设备体积庞大，一次性投资大；小颗粒在机内停留时间较长，不适合品种均匀性及质量要求严格的物料。

二、传导干燥设备

传导型干燥设备的热能供给主要是靠传导，要求被干燥物料与加热面尽可能紧密接触。因此，传导型干燥设备较适用于溶液、悬浮液和膏糊状的固-液混合物的干燥。传导型干燥设备的优点是不需要加热大量的空气，单位热耗量远小于热风干燥。此外，传导干燥可在真空下进行，特别适合于容易氧化物料的干燥。

1. 滚筒干燥机

滚筒干燥机是一种接触式内加热传导型的干燥设备。在干燥过程中，热量以传导的方式由滚筒的内壁传到外壁，穿过滚筒外表面所附着的物料，使物料中的水分蒸发，滚筒每旋转一周，料液干燥完成。该设备属于连续性干燥机械，主要应用于液态或膏状物料的干燥。

由于滚筒干燥机的传热方式为热传导，传热方向在整个传热周期中基本保持一致，所以滚筒内供给的热量大部分用于物料的水分汽化，热效率高达 $80\%\sim90\%$。筒壁上湿料膜的传热和传质过程，由里至外，方向一致，温度梯度较大，使料膜表面始终保持较高的蒸发强度，干燥速率高。由于供热方式易于控制，筒内温度和筒壁的传热速率能保持相对稳定，使料膜处于传热状态下干燥，产品的干燥质量稳定。滚筒干燥机的主要缺点是由于滚筒表面温度较高，因而对一些物料会因过热而使品质受损或产生不正常的颜色。

滚筒干燥机的工作过程如下：浓缩处理后的料液由高位槽流入滚筒干燥器的料槽内，布膜装置使物料以膜状薄薄地附在滚筒表面，滚筒内通有加热介质，对筒壁上的物料进行加热使其水分蒸发。滚筒在一个转动周期中完成布膜、汽化等过程，干燥后的物料由刮刀刮下，送至成品储存槽，最后进行粉碎。

滚筒干燥机主要是使料液以膜状形式附于滚筒的表面，然后进行干燥。物料能否附着在滚筒的表面是干燥的关键，这与料液的性质（形态、表面张力、黏附力、黏度等）、滚筒的转速、筒壁的温度、筒壁材料及布膜方式等因素有关。只有黏附力大于料液的表面张力时，料液才能附于滚筒表面成膜。料液的黏度也是影响成膜的重要因素，对于黏度较大的料液，应采用升高温度的方法降低料液的黏度。另外，滚筒筒壁温度对黏附力也有影响，温度越低越容易粘附料；滚筒转速高低也影响吸附力，转速越快，越容易附料。

滚筒干燥机按滚筒的数量分为单滚筒、双滚筒、多滚筒；按操作压力分为常压式和真空式；按滚筒的布膜方式分为浸液式、喷溅式、铺辊式、顶槽式和喷雾式等。

单滚筒干燥机是指由一只滚筒完成干燥操作的机械，其重要组成部分滚筒为一中空的金属圆筒，滚筒筒体用铸铁或钢板焊制，用于食品生产的滚筒一般用不锈钢钢板焊制。滚筒直径为 $0.6\sim1.6m$，长径比（L/D）一般为 $0.8\sim2$。布料形式可视物料的物性而使用顶部入料或用浸液式、喷溅式等方法。附在滚筒上的料膜厚度为 $0.5\sim1.5mm$。加热的介质大部分采用蒸汽，蒸汽的压力为 $200\sim600kPa$，滚筒外壁的温度为 $120\sim150℃$。滚筒的转速一般为 $4\sim10r/min$。物料被干燥后，由刮料装置将其从滚筒上刮下，刮刀的位置视物料的进口位置而定，一般在滚筒断面的Ⅲ、Ⅳ象限。筒内的冷凝水，采取虹吸管并利用滚筒蒸汽的压力与水阀之间的压差，使之连续地排出筒外。

双滚筒干燥机是指由两只滚筒同时完成干燥操作的机械，干燥机的两个滚筒由同一套减速传动装置经相同模数和齿数的一对齿轮啮合相对转动。双滚筒干燥机按布料位置的不同，可以分为对滚式和同槽式两类。

对滚式双滚筒干燥机的料液位于两滚筒中部的凹槽区域内，四周设有堰板挡料。两筒的间隙由一对节圆直径与筒体外径一致或相近的啮合轮控制，一般在 $0.5 \sim 1mm$ 范围，不允许料液泄漏。对滚的转动方向，可根据料液的实际和装置布置的要求确定。滚筒转动时咬入角位于料液端时，料膜的厚度由两筒之间的空隙控制。咬入角若处于反向时，两筒之间的料膜厚度由设置在筒体长度方向上的堰板与筒体之间的间隙控制。对滚式双滚筒干燥机适用于有沉淀的浆状物料或黏度大的物料干燥。

同槽式双滚筒干燥机滚筒之间的间隙较大，相对啮合的齿轮的节圆直径大于筒体外径。上料时，两筒在同一料槽中浸液布膜，相对转动，互不干扰。适用于溶液、乳浊液等物料干燥。

双滚筒式干燥机的滚筒直径一般为 $0.5 \sim 2m$；长径比（L/D）一般为 $1.5 \sim 2$。转速、滚筒内蒸汽压力等操作条件与单滚筒干燥机的设计相同，但传动功率为单滚筒的 2 倍左右。双滚筒式干燥机的进料方式与单滚筒干燥机有所不同，若为上部进料，可由料堰控制料膜厚度。在干燥器底部的中间位置，设置一台螺旋输送器机出料。下部进料的对滚式双滚筒干燥机，则分别在滚筒的侧面单独设置出料装置。

2. 真空接触式箱式干燥器

真空接触式箱式干燥机是一种在真空条件下进行操作的干燥机，其结构如图 5-19 所示。真空干燥箱内部有固定的盘架，其上装有各种形式的加热器件，如夹层加热板、加热列管或蛇管等。被干燥物放置在活动的料盘中，料盘放置在加热器上。操作时，物料就以接触传导的方式进行传热。干燥过程中产生的水蒸气由与出口连接的冷凝器或真空泵带走。

真空干燥箱一般是间歇操作的，加热器件与料盘之间应尽可能接触良好。真空干燥箱适用于液体、浆体、粉体和散粒物料的干燥，因为这些物料与干燥盘的金属表面接触

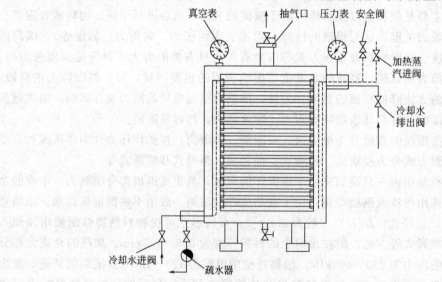

图 5-19　真空接触式箱式干燥机结构图

较好。对于块状的物料，则必须具备平滑的表面，如方块形、条片形或楔形之类。在这种干燥机中，初期干燥速率很快，但当物料干燥收缩后，物料与料盘的接触变差，传热速率逐渐下降。

真空干燥机操作时应注意，在干燥初期水分较多且液体黏度不高时，不宜高真空操作，否则物料发泡隆起，且气泡易破裂，使物料溢出盘外。当浆料干燥到一定程度后，提高真空度，产生的气泡有一定的强度，不易破裂，形成稳固的蜂窝状骨架，便于进一步干燥。

3. 带式真空干燥机

带式真空干燥机有单层输送带和多层输送带之分。图 5-20 为多层带式真空干燥机示意图，它由干燥室、加热与冷却系统、原料供给与输送系统等部分组成。工作过程为：经预热的液状或浆状物料经供料泵均匀地置于干燥室内的输送带上，输送带下有加热装置，分为加热区和冷却区。在加热区上又分为四段或五段；第一、第二段用蒸汽加热为恒速干燥段，第三、第四段为减速干燥段；第五段为均质段，第三、第四、第五段用热水加热。按物料的性质和干燥工艺要求，各段的温度可以调节。物料在带上一边移动一边蒸发水分，干燥后形成泡沫片状物料，然后通过冷却区，再进入粉碎机粉碎成颗粒制品，由排出装置卸料。干燥室内的水蒸气用冷凝器凝缩成冰，再间歇加热成水排出。

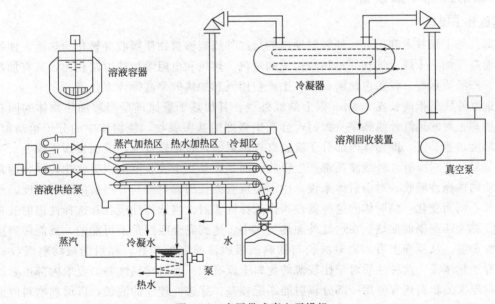

图 5-20 多层带式真空干燥机

这种干燥机的特点是：干燥时间短，5～40min；能形成多孔状制品，物料在干燥过程中，能避免混入异物而防止被污染；可以直接干燥高浓度、高黏度的物料。

4. 圆筒搅拌型真空干燥器

图 5-21 所示为圆筒搅拌型真空干燥器的结构简图，由卧式圆筒、传动轴、搅拌桨（也称为耙齿）和各管道接口等组成。圆筒为夹层，内通蒸汽或热水或热油。搅拌桨是向左和向右的两组耙齿，分别装在传动轴上，传动轴与圆筒壳体之间用填料进行密封。

工作过程是物料由圆筒上部进入，当耙齿正、反转时，使物料先往两边后往中间移动，受到均匀搅拌；同时物料与圆筒接触受热，物料中的水分汽化蒸发，真空装置抽走汽化的水蒸气，促进干燥过程的进行。物料完成干燥后即由下部出料口卸出。

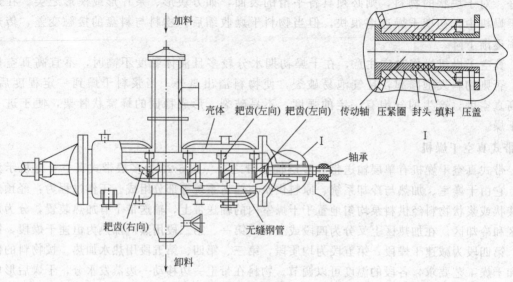

图 5-21　圆筒搅拌型真空干燥器

三、辐射加热干燥设备

1. 远红外干燥器

远红外干燥技术利用远红外辐射发出的远红外线能够被物质吸收并转化为热能,使物体升温而进行加热干燥。远红外加热与传统的蒸汽、热风和电阻等加热方法相比,具有加热速度快、产品质量好、设备占地面积小、生产费用低和加热效率高等许多优点。

远红外线是指波长在 $5.6\mu m$ 以上的红外线,其加热干燥原理是当被加热物体的固有振动频率和入射的远红外线频率一致时,会产生强烈的共振吸收,使物体中的分子运动加剧,因而温度迅速升高,即物体内部分子吸收红外辐射能,直接转变为热能而实现干燥。

物质并非对所有红外线波长都产生吸收,而是在某几个波长范围内吸收比较强,通常叫作物质的选择性吸收。对辐射体来说,也不是所有波长的辐射都具有很高的辐射强度,而是按波长不同而变化,辐射体的这种特性叫作选择性辐射。当选择性吸收和选择性辐射波长一致时,称为匹配辐射加热。在远红外加热技术中,达到完全匹配是不可能的,只能做到接近于匹配辐射。从原理上看,辐射波长与物料的吸收波长匹配越好,辐射能被物料吸收就越快,穿透则越浅。这种性质对于比较薄的物料干燥有利。而对导热性差,要求内部也要加热的形状厚大的物料则宜使用一部分辐射能匹配较差、穿透性较深的波长,以增加物料内部的吸收。因此,在应用远红外加热技术过程中,应考虑波长与物料两者间的"最佳匹配"。

远红外辐射元件是将电能转换成远红外辐射能的器件。远红外辐射元件一般由三部分构成:热源、基体和涂敷层。由热源发出热量,通过基体传递到涂敷层,涂层表面辐射出远红外线。根据被加热物料的不同需要,可设计出各种形状的远红外辐射元件。

将辐射元件置于上部或底部,可做成工业上用的远红外加热干燥炉,主要有带式和链式两种。带式炉以钢丝带或履带传送物料,物料直接放在带面上。链式炉以两条或几条平行的、同轴传动的链条作传动带,物料用盘子装载后放在链上送入炉内。

2. 微波干燥器

目前用于工业、科研和医疗上的微波有四个波段,即 L 波段 (890~940MHz)、S 波段 (2400~2500MHz)、C 波段 (5725~5875MHz) 和 K 波段 (22000~22250MHz),只有

915MHz（波长为 0.328m）和 2450MHz（波长为 0.1225m）两种频率得到了广泛应用。在较高的两个波段（C、K）还未见有大功率的设备，这是由于微波管的功率、效率、成本尚未达到工业使用要求。

微波设备主要由微波发生器、连接波导、加热器及冷却系统等组成。在微波干燥系统中，微波加热器是主要设备之一。

微波发生器产生的微波通过波导装置无损耗地传输到微波干燥室中，微波干燥室是实现物料与微波相互作用的场所，微波能量在此转化为干燥物料的内能，使物料干燥。排湿冷却装置的作用是及时排除物料中蒸发出来的水蒸气以及将物料通风冷却。为使物料干燥能连续进行，还应有配套的物料输送系统。

微波加热器根据微波场作用形式和结构特征等可分为电极板间加热干燥设备、箱式微波炉加热干燥设备和波导管加热干燥设备。

电极板间加热干燥设备结构简单，操作容易，但蒸发水易从上面往下滴，引起打火放电，造成物料焦化，设备易损坏。箱式微波炉加热干燥设备适用于家用或小规模间歇生产，操作一次，停止后取出产品。经过改装，在底部两侧形成小通道，数台设备串联，用输送带输送物料也可形成连续生产，但要注意进出口微波泄漏的危险。波导管加热干燥设备用 90° 弯曲波导管连接，适用于薄状物料加热。它可与其他加热干燥法同时并用，如用热风或蒸汽加热干燥法先除去大量水分，干燥后期再用微波加热干燥法。

微波炉（也称微波箱）是利用驻波场的微波加热干燥设备。它的结构由矩形谐振腔、输入波导、反射板、搅拌器等组成。谐振腔是由金属构成矩形的中空六面体，其中一面装有反射板和搅拌器，还有一面装有支承加热物料的低损耗介质组成的底板。在其他面的箱壁上有门和排湿口。如果是用于连续生产的设备，则在对应的两侧底边还开有长方形通道，以便传送带和物料由此通过连续运行。

隧道式微波加热器（见图 5-22）为连续式谐振腔加热器，可以看作是数个箱式微波加热器打通后连接在一起。隧道式微波加热器可以安装几个乃至几十个 2450MHz 的低功率磁控管获取微波能，也可以使用大功率的磁控管通过波导管把微波导入加热器中。加热器的微波入口可以在加热器的上部、下部或两侧。被加热的物料通过输送带连续进入加热器中，按要求干燥后连续输出。

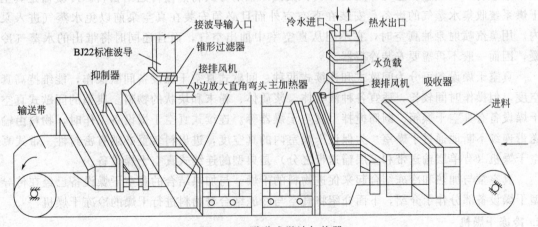

图 5-22　隧道式微波加热器

微波加热器频率的选择应考虑的因素有以下两个。

① 物料的体积及厚度。如果物料在 915MHz 及 2450MHz 时的介质损耗因素（$\varepsilon \tan\delta$）相差不大，选用 915MHz 有较大的穿透深度，可以干燥较厚、体积较大的物料

② 物料的含水量及介质损耗。一般来说，物料含水量大，$\tan\delta$ 也大，微波频率增高时，$\tan\delta$ 也大。故含水量大的物料可选用 915MHz，含水量少的用高频率 2450MHz。

3. 高频干燥器

高频干燥器主要有三个单元组成，即高频振荡器、干燥电容器和被加热干燥的物料。前者称为主机，后两者统称为负载。从电路的角度则分为电源、控制系统、振荡器、匹配电路及负载。被干燥的物料盛放在电容器中，并在电容器所构成的高频电场中加热干燥。电容器是联系高频振荡器与负载的纽带。

将需要干燥的物料置于电容器中，借助高频电场的交变作用使物料加热以达到干燥的目的。电容器的形状主要取决于被加热干燥物料的形状，其目的是最大限度地把电场集中到需要加热的区域，而且在该区域使电场保持均强状态。电容器有平板电容器、同轴圆筒型电容器、环形电容器及其他异形电容器等。

高频干燥适用于物料层厚而难于干燥的物料，因为在这种情况下，物料干燥的时间受厚度影响而延长。高频干燥的特点是：加热速度快；局部过热少，从而减少物料品质的破坏；加热发生在物料内部某一深度，不存在表面褐变；操作过程清洁连续，易于控制。

高频干燥方法的缺点是电能消耗大，汽化 1kg 水需要不少于 $2\sim3.5$kW·h 的能量。因此，使用高频干燥法除去大量水分的物料是不可取得。此外，高频干燥器的结构和使用都比较复杂，设备及维修成本均高。

四、真空及冷冻干燥设备

1. 真空干燥设备

真空干燥系统都由真空室、真空系统、加热系统和水蒸气收集装置等主要组件组合而成。

真空室是物料干燥的场所，其高度和体积是物料干燥量的限制因素。真空室的结构设计要充分考虑外界大气压力和内压差。真空系统是指获得和维护真空的装置，包括泵和管道，安装在真空室的外面。真空干燥设备的供热系统一般为电或循环液体加热的真空室壁及真空室中放置物料的隔板，也可以用红外线、微波以辐射方式将热量传送给物料。冷凝器是真空干燥系统收集水蒸气的设备，安装在真空室外而且必须安装在真空泵前以免水蒸气进入泵内。用蒸汽喷射泵抽真空时，它不但从真空室中抽出空气，而且还同时将带出的水蒸气冷凝，因而一般不再需要安装冷凝器。

真空干燥设备可分为间歇式和连续式两种。间歇式真空干燥设备间歇操作，能维持高真空度，但操作时间较长，适宜各种液状体、浆质体、粉末和块状的物料。典型的间歇式真空干燥设备有真空干燥箱、圆筒搅拌型真空干燥器等。连续式真空干燥设备工作时，物料由输送带连续不断地通过干燥室。为保证干燥室内的真空度，进出料装置必须有密封性。带式真空干燥机（有单层输送带和多层输送带之分）是典型的连续式真空干燥设备。

真空常与加热和冷冻结合起来促进物料的干燥。与加热结合的真空干燥设备已经在传导型干燥设备部分作了介绍，下面介绍将真空与冷冻结合对物料进行干燥的冷冻干燥机。

2. 冷冻干燥机

冷冻干燥机主要由制冷系统、真空系统、加热系统、干燥系统、控制系统和消毒系统等组成，如图 5-23 所示。

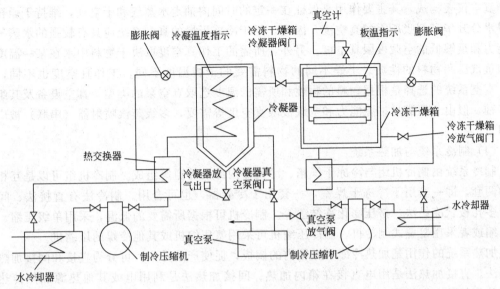

图 5-23 冷冻干燥机组成示意图

(1) 冷冻干燥箱

冷冻干燥室是冷冻干燥装置的主要部分,要求能制冷到-40℃或更低的温度,又能加热到+50℃左右,也能被抽成真空。冷冻干燥室是干燥过程中传热和传质的场所,它提供物料冻结的冷量,冷却速率通常为0.1~1.5℃/min;补充物料中水分升华需要的热量,加热速率一般为0.1~1.2℃/min。一般在干燥室内做成数层搁板,室内通过一个装有真空阀门的管道与冷凝器相连,排出的水汽由该管道排往冷凝器。冷冻干燥室是一个要求严格密封的容器,形状主要有圆形和矩形两种。

冷冻干燥室内有数层搁板,搁板的作用是放置被干燥的物料,它既是冷冻器又是加热器。搁板的结构根据冷却和加热的方式分为间冷间热式、直冷直热式、间冷直热式、直冷间热式等。在上述的加热方式中,直热式是指将加热器直接放入搁板中加热;直冷式是指将搁板作为制冷系统中的蒸发器,制冷工质通过节流膨胀,直接进入搁板中蒸发制冷;间热式是在冷冻干燥室外将热媒加热,再用循环泵将热媒泵入搁板循环;间冷式是将制冷系统的蒸发器置于冷冻干燥室外边,制冷剂与冷媒在蒸发器中进行热交换,再将冷媒用循环泵从冷冻干燥室外泵入搁板中。直冷、直热的优点是效率高,结构简单,缺点是降温和加热不均匀,可能产生局部过热,这种方式一般用于小型冻干机,目前的冷冻干燥机使用间冷间热的形式比较多

此外,用于盛装待干燥物料料盘的形状和材料对冷冻干燥传热和传质有重要的影响。一般要求料盘有较好的传热性能;要有足够的刚度;装卸料容易;易于消毒等。能满足这些要求的料盘材料有不锈钢、铝合金、塑料等。

(2) 冷凝器

水汽冷凝器的作用是冷凝从干燥室内排出的水蒸气,降低干燥室内水蒸气的压力。水汽冷凝器为密封的真空容器,内有与制冷机相通、表面积很大的蒸发器,可制冷至-80℃,将干燥室内升华出来的水蒸气冻结吸附在蒸发器的金属吸附面上。目前冷凝器的结构可分为列管式、盘管式、套筒式和板式4大类。

(3) 真空系统

冷冻干燥机的真空系统是由冷冻干燥箱、冷凝器、冷凝器真空泵阀门、真空管道真空设

备和真空仪表构成，其主要作用是保证在一定的时间内抽走水蒸气和干空气，维持干燥箱内物料水分升华和解吸所需的真空度。因此，用于冷冻干燥的真空系统应具有较强的水蒸气抽除能力和足够低的空载极限真空度。另外，所需的工作真空度取决于物料中水在某一温度的饱和蒸汽压和物料的性质。干燥不同的物料需要的干燥温度不同，工作真空度也不同，因此，真空系统的选择是根据物料的物性和所需的温度选取真空泵的类型。真空设备及其组合有多种，但由于要满足抽除能力和空载极限真空度等需要，多级蒸汽喷射器（串联）被广泛使用。

（4）制冷系统与加热系统

制冷系统由制冷机组与冷冻干燥箱、冷凝器内部的管道等组成。制冷机组可以是互相独立两套，即一套用于冷冻干燥室，一套用于冷凝器，也可合用。制冷法有直接法、间接法、多孔板状冻结法、挤压膨化冻结法等。制冷机可根据所需要的低温，采用单级压缩、双级压缩或者采用复叠式制冷机，制冷压缩机可采用氨压缩机或其他冷媒的压缩机。

加热系统的作用是加热冷冻干燥箱内的搁板，促使产品升华，可分为直接和间接加热两种方法。直接加热法是用电直接在箱内加热；间接加热法是利用电或其他热源加热传热介质，并将其通入搁板。

（5）控制系统

控制系统由各种开关、安全装置以及一些自动控制元件和仪表等组成。自动化程度较高的控制系统可按工艺要求自动操作，对真空度、加热板温度和制冷系统进行监控，保证产品质量。

第六章 粉碎及其设备

本章所述的粉碎是指通过对物料施加一定形式的外力，克服物料分子间的内聚力，使物料尺寸减小的操作。粉碎是农产品加工中的基本作业之一，其主要目的或是为进一步加工（如干燥、溶解、浸出、混合等）创造有利条件，或是加工生产各种产品（如小麦粉、淀粉、蔬菜汁等）的一个工艺过程。

第一节 粉碎的方法和理论

一、粉碎方式

粉碎物料的方式很多，归纳起来主要有以下几种（见图6-1）。

压碎 物料置于两个工作构件之间，逐渐加压，使之经弹性变形、塑性变形而至破碎。这种粉碎方式仅适用于脆性物料，如果被处理物料具有韧性和塑性的，则可能产生片状物料。

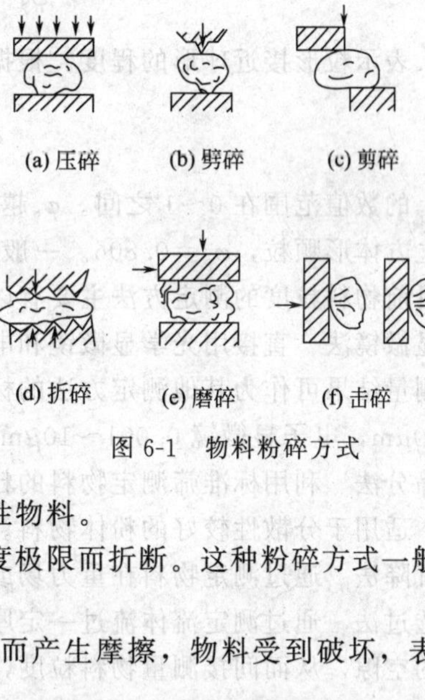

劈碎 用一个平面和一个尖棱工作面挤压物料，物料沿压力作用线的方向劈裂。这种方式使物料粉碎的原因是劈裂面上的拉应力达到或超过物料的拉伸强度。

剪碎 利用相对运动工作面之间的小间隙对物料施加剪切力使其断裂。这是一种能耗较低的粉碎方式，新形成的表面比较规则而且易于控制粒度的大小，适用于纤维性或含水量较高的韧性或低强度脆性物料。

图 6-1 物料粉碎方式

折碎 物料在工作构件间承受弯曲应力，超过强度极限而折断。这种粉碎方式一般用来处理大块长或薄的脆性物料，粉碎度较低。

磨碎 物料与粗糙工作面在一定压力下相对运动而产生摩擦，物料受到破坏，表面剥落。实际上这是一个既有挤压又有剪切的复杂过程。

击碎 物料与工作部件以较高的相对速度撞击，受到时间极短的变载荷而被击碎，尤其适合于质量较大的脆性物料。击碎的粉碎程度范围很大，而且可以粉碎多种物料。

粉碎是一个复杂的过程，在粉碎机械中，物料的粉碎既可是上述单独一种方式作用的结果，也可是某几种方式综合作用的结果。对于各种不同物料的粉碎，应根据其物理特性和粉碎要求，采用适当的粉碎方式，以期得到较好的工艺效果。

二、粉碎物料的尺寸

1. 物料尺寸及测量方法

粉碎方式不同，粉碎后物料产品的形状、尺寸及表示方法也不尽相同。块状产品可用其三维尺寸（长×宽×高）表示，片状产品用厚度表示，茎秆、叶类碎段用碎段长度表示。而在农产品加工行业，物料粉碎后的产品大多是颗粒，其大小称为粒度。球形颗粒物料的粒度以其直径表示，对于形状不均匀的非球形或立方形颗粒，其粒度则有以面积、体积（或质量）为基准的名义粒度表示法。

以表面为基准的名义粒度，是表面积等于该颗粒表面积的球形颗粒的直径，也称表面积当量直径，以符号 d_s 表示，即

$$d_s = \sqrt{\frac{S_p}{\pi}} \qquad (6\text{-}1)$$

式中，S_p 为颗粒的表面积，m^2。

以体积为基准的名义粒度，是体积等于该颗粒体积的球形颗粒的直径，也称体积当量直径，以符号 d_v 表示，即

$$d_v = \sqrt[3]{\frac{6V_p}{\pi}} \qquad (6\text{-}2)$$

式中，V_p 为颗粒的体积，m^3。

对于非球形或立方形的物料颗粒，为表示颗粒形状的规则程度，引入球形度概念。球形度是指同体积的球体表面积与颗粒实际表面积之比。以符号 φ_s 表示，即

$$\varphi_s = \frac{\text{同体积球体表面积}}{\text{颗粒实际表面积}} \qquad (6\text{-}3)$$

φ_s 表示粒形接近球形的程度。根据 d_s 和 d_v 的意义，可知：

$$\varphi_s = \frac{\pi d_v^2}{\pi d_s^2} = \frac{6V_p}{d_v S_p} \qquad (6\text{-}4)$$

φ_s 的数值范围在 0～1 之间。φ_s 越大，表示该颗粒越接近球形。对于球形颗粒，$\varphi_s = 1$；对于立方体形颗粒，$\varphi_s = 0.806$。一般粉碎颗粒的球形度 φ_s 常在 0.6～0.7 之间。

目前物料粒度的测定方法主要有以下几种。

显微镜法　直接用光学显微镜和电子显微镜测量物料的粒度。这种方法直接、全面、准确，测量结果可作为其他测定方法的标定基准。显微镜法能测定的粒度范围为：光学显微镜 2～100μm，电子显微镜 0.001～10μm。

筛分法　利用标准筛测定物料的粒度分布，计算出物料粒径。这种方法操作简单，应用广泛，适用于分散性较好的粉体物料。

沉降法　通过测定物料在重力场或离心场流体中的沉降速度间接计算物料粒度。

透过法　通过测定流体流过一定厚度物料层时的透过性检测粉粒的比表面积或粉粒间所形成的空隙，从而间接测量物料粒度，其结果与物料表面质量无关。

吸附法　通过测量物料对吸附剂的吸附量计算出物料的比表面积，从而间接测量物料粒度，该检测结果受物料表面质量的影响。

激光光散射法　通过测量激光照射到物料表面时所形成散射角的大小间接测量物料粒度。

物料粉碎前后的粒度之比称为粉碎比或粉碎度，以符号 i 表示，即

$$i = \frac{d_1}{d_2} \qquad (6\text{-}5)$$

式中，d_1，d_2 为分别为粉碎前后的物料粒度，m。显然，粉碎比表示了粉碎操作中物料粒度的变化，它可以反映单机操作的结果，也可以反映物料经过整个粉碎系统后的粒度变化。

对一次粉碎后粉碎比的要求，一般粗碎是 2～6；中细碎为 5～50；超细碎为 50 以上。

2. 物料的粒度分布

粉碎的目的不同，对粉碎后物料的粒度和形状的要求也不一样，但对颗粒的均匀性要求则是一致的，它是衡量粉碎机械性能的一个重要指标。常用的粒度分布的表示方法有平均粒径法、频数分布法和累积分布法等。

平均粒径法　为了计算一堆颗粒物料的平均粒径，可采用泰勒筛进行筛理，平均粒径计算式为

$$D=\frac{d_0 m_0+d_1 m_1+d_2 m_2+\cdots+d_n m_n}{m_0+m_1+m_2+\cdots+m_n} \tag{6-6}$$

式中，D 为该堆颗粒的平均粒径；d_0 为最细筛孔下面的颗粒平均粒径，其值等于最细筛孔孔径之半；m_0 为最细筛孔下面的颗粒总质量；d_1，d_2，$\cdots$，d_n 为各级筛面上的颗粒的平均粒径，其值等于上、下两个筛网孔径的平均值；m_1，m_2，$\cdots$，m_n 为各级筛面上颗粒总质量。这种粒度表示方法简单易行，但不能反映粒度的均匀性。

频数分布　这是一种直观明了的粒度分布表示方法。横坐标代表粒径，纵坐标代表各粒径的质量分数或各粒径颗粒个数占样本总数的百分比。若用颗粒的个数作为测量基准，所得的曲线为个数分布曲线，若用颗粒的质量作为测定基准，则为质量分布曲线。采用不同的测定方法便可得到相应的分布。用显微镜法测定，可得个数分布；用筛分法或沉降天平法，可得质量分布。

累积分布　横坐标代表粒径，纵坐标代表小于（或大于）某粒径的颗粒的累积值占样本总值的百分数。根据测定基准，粒度累积分布同样可以分为个数基准的累积分布和质量基准的累积分布。若将粒度累积分布微分，就能求得粒度频数分布。中位粒径或中值粒径（D_{50}）常用来表示粉体的平均粒度，它是一个样品的累计粒度分布百分数达到 50% 时所对应的粒径，粒径大于它的颗粒占 50%，小于它的颗粒也占 50%。

三、粉碎能耗理论

粉碎需要消耗能量。从粉碎的过程可以看出，粉碎所消耗的能量，一部分使物料变形，并以热的形式失散于周围空间；另一部分用于形成新表面。粉碎能耗与物料的性质、粉碎方法、粉碎比等有关。粉碎理论主要是研究粉碎的能耗问题。目前有三种粉碎能耗假说，由于考虑的角度不同以及粉碎过程的复杂性，其适用性是有限的。

1. 雷廷智（Rittinger 1867）假说

雷廷智假说也可称为"面积假说"，认为粉碎所需要能耗与物料表面积的增加成正比。

$$A_1 \propto \Delta S \tag{6-7}$$

如以均质立方体为例，如图 6-2 所示，边长为 D_0 的均质立方体，粉碎后小立方体边长为 D_i，则新生成的表面积为

$$\Delta S=6 D_0{}^3\left(\frac{1}{D_i}-\frac{1}{D_0}\right)=6 D_0{}^2(i-1) \tag{6-8}$$

当颗粒形状不规则时，D_0 和 D_i 只能代表粒度的关系：

$$\Delta S=k_1 D_0{}^3\left(\frac{1}{D_i}-\frac{1}{D_0}\right)$$
$$=k_1 D_0{}^2(i-1) \tag{6-9}$$

所以粉碎所需要的功为

$$A_1=K_1 D_0{}^2(i-1) \tag{6-10}$$

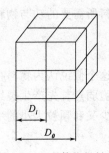

图 6-2　立方体物料粉碎示意图

·

式（6-9）、式（6-10）中 D_0^2 反映了物料粉碎前的原始表面积，k_1 和 K_1 则决定于物料的形状、质地、粉碎方式等综合性因素。

雷廷智假说认为粉碎所做的功全都用来克服新生表面物料分子间的内聚力，而对于物料在破裂前的准备阶段，即弹性变形和塑性变形阶段所需要的能量，完全不予考虑。因此，这种假说只能应用于比较理想的情况，要求物料在破碎过程中没有变形，各向均匀。当粉碎比相当大时（$i > 10$），这种假说的结果与实际情况较为接近。

2. 基尔皮切夫（Кирлицев 1874）假说

基尔皮切夫假说也可称为"体积假说"，该假说认为粉碎物料消耗的能量与物体的体积或质量成正比。

$$A_2 \propto V \tag{6-11}$$

体积假说是以弹性理论为基础，对于完全弹性的物体，受到外力作用时首先产生弹性变形，超过弹性限度则发生破坏，此时所需的功为

$$A_2 = \frac{\sigma^2 V}{2E} = k_2 V = K_2 D^3 \tag{6-12}$$

式中，σ 为物体的弹性限度；E 为物体的弹性模数。

无论理论上还是实际中，被粉碎物料内部都不可能同时达到破坏的强度极限，从而同时变成相似形状的细粉。

假定将粒度为 D_0 的物料经 n 次粉碎至粒度为 D_i，每次的粉碎比均为 i_0，则总粉碎比为

$$i = \frac{D_0}{D_i} = i_0{}^n \tag{6-13}$$

$$n = \ln i / \ln i_0 \tag{6-14}$$

如一定量的物料每次粉碎做功为 A_0，则粉碎总做功为

$$A_2 = n A_0 = E_0 \ln i / \ln i_0 \tag{6-15}$$

式中，A_0 和 i_0 都取决于物料本身的性质，反映物料粉碎的难易程度，对一定的物料而言，可用实验系数 K_2' 表示：

$$A_2 = K_2' \ln i = K_2' \ln(D_0 / D_i) \tag{6-16}$$

体积假说也是以理想条件为前提的，不考虑物料颗粒的形状、质地，同时还不考虑粉碎过程中新生成的表面积。对于粉碎比小的情况，粉碎所产生的新表面积相对小，大量能耗用在物料的变形，体积假说比较符合于脆性物料的压碎和击碎。

3. 彭德（Bond 1952）假说

彭德假说也称为"裂缝假说"，是由大量实验数据总结得出的。彭德认为，破碎单位体积物料所需要的功与物料颗粒边长（或直径）的平方根成反比，即

$$A_3 \propto \frac{1}{\sqrt{D}} \tag{6-17}$$

这个假说认为物料在外力作用下先产生变形，当物体内部的变形能积累到一定程度，在某些脆弱点首先产生裂纹，裂纹扩展形成破碎。粉碎所需的功与裂缝的多少成正比，而裂缝的多少又和颗粒大小的平方根成反比。当物料从 D_0 粉碎到 D_i，则

$$A_3 = K_3 \left(\frac{1}{\sqrt{D_i}} - \frac{1}{\sqrt{D_0}} \right) = K_3 \frac{1}{\sqrt{D_i}} \left(1 - \frac{1}{\sqrt{i}} \right) \tag{6-18}$$

式中，K_3 为实验系数，决定于物料的性质、形状、大小及粉碎方式等各种因素。

荷尔迈斯（Y. A. Holmes 1957）通过实验证实，对不同的粉碎条件，式（6-18）中 D_i 和 i 的指数在 0.5 左右变动，因此应表示为

$$A_3 = K_3' \frac{1}{D_i{}^r}(1 - \frac{1}{i^r}) \tag{6-19}$$

作为第三假说，其实质是介于面积假说和体积假说之间，对于中粉碎和粗粉碎有一定适用性。

第二节 粉碎机械与设备

一、切碎机械

切碎是指通过机械的方法将物料切割成块、片、条、粒及糜状，切碎在农产品加工中主要适用于柔韧性物料和纤维物料。

1. 刀具的运动方式

刀具的刃形和运动方式是影响切削阻力的两个重要因素。刃形可以分为直线刃形和曲线刃形，运动方式可以分为直线往复运动、摆动和旋转运动。

直线刃形刀具往复运动如图 6-3 所示，其中斜角切削由于是逐渐切入物料，故切削力变化比较平缓；而直角切削中，刀刃全长同时切入物料，故切削力变化急剧。直线刃形刀具摆动运动如图 6-4 所示，刀具做水平摆动或振动，物料做垂直运动，这种切削方式在农产品切割机械中被广泛采用。直线刃形刀具旋转运动如图 6-5 所示，图 6-5(a) 中刀刃通过旋转中心，刀刃上各点的切削速度方向均与刀刃垂直，故为直角切削。图 6-5(b) 中刀刃不通过旋转中心，刀刃上各点的切削速度方向均与刀刃不垂直，从刀刃根部至尖部各点切割阻力大小不等，因此刀刃各点的磨损将会不均匀，刀具的耐用度降低。

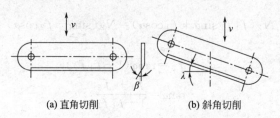

(a) 直角切削　　　　(b) 斜角切削

图 6-3 直线刃形刀具往复运动

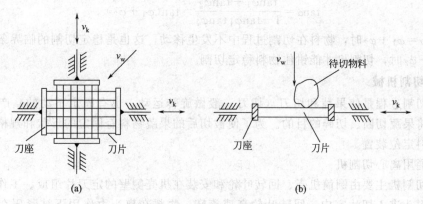

(a)　　　　　　　　　　(b)

图 6-4 直线刃形刀具摆动运动

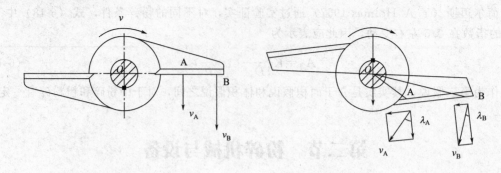

(a) 刀刃通过回转中心, $\lambda_A = \lambda_B = 0$ (b) 刀刃不通过回转中心, $\lambda_A > \lambda_B$

图 6-5 直线刃形刀具旋转运动

2. 稳定切割条件

所谓稳定切割是指在切割过程中物料不被刀片刃口推出。设 AB 为动刀片刃口，CD 为

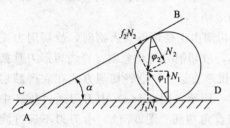

图 6-6 切割物料受力分析

定刀片刃口，动刀片刃口切割点处刃口线与定刀片（或另一动刀片）刃口线间的夹角（钳住角，又称推挤角）为 α，如图 6-6 所示。在切割过程中物料稳定（不发生移动）的静力学条件为：

$$f_1 N_1 = N_2 \sin\alpha - f_2 N_2 \cos\alpha \tag{6-20}$$
$$N_1 = f_2 N_2 \sin\alpha + N_2 \cos\alpha \tag{6-21}$$

式（6-20）、式（6-21）中 f_1 和 f_2 分别为物料与定刀和动刀刃口的摩擦系数。

联立求解

$$N_2(f_1 f_2 \sin\alpha + f_1 \cos\alpha) = N_2(\sin\alpha - f_2 \cos\alpha) \tag{6-22}$$

两边除 $\cos\alpha$

$$f_1 + f_2 = \tan\alpha(1 - f_1 f_2) \tag{6-23}$$
$$\tan\alpha = \frac{f_1 + f_2}{1 - f_1 f_2} \tag{6-24}$$

其中，$f_1 = \tan\varphi_1$，$f_2 = \tan\varphi_2$，

$$\tan\alpha = \frac{\tan\varphi_1 + \tan\varphi_2}{1 - \tan\varphi_1 \tan\varphi_2} = \tan(\varphi_1 + \varphi_2) \tag{6-25}$$

即当 $\alpha = \varphi_1 + \varphi_2$ 时，物料在切割过程中不发生移动，这也是稳定切割的临界条件，即只有 $\alpha \leqslant \varphi_1 + \varphi_2$ 时，切割机才能钳住物料稳定切割。

3. 果蔬类切割机械

果蔬切割过程是使果蔬和切刀（切刀一般做旋转运动，也有固定不动的）产生相对运动，达到将果蔬切断、切碎的目的。为了使被切后的果蔬物料有固定的形状和规格，在设备中要有物料定位装置。

（1）通用离心切割机

离心切割机主要由圆筒机壳、回转叶轮和安装在机壳侧壁的定刀片组成。工作时，果蔬物料经喂料斗进入切片室内，回转叶轮高速旋转，物料在离心力作用下被紧压在机壳内壁上，同时在叶片的驱赶作用下绕机壳内壁转动，遇到伸入切片室的定刀片后被切成厚度均匀的薄片，薄片通过缝隙排入出料槽，如图 6-7 所示。调节定刀片和机壳内壁之间的相对间

隙，即可获得所需的切片厚度。更换不同形状的刀片，即可切出平片、波纹片、V形丝、条和椭圆形丝。离心切割机适用于将各种瓜果、块根类蔬菜与叶菜切成片状、丝状。

（2）盘刀式切碎机

盘刀式切碎机（见图6-8）的主要工作部件是安装在回转轴圆盘上的两把左右对称的切刀，动刀片刃口线的运动轨迹是一个垂直于回转轴的圆形平面。物料由输送带传送，在上下喂料辊的夹持下送入喂料口时，即被动刀切断。当

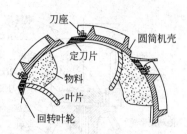

图6-7 离心切割机工作过程

物料进给方向与动刀主轴方向垂直时，产品的厚度由相邻刀片的间距决定；当物料进给方向与动刀主轴方向平行时，产品厚度由相邻两次切割过程中物料进给量决定。刀片的几何形状主要有直刃口、折刃口、凸刃口和凹刃口等，如图6-9所示。盘刀式切碎机的通用性广，可用来切割蔬菜、瓜果和草料，也可用来切割冻肉等。同时其切割质量好，生产效率高，刀片的拆卸和安装方便，自动化程度高。

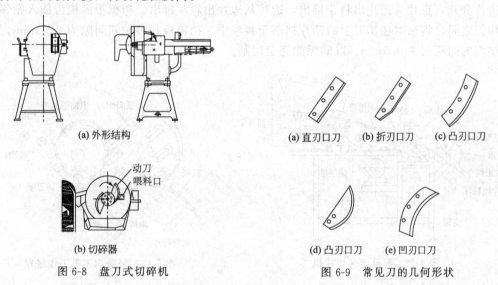

图6-8 盘刀式切碎机

图6-9 常见刀的几何形状

如图6-10所示的是水平盘刀式切碎机，其在水平盘上面安装大尖刀（动刀）和刮板，侧面四周安装小尖刀（动刀），机壳内表面装有小尖刀（定刀）。工作时，物料落在高速旋转的水平盘上，受到大尖刀的预切割，然后被刮板刮入小尖刀动刀与定刀之间的缝隙中，进一步切碎，最后切碎产品从排料口排出。

（3）滚刀式切碎机

滚刀式切碎机的切碎器是滚筒式，动刀片安装在圆锥形或圆柱形滚筒上（见图6-11），滚筒旋转，料斗中的物料被切碎，成品通过动刀和滚筒之间的空隙进入圆锥滚筒内，并沿着圆锥斜面从滚筒的大端排出。滚刀式切碎机的特点是动刀刃口线的运动轨迹呈圆柱形，主要用来切碎青绿物料和块根茎。

（4）蘑菇定向切片机

在生产片装蘑菇罐头时，要求切出厚薄均匀而切向又一致的菇片，同时还可将边片分开，蘑菇定向切片机就用于这道工序。蘑菇定向切片机（见图6-12）主要由料斗、定向滑槽、挡梳、切刀、出料斗等组成。切刀一般安装有10片刀片，刀片的间隙通过垫片调节。定向滑槽底部呈弧形，通过偏摆装置可使弧槽轻微振动。因为蘑菇的重心紧靠菇头，工作

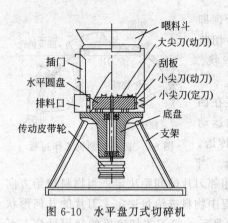

图 6-10　水平盘刀式切碎机

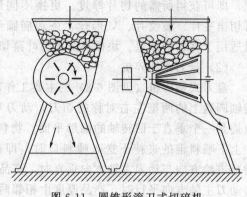

图 6-11　圆锥形滚刀式切碎机

时，蘑菇沿定向滑槽向下滑动，由于弧槽充有水，在水流、弧槽倾角和弧槽轻微振动的作用下，使蘑菇菇头朝下并下滑；蘑菇进入切片区，以下压板辅助喂入，通过挡梳板和边板把正片和边片分开，正片从正片出料斗排出，边片从边片出料斗排出。挡梳板的梳齿插入相邻两圆盘切刀之间，将贴附在切刀上的菇片挡落至料斗中。挡梳板和刀轴间间隙为 2~5mm，刀片与垫辊的间距仅为 0.5mm，以确保能完全切割。

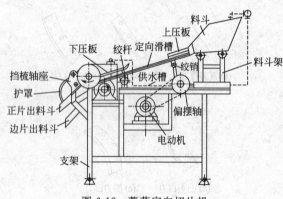

图 6-12　蘑菇定向切片机

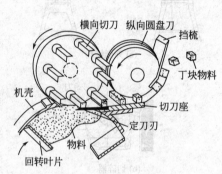

图 6-13　果蔬切丁机工作过程

（5）果蔬切丁机

果蔬切丁机主要由回转叶轮、定刀刃、横向切刀和纵向圆盘刀组成，它是将立式离心切片机制成卧式，再增加横切和纵切。工作时，果蔬物料经喂料斗进入离心切片室内，在回转叶轮的驱动下，因离心力作用物料紧靠机壳内表面，同时回转叶轮的叶片带动物料在通过定刀刃时被切成片料，片料经机壳顶部出口通过定刀刃口向外移动。片料的厚度取决于定刀刃和相对应的机壳内壁之间的距离，这个距离是可以调节的。片料一旦移到定刀刃口外，横向切刀立即将片切料成条料，条料继续沿着切刀座向前移动，最后被纵向圆盘刀切成立方块或者长方块（丁块），如图 6-13 所示。

4. 肉类切碎机械

（1）切肉机

切肉机由进料口挡板、刀片、梳子和带轮等组成，如图 6-14 所示，主要功能是将分割后的肉切成片、丝、丁状。切肉机采用同轴圆刀组成刀组，刀组有单刀组和双刀组两种，其中单刀组物料需用刀篦配合进给；而双刀组两组刀片交错排列，有相对运动，物料可以自动进给，不需要用刀篦。工作时，肉被刀片组带入并切割，如果将切成的肉片旋转 90° 再进行切割便可切成肉丝。

　　（2）绞肉机

　　绞肉机的作用是将肉切碎、绞细，用于生产各种肉类食品的馅料，其主要由进料机构、推料螺杆、切割系统和传动系统等组成。推料螺杆分为两段：一段是位于进料口处的输料段，螺距较大，输送速度高；另一段是挤压段，螺距比输料段的要小，目的是使该段产生较大挤压力，以克服肉料在挤压段的较大阻力，该段末端与切割系统相连。螺杆前后端均制成方头，一端与传动轴联轴器连接；另一端与切刀连接，这种连接方式便于拆卸清洗。机筒一般与机架整体铸造，与

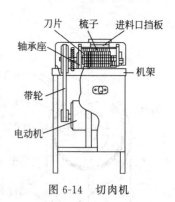

图 6-14　切肉机

推料螺杆的间隙一般为 2mm 左右。间隙过小，易使螺杆与机筒产生摩擦；间隙过大，易使物料产生回流且滞留时间增加，不利于物料的正常输送。格板与十字切刀构成了切割系统。格板就是表面开有许多个通孔的圆盘，格板外圆上用切向槽与机筒内壁上的键连接。十字切刀位于格板的前面并与格板紧贴，形成剪切副，切刀中心为方孔，与推料螺杆连接。

二、粉碎机械

1. 锤式粉碎机

　　锤式粉碎机是利用高速旋转的锤头或锤片对物料施加作用进行粉碎的机器，最初应用于脆性物料的粉碎，其作用原理主要是撞击粉碎。由于在机器中还存在着强烈的摩擦撕裂和剪切作用，因此对于部分韧性物料甚至纤维性物料也能够进行粉碎，所以它常被称为万能粉碎机。锤式粉碎机在农产品加工中的应用十分广泛，在许多农产品原料和中间产品的加工过程中均用到，如玉米、大豆以及各种饲料的粉碎。

　　（1）工作原理

　　锤片式粉碎机的主要工作部件是安装有若干锤片的转子和包围在转子周围的静止的齿板及筛片。工作时，原料从喂料斗进入粉碎室，受到高速回转锤片的打击而破裂，以较高的速度飞向齿板，与齿板撞击。如此反复打击、撞击，使物料粉碎成小碎粒。在打击、撞击的同时还受到锤片端部与筛面的摩擦、搓撕作用而进一步粉碎。此时，较细颗粒由筛片的筛孔漏出，留在筛面上的较大颗粒，再次受到粉碎，直到从筛片的筛孔漏出。更换筛片可以满足粒度要求。

　　锤片式粉碎机按主轴的布置形式分为卧式和立式。卧式锤片式粉碎机按进料方向可分为切向进料式、轴向进料式和径向进料式三种结构形式，如图 6-15 所示。按筛片的配置方式有底筛式、环筛式、单侧筛式和双侧筛式等。

　　（2）工作部件

　　锤片　粉碎机中最重要的零件，也是易损件。粉碎机转子上有若干个锤片架，锤片通过锤片销安装在锤片架上。锤片在转子上的排列方式将影响转子的平衡、物料在粉碎室内的分布以及锤片的磨损程度。目前使用的锤片形状种类繁多，主要有矩形锤片、阶梯形锤片、尖角锤片和环形锤片等，如图 6-16 所示。锤片材料对提高锤片的使用寿命具有重大意义，常用的材料有低碳钢、65 锰钢、特种铸铁。

　　筛片　属于易损件，锤式粉碎机上使用的筛片有冲孔筛、圆锥孔筛和鱼鳞筛等，其中圆柱形冲孔筛结构简单、制造方便，应用最广。根据筛片配置形式，可将筛片分为底筛、环筛和侧筛。底筛和环筛弯成圆弧形和圆圈状，安装于转子的四周。侧筛安装于转子的侧面，侧

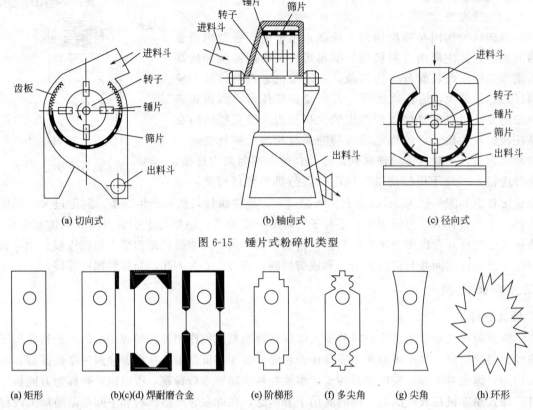

(a) 切向式　　　　　　(b) 轴向式　　　　　　(c) 径向式

图 6-15　锤片式粉碎机类型

(a) 矩形　　(b)(c)(d) 焊耐磨合金　　(e) 阶梯形　　(f) 多尖角　　(g) 尖角　　(h) 环形

图 6-16　锤片的种类

筛的使用寿命长，适于加工坚硬的物料，但换筛不便。

齿板　作用是阻碍物料环流层的运动，降低物料在粉碎室内的运动速度，增强对物料的碰撞、搓撕和摩擦作用。齿板一般用铸铁制造，齿形有人字形、直齿形和高齿槽形三种。

2. 针磨

针磨与传统意义的磨的工作原理不同，它主要靠冲击粉碎，又称冲击磨。主要工作部件是动盘和定盘，其上分别固定两排磨针，如图 6-17 所示。工作时，动盘高速旋转，动针的线速度达 130m/s，物料由喂料口经进料管落到动盘上，在强大的离心力作用下向四面抛散，受到动针和定针的反复撞击，最后与四周的波纹环带撞击回弹，由下面的锥形漏斗排出。在

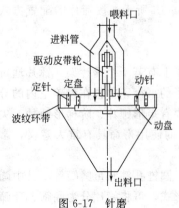

图 6-17　针磨

固定盘上沿动针的运动轨迹有两条环形槽，动针顶部插进环形槽里，以防被粉碎物料未受动针的冲击就滑漏出去。在定盘上有两个观察孔，便于不卸下机壳就可观察动针的工作情况，并可通过此孔更换动针。定针是从定盘上方插进去的，可以在作业状态下根据物料磨细的程度随时调整定针的数目。

针磨广泛应用于玉米淀粉加工业，在加工过程中，玉米首先要进行充分浸泡，然后粉碎。粉碎时，玉米颗粒在针磨中受到猛烈的冲击和振动，使颗粒中的淀粉与纤维结构松脱，同时又不严重破碎纤维，有利于淀粉和纤维的分离，提高淀粉得率和质量。

三、磨碎机械

磨碎机械的粉碎方式为转动研磨并伴有剪切，主要适用于脆性物料。磨碎机械主要有片磨、锥磨、辊式磨粉机和球磨机等。

1. 片磨

片磨也叫圆盘式磨粉机，其结构简单，使用方便，可加工多种粮食，在我国农村广泛应用。按照磨片安装位置分为立式和卧式两种。片磨工作时，物料由进料斗流入机内，首先经过粉碎齿套和粉碎齿轮初步粉碎，然后在两磨片之间受到磨片的压力和两磨片间的速度差所造成的剪切和研磨作用下进一步粉碎，细粉进入筛粉箱筛分出料，如图 6-18 所示。磨片表面具有细齿以增强研磨作用，同时两磨片的间隙可通过调节机构调整，一般随着研磨次数的增加，间隙应减小。这种磨粉机的形式有两种：一种是一磨片固定，另一磨片转动；另一种是两磨片均转动。

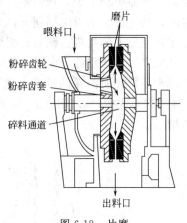

图 6-18　片磨

2. 锥磨

锥磨的外形和结构与片磨相似，主要差别在于使用了圆锥形磨轮替代磨盘。锥磨工作时，物料由进料斗进入机体内，经推进器粗破碎后，进入动、静磨轮的间隙里，此时物料一方面受磨轮的挤压而进一步破碎；另一方面由于两磨轮的转速不同而使物料受到剪切和研磨作用，研磨后的物料进入筛粉箱筛选出料。

3. 辊式磨粉机

辊式磨粉机是农产品加工中广泛使用的一种粉碎设备，尤其是面粉加工业不可缺少的设备。辊式磨粉机主要由磨辊、传动及定速机构、喂料机构、轧距调节机构、松合闸机构、辊面清理装置、吸风装置和机架等部分组成。工作时，物料由喂料斗进入后，经喂料机构均匀地落入快、慢磨辊之间的轧距内，在磨辊的研磨、剪切作用下成粉。物料流入磨辊的速度可以用流量调节机构控制，快、慢两磨辊之间的距离用轧距调节机构来调整，从而控制粉料的粗细和磨粉速度。

按成对磨辊的数量，辊式磨粉机分为单式磨粉机（仅有 1 对磨辊）；复式磨粉机（具有两对磨辊，属于两个独立的单元）；八辊磨粉机（具有 4 对磨辊，两对磨辊并联，两对串联，属于两个独立的单元）。按两辊轴线相对位置，辊式磨粉机分为水平配置磨粉机（两磨辊轴线处于同一水平面内）；倾斜配置磨粉机（两磨辊轴线处于同一倾斜面内）。

磨辊是辊式磨粉机的主要工作部件，根据相向旋转的一对磨辊种类（光辊和齿辊）和速比（快慢磨辊线速度之比）的不同，物料粉碎的方式也不相同。等速相向旋转的光辊是以挤压的方式粉碎物料或使物料挤压成片状，典型的设备有轧麦片机、轧米片机等。差速相向旋转的光辊是以挤压和研磨的方式粉碎物料，典型的设备是用于面粉厂心磨系统的光辊磨粉机和巧克力精磨机。差速相向旋转的齿辊是以剪切、挤压和研磨的方式粉碎物料，典型的设备是用于面粉厂皮磨、渣磨及尾磨系统的齿辊磨粉机。

齿辊上的磨齿由两个不对称的斜面构成。较陡的一面称为锋面，较缓的一面称为钝面。从齿顶到磨辊中心的连线，可将磨齿分为两部分，连线与锋面的夹角称锋角，连线与钝面的夹角称钝角，两个斜面所形成的夹角为齿角。齿顶是一个平面，对物料起碾压作用，齿顶的大小，也根据研磨工艺的要求而定。

磨辊的齿数以每厘米磨辊圆周长度上的齿数计算。齿数少，两齿之间的距离大，齿沟深，适用于处理颗粒大的物料；反之，适用于研磨颗粒较小的物料。磨辊的齿有锋角与钝角之分，根据磨齿的锋角和钝角及快慢辊的相对运动，辊齿的排列有 4 种形式，如图 6-19 所示。锋对锋配置时，快辊锋角向下，慢辊锋角向上，磨齿对物料的剪切作用最强，物料破碎率高，产品中粉末少，颗粒多，动力消耗低，可以得到粒度比较整齐的磨下物料。锋对钝配置时，快、慢辊的齿尖都朝下，主要依靠挤压和摩擦作用破碎物料，也有部分剪切作用，适合于韧性较大的物料。钝对锋配置时，快、慢辊的锋口都朝上，适合加工硬而脆的物料。钝对钝配置时，快辊钝角向下，慢辊钝角向上，磨齿对物料的剪切作用小，挤压力大，破碎作用缓和，粉碎所消耗的动力较大，但可以减少物料表皮的破碎，达到选择性粉碎的目的。4 种排列形式按（a）到（d）的顺序，其剪切作用逐渐减弱，研磨作用逐渐增强，耗电量逐渐增加。

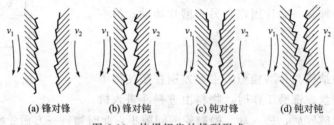

(a) 锋对锋   (b) 锋对钝   (c) 钝对锋   (d) 钝对钝

图 6-19 快慢辊齿的排列形式

辊式磨粉机工作的必要前提是物料能够进入对辊的粉碎工作区，只有物料和磨辊之间具有一定的几何关系和物理性状时，物料才可以通过轧区被粉碎。为便于分析，假设对辊呈水平排列、大小相等，物料呈球形，物料与对辊的几何关系简化为图 6-20 所示，其中，D 为辊径；d 为物料粒径；b 为两磨辊间的缝隙，即轧距；N 为磨辊对物料的法向压力；F 为磨辊对物料的摩擦力；P 为 N 与 F 的合力；α 为入轧角；φ 为摩擦角。

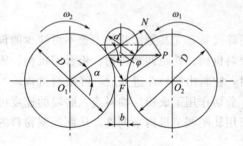

图 6-20 物料挟入对辊的受力分析

欲使物料进入辊轴之间，则在垂直方向，

$$2F\cos\alpha \geqslant 2N\sin\alpha \qquad (6-26)$$

由于 $F = fN$，$f = \tan\varphi$（f 为摩擦系数），所以

$$\tan\varphi \geqslant \tan\alpha \qquad (6-27)$$

或

$$\varphi \geqslant \alpha \qquad (6-28)$$

即物料与磨辊的摩擦角 φ 必须大于入轧角 α，物料才能进入磨碎机。这也是光滑物料不易入轧的原因。

入轧角的大小可以根据图 6-20 求得

$$\cos\alpha = \frac{D+b}{D+d} \qquad (6-29)$$

式（6-29）表明，入轧角的大小与被研磨物料的平均直径、磨辊直径和轧距有关。当磨辊直径及轧距不变时，被研磨物料直径越大，入轧角越大，物料不易进入研磨区。实际生产中，为保证生产率，磨辊直径远大于物料粒径。

4. 球磨机

球磨机是一种以摩擦力和冲击力为主要粉碎力的磨碎设备，它由绕水平轴转动的装有钢球（或鹅卵石）作为研磨介质的圆筒构成。当圆筒以一定转速旋转时，钢球因与圆筒内壁的摩擦作用而被带起，达到一定高度时泻落或抛落下来。物料在下落钢球的冲击作用以及与钢球和圆筒内壁的研磨作用下被粉碎。随圆筒转速的变化，钢球的运动有以下三种状态。

泻落 球磨机转速低时，筒内钢球受摩擦力作用被圆筒带至一定高度后，在重力作用下一层层往下滑滚，如图 6-21（a）所示。

抛落 球磨机转速较高时，位于筒内下部钢球随圆筒旋转升至一定高度后，将脱离筒体沿抛物线轨迹呈自由落体状态下落，如图 6-21（b）所示，抛落的钢球使处于筒内下部的物料受到冲击和研磨作用而被粉碎。

离心旋转 当球磨机圆筒转速进一步提高，离心力使钢球随圆筒壁一起旋转，形成一环状的钢球体，即离心旋转状态。此时，钢球与钢球之间，钢球与圆筒壁之间无相对运动，对物料的粉碎作用也停止，如图 6-21（c）所示。因此，球磨机正常工作时，圆筒转速必须控制在使钢球只呈泻落和抛落运动状态的范围内。

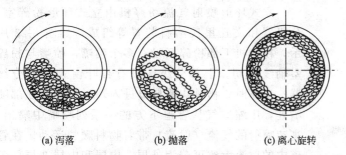

图 6-21 球磨机钢球的运动状态

(a) 泻落 (b) 抛落 (c) 离心旋转

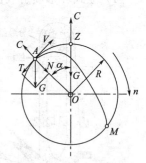

图 6-22 钢球受力分析

设 m 为钢球质量，kg；n 为筒体转速，r/min；R 为圆筒半径，m；α 为抛落点 A 与圆心连线 OA 同垂直轴的夹角，如图 6-22 所示。当转动筒体带钢球至 A 点时，若钢球重力的法向分力 N 与离心力 C 相等，圆筒内壁对钢球的法向约束反力应等于零，则钢球将离开筒壁以抛物线轨迹抛落，球磨机转速越高，离心力越大，抛落点 A 的位置就越高。若转速继续增加，离心力增加至与钢球重力 G 相等，钢球将随筒体升至顶点 Z 而不抛落，出现离心旋转状态。故有

$$C = N \tag{6-30}$$

$$m(2\pi n)^2 R = G\cos\alpha = mg\cos\alpha \tag{6-31}$$

$$n = \frac{1}{2\pi}\sqrt{\frac{g\cos\alpha}{R}} \tag{6-32}$$

出现离心旋转状态的最小转速称为临界转速 n_c，此时 $\alpha = 0$，故

$$n_c = \frac{1}{2\pi}\sqrt{\frac{g}{R}} \tag{6-33}$$

球磨机运转时，应 $n < n_c$。实际上，一般选取 $n = (0.65 \sim 0.78)n_c$。

球磨机主要用于谷物类及香料等物料的粉碎加工。如果以高碳钢棒代替圆球，且其长度稍小于筒本身的长度，则成为棒磨机。与球磨机一样，棒磨机的主要粉碎力仍是冲击力和摩擦力，但冲击力的作用稍减。棒磨机的特点是棒与物料的接触是线接触而不是点接触，故大

块和小块的混合料中，大块料要先被粉碎，因而粉碎较均匀。而且因为棍棒重量大，不像小球那样易被黏结性物料黏成一团而失去粉碎的作用，故棒磨机适于处理潮湿黏结性的物料。此外，棒磨机不宜粉碎过硬的物料，否则会使棍棒发生弯曲变形。

四、其他破碎方式的机械

1. 气流粉碎机

气流粉碎机也称气流磨，它是在高速气流（300～350m/s）作用下，通过物料之间的撞击、气流对物料的冲击剪切作用以及物料与其他构件的撞击、摩擦、剪切等作用实现粉碎的。

气流粉碎机具有以下特点：对于进料粒度要求不严格，成品粒度一般小于 5μm；压缩空气喷出后的膨胀可吸收很多热量，使得粉碎在较低的温度环境中进行，有利于热敏物料的粉碎；易实现多元联合操作，如利用热压缩空气可同时进行粉碎和干燥，同时能对配比相差很大的物料进行混合，还能喷入所需的包囊溶液对粉料进行包囊处理；设备中接触物料的构件结构简单，卫生条件好，易实现无菌操作。缺点是需借助高速气流，效率低，能耗高。

（1）立式环形喷射气流粉碎机

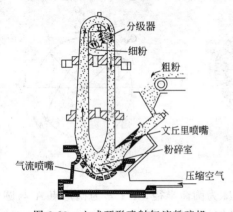

图 6-23　立式环形喷射气流粉碎机

立式环形喷射气流粉碎机由立式环形粉碎室、分级器和文丘里氏给料装置等组成，如图 6-23 所示，粉碎机下部粉碎区设有多个喷嘴，喷嘴与粉碎室轴线相切，上部分级区设有百叶窗式惯性分级器。工作时，物料从喂料口进入环形粉碎室底部喷嘴处，压缩空气从管道下方的一系列喷嘴中喷出，高速喷射的气流（射流）带着物料颗粒运动。在管道内的射流大致可分为外层、中层和内层 3 层，各层射流的运动速度不相等，这使得物料颗粒相互冲击、碰撞、摩擦以及受射流的剪切作用而被粉碎。气流携带粉碎的颗粒进入分级区，由于离心力场的作用使颗粒分流，细粒在内层经分级器分级后排出，粗粒在外层沿下行管落入粉碎区继续粉碎。该机粉碎成品的粒度在 0.2～3μm 之间。

（2）对冲式气流粉碎机

对冲式气流粉碎机主要由冲击室、分级室、喷管和喷嘴等组成，如图 6-24 所示。工作时，两喷嘴同时相向向冲击室喷射高压气流，加料喷嘴喷出的高压气流将加料斗中的物料吸入，在喷管中物料被加速后送入粉碎室，与粉碎喷嘴喷射出的高速气流在粉碎室相遇，物料通过冲击、碰撞、摩擦、剪切得以粉碎。粉碎的物料随气流进入分级室在离心力场的作用下而分级。粗粒所受的离心力较大，沿分级室外壁运行至下导管入口处被粉碎喷嘴喷出的气流送至粉碎室继续粉碎；细粒所受的离心力较小，处于内壁，随气流吸入出口。该机粉碎成品的粒度在 0.5～10μm 之间。

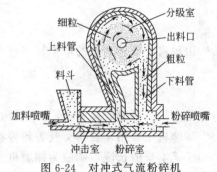

图 6-24　对冲式气流粉碎机

（3）叶轮式气流粉碎机

叶轮式气流粉碎机主要由两级粉碎、内分级、鼓风和排渣等机构组成，如图 6-25 所示。粒度小于

10mm 的物料经加料机构定量连续地输入到第一粉碎室，粉碎叶轮的 5 个叶片刀具具有 30°扭转角，其有助于形成旋转风压，引起气流循环，物料颗粒随气流旋转，相互冲击、碰撞、摩擦以及受气流的剪切作用而被粉碎成细粉，细粉进而随气流流入分级叶轮端部斜面和衬套锥面之间的间隙中被粉碎至数十微米到数百微米。分级叶轮的 5 个叶片刀具没有扭转角，具有分级作用，由粉料所受的离心力和隔环内径之间产生的气流吸力决定。若粉料所受的离心力大于气流吸力，则被滞留下来与新加入的物料继续被粉碎；若颗粒所受的离心力小于气流吸力，则被气流带入第二粉碎室。第二粉碎室的粉碎叶轮和分级叶轮直径比第一粉碎室的都大，同时粉碎叶轮的叶片刀具具有 40°扭转角，因此粉料在第二粉碎室内受到的冲击、碰撞、摩擦以及剪切作用更强，可以被粉碎成几微米到数十微米的超细粒子，之后被气流吸出机外。落到粉碎室底部的料渣可以由如图 6-26 所示的内排渣机构排出。

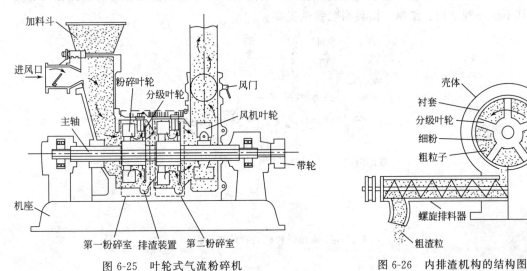

图 6-25　叶轮式气流粉碎机

图 6-26　内排渣机构的结构图

（4）超音速气流粉碎机

图 6-27 为超音速气流粉碎机结构图，从料斗喂入的物料先与压缩空气或高压蒸汽混合形成气固混合流，然后以超音速从各个喷嘴喷入粉碎室，物料颗粒在粉碎室内强烈地冲击、碰撞、摩擦及受剪切作用而被粉碎。在旋转气流作用下，细粉由分级机构分出经旋风分离器出料口排出，粗粉返回粉碎室与新加入的超音速气固混合流继续粉碎。

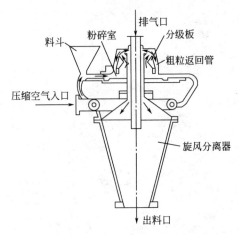

图 6-27　超音速气流粉碎机结构图

2. 冷冻超微粉碎机

冷冻超微粉碎的原理是将待粉碎的物料预先用液氮冷却冻结到脆化点以下，利用其低温脆性的特点再进行粉碎。冷冻超微粉碎装置一般由制冷剂供给装置（液氮箱）、冷冻箱、超低温粉碎机等组成，如图 6-28 所示。该装置设有冷气回收管路，充分利用冷媒以降低液氮耗量。低温粉碎机选用轴向式进料，已经冷却脆化的物料和气化冷媒被吸入粉碎腔，粉碎腔内叶轮高速旋转，在物料与叶片、物料与齿盘、物料与物料之间反复冲击、碰撞、剪切、摩擦等综合作用下，物料被粉碎。粉碎的物料经气流风选，微粉分级后被收集，没有达到细度要求的粗粉返回料仓继续粉碎。冷冻超微粉碎可以制成比常温粉粒体流动性更好、粒度更细小的产品。对于含油、水分较多的农产品，冷冻超微粉碎后不会因微粒化产生粉粒凝集造成粉碎机堵塞。如将大蒜在低温下破碎成蒜泥，然后进行冷冻干燥、研磨、过筛处理制得大蒜粉，其不仅外观洁白、细腻，而且耐贮藏性提高。

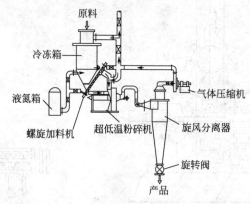

图 6-28　冷冻超微粉碎装置的结构图

第七章 其他单元操作及其设备

第一节 杀菌及其设备

微生物和酶的活动是造成农产品腐败变质的两个最主要原因。由于微生物污染所导致的农产品安全危害可以发生在任何阶段,包括农产品中自身污染的,加工过程中操作人员和设备污染的,以及生产环境中存在的各种有害微生物。在一定的条件下,这些微生物会在农产品中生长、繁殖,使农产品失去原有的或应有的营养价值和感官品质,甚至产生有害和有毒的物质。因此,在整个农产品流通链中至关重要的是要适当控制微生物,并破坏产品中的酶,从而保证产品的品质达到一定的保藏期。

杀菌的目的是移除或消灭产品中、包装材料表面、生产设备中的任何形式微生物及传播性病原体(如真菌、细菌、病毒、芽孢等)。杀菌按程度可分为灭菌(将所有微生物营养体和芽孢全部杀灭)、防腐(防止和抑制微生物生长繁殖)、消毒(仅杀死病原微生物)三个层次。适当地使用高温、化学品、放射线、高压及过滤程序可以有效达到杀菌效果。

一、杀菌原理

微生物种类繁多,一般来说,加热使细胞内蛋白质受热凝固、冷冻时产生冰晶的膨胀和刺穿作用、高盐高糖产生的渗透压、脱水、静压力、电脉冲等方式,均可使微生物失去新陈代谢的功能而导致死亡。杀菌技术按杀菌方式一般可分为加热杀菌技术、化学药剂杀菌技术、辐射杀菌技术、过滤除菌技术及加热与其他手段相结合的杀菌技术等。

在农产品加工中最常见的方法还是加热灭菌,现以微生物耐热性来讨论杀菌机理,其他非热杀菌机理在相关内容中进行说明。

1. 微生物的耐热性

影响微生物耐热性的因素很多,它取决于微生物本身的耐热性,同时受农产品性质和环境条件的影响。这些因素可分为三个主要类别:芽孢本身(与遗传有关);芽孢形成的条件和环境;芽孢受热处理条件及生长介质条件。

微生物的耐热性通常用温度和时间来表征。相关概念及意义如下。

① 热死温度是指在 $10min$ 内杀灭悬浮于特定环境中微生物的最低温度。

② 热力致死时间(Thermal Death Time,TDT)是指在一定致死温度和特定条件时杀死一定数量微生物所需要的时间。

③ 热力指数递减时间(Thermal Reduction Time,TRT)是指在某特定的热死温度下,将细菌或芽孢数减少到 10^{-n} 时所需的热处理时间。它是指在一定的致死温度下将微生物的活菌数减少到某一程度如 10^{-n}(原来活菌数的 $1/10^n$)所需的时间(min),记为 TRT_n,单位为分钟,n 称为递减指数。

④ D 值是指在一定温度下加热,使活菌数减少 90%($1/10$,即一个对数周期)时所需

要的时间（min），加热温度在 D 的右下角注明。例如，含菌数为 $10^5/mL$ 某种细菌的悬浮液，在 100℃的水浴温度中活菌数降低至 $10^4/mL$ 时所用的时间为 10min，该菌的 $D_{100}=$ 10min。在同一温度下，D 值越大，表示该微生物越耐热。

⑤ F 值是在基准温度下（121.1℃）杀死一定数量对象菌所需要热处理的时间（min），即该菌的杀菌值，用于比较相同 Z 值时菌的耐热性。通常，$F=nD$，递减指数 n 是不固定的，它与原始菌数有关，随所指定的温度、菌种、菌株及所处环境不同而变化。

⑥ Z 值指热力杀菌时对象菌缩短 90%热致死时间（或减少一个对数周期）所需要升高的温度。Z 值是衡量温度变化时微生物死灭速率变化的一个尺度，Z 越大，因温度上升而取得的杀菌效果就越小。

2. 影响微生物耐热性的因素

加热温度、加热致死时间、细胞浓度、细胞团块存在与否、介质性状等因素对腐败菌耐热性均有影响。在一定热致死温度下，细菌（芽孢）随时间变化呈对数性规律死亡；温度越高，杀灭它所需的时间越短；菌数越多，杀灭它所需时间越长；细胞团块的存在降低热杀菌的效果；杀菌对象中水分（水分活度）、pH 值、碳水化合物、脂质、蛋白质、无机盐等，是影响杀菌效果的最重要的因素；各种添加物、防腐剂和杀菌剂的存在也会影响热杀菌的效果。

二、杀菌方法及设备

目前常用的杀菌方式按原理不同分为物理方法和化学方法。物理方法有热杀菌、辐射杀菌、超高压杀菌、过滤等方法。对农产品普遍使用热杀菌方法而对农产品生产设备的杀菌以化学杀菌法较多，以低温高浓度氧化剂如过氧化氢及臭氧为主。

本节按杀菌方法的不同，分为热杀菌和非热杀菌两大类介绍。

1. 热杀菌及设备

热杀菌分干热杀菌（在 160~170℃的热空气中保温 2h 进行灭菌）和湿热杀菌法。

微生物的耐热性在干热和湿热两种不同加热条件下是不同的。湿热法可在较低的温度下达到与干热法相同的灭菌效果，原因是：湿热中蛋白质吸收水分，更易凝固变性；水分子的穿透力比空气大，更易均匀传递热能；蒸汽有潜热存在，每 1g 水由气态变成液态可释放出 529cal 热能，可迅速提高物体的温度。湿热条件时 100℃以下能杀死的微生物，在干热条件则需 140~180℃的温度，时间也从几分钟延至数小时之久。多数农产品原料中含有大量水分，加工时也会添加一定量的水，故常用方法为湿热杀菌。

湿热杀菌法可分为：巴氏消毒法、高压蒸汽灭菌法。巴氏灭菌法（pasteurization），也称低温消毒法、常压灭菌法，采用较低温度（一般在 60~82℃），以热水为加热介质进行加热处理，杀死微生物营养体。高压蒸汽灭菌法可杀灭包括芽孢在内的所有微生物，灭菌效果最好，是应用最广泛的灭菌方法。

在农产品加工过程中，按原料性质和产品形式不同，需选择不同的灭菌方法与设备。

（1）常压连续杀菌机

常压连续杀菌机的杀菌温度不超 100℃，不需严格密封机构，设备具有结构简单、生产率高、易自动控制、成本低、节省能源、占地面积小等优点。按运载链的层数可分为单层式和多层式；按加热和冷却的方式分为浸水式和淋水式。

图 7-1 是三层常压连续杀菌机的槽体与输送带结构示意图。三只水槽分三层水平安装在杀菌机机架上。第一层（底层）为预热槽，第二层具有加热和冷却双重功能，可根据罐藏内

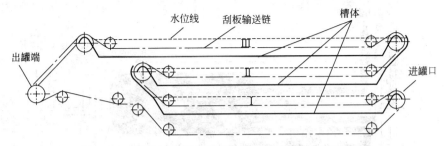

图 7-1 三层常压连续杀菌机的槽体与输送带结构示意图

容物的杀菌工艺要求进行选择，第三层为冷却段。冷却水由进水管进入各层槽体，在槽体侧面的溢流口。

一般来说，温度提高到 80℃ 以上时，热处理几秒钟，几乎所有的酶都会遭到不可逆性的破坏。经传统热力杀菌的食品一般不会再发生因酶的活动而带来的品质下降，只有干藏和冷藏的食品才会出现酶导致的变质问题。但某些酶经热力杀菌处理后还有可能再度活化。

（2）高压杀菌锅

高压杀菌锅（也称为高压釜、加压灭菌器）是最常用的高压蒸汽灭菌设备。通常的处理条件是用高压饱和蒸汽（121～134℃），维持至少 15min（在 121℃）或 3min（在 134℃），须避免消毒过久造成被处理物料的营养和品质损失。

高压杀菌锅分为立式和卧式，属于间歇式杀菌设备，都配备有仪表、空气压缩机等。在反压杀菌和反压冷却时，从压缩空气管通入压缩空气，用来平衡罐头内外的压力，避免跳盖、变形等事故发生。卧式杀菌锅优点是容量大，内下部装有小车进出轨道，方便小车推进卸出。立式杀菌锅为了配合杀菌操作，还需配备起吊工具或设备、杀菌吊篮等设备，以保证杀菌过程的正常进行。立式杀菌锅工作时的管路连接见图 7-2。

（3）回转式杀菌机械

回转式杀菌锅分淋水式和浸水式，由杀菌罐、热水罐、泵及连接管道和自动控制系统组成（见图 7-3）。多数是间歇式，也可设计成连续式，回转式连续杀菌机一般由两三个（作

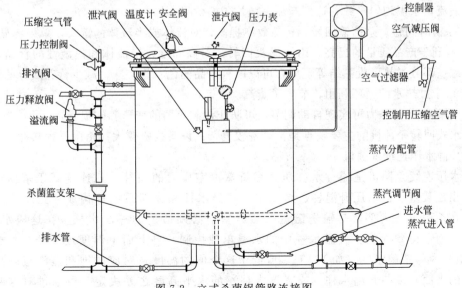

图 7-2 立式杀菌锅管路连接图

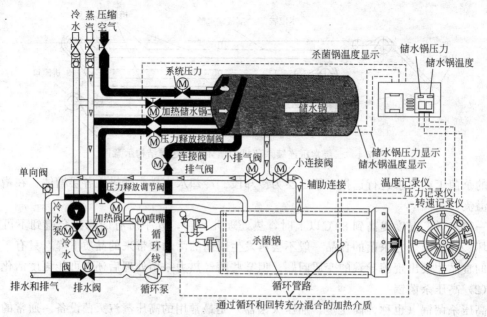

图 7-3　淋水回转式杀菌系统流程图

杀菌锅、热水锅）卧式压力锅、进罐阀、出罐阀、转罐阀、驱动装置及自动控制系统等构成。

在回转式杀菌锅中，高温高压的热水在锅内循环，产品置入菌篮内在杀菌锅中连续缓慢回转，这种浸泡式杀菌使热传递更迅速均匀，大大缩短整个杀菌过程的时间，从而实现高温短时杀菌处理。同时，可避免物料周围产生过热现象。该设备适用于对瓶装、罐装、蒸煮袋装产品的二次灭菌，特别适用于高黏度和大容量的产品，如八宝粥、鱼罐头、米饭饮品等产品的灭菌处理。

回转杀菌机具有以下优点。

① 杀菌均匀。由于回转杀菌篮的搅拌作用，加上热水由泵强制循环，使锅内热水形成强烈的涡流，水温均匀一致，达到产品杀菌均匀的效果。

② 杀菌时间短。杀菌篮回转，传热效率提高，对流体或半流体的罐头，效果更显著。

③ 有利于产品质量的提高。由于罐头回转，对高黏度、半流体和热敏性的食品，不会产生因罐壁部分过热形成黏结等现象，可以改善产品的色、香、味，减少营养成分的损失。

④ 由于过热水的循环利用，节省了蒸汽。

⑤ 杀菌与冷却压力可实现自动调节，可防止包装容器的变形和破损。

全水式回转杀菌机的主要缺点是：设备较复杂；设备投资较大；杀菌过程热冲击较大。

（4）静水压连续杀菌机

静水压连续杀菌机是通过水柱压力维持蒸汽室压力的一种立式连续高压杀菌机。主要由进出罐装置、静水压升温柱、杀菌室、降温水柱和冷却系统等构成（见图 7-4）。升温水柱在杀菌设备内部，是输送链进入蒸汽室前必须通过的一段水柱。在这段水柱中，罐头自上而下得到加热。升温水柱中的水温单独控制，自上而下温度逐渐升高。蒸汽室（杀菌室）内与杀菌温度（如 121℃，或低于这个值的温度）对应的饱和蒸汽空间高度由其下面的水面高度与升温水柱（或降温水柱）的水平高度之差决定。可通过对这两个水面液位的控制来控制杀菌室的温度。输送链条的运行回路在蒸汽室内的停留时间也由这两个水面液位控制。

该设备的优点是节能节水，与一般杀菌锅比，可节省蒸汽量50%以上，节省冷却水70%以上；占地面积小，约为同等处理能力间歇式杀菌机的1/30；生产能力大；自动化程度高，通用性好，适用于各种材质和大小的包装容器，如马口铁罐、玻璃瓶和软包装袋；无压力和温度突变，避免罐变形，产品质量好。缺点是设备高度庞大，高达18m；设备及安装费用大；检修维护困难。

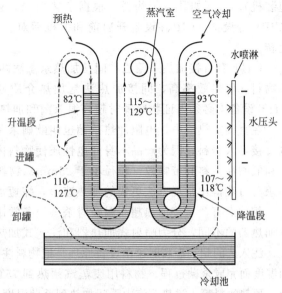

图7-4　静水压杀菌设备原理图

（5）水封式连续高压杀菌设备

水封式连续高压杀菌设备的特点是设计了鼓形阀（或叫水封阀），可使罐头不断进出杀菌室中又能保证杀菌室的密封，保持杀菌室内的压力与水位的稳定。

由于采用了鼓形阀，整个设备比静水压杀菌设备小得多。同时，静水压中罐头通常是不动的，水封式设备中的罐头是滚动的，因而热效率较高。对同类产品在同样杀菌温度的条件下，杀菌时间更短。

如图7-5所示，水封式连续高压杀菌设备主要由高压杀菌-冷却罐、常压冷却槽、输送链、水封阀及进出罐机构等组成。高压杀菌-冷却罐由中间隔板分为上下两室，上室为蒸汽杀菌室，下室为高压水冷却室。带有罐头传送器的输送链，穿过上下两室构成循环链。从自动供罐装置进入输送链的罐头，经过鼓形阀（结构见图7-6，由于其浸没在水中，因此又称为水封阀）进入杀菌室，在输送链传送器带动下，折返数次进行杀菌后，穿过隔板进入加压冷却室。进入加压冷却后的罐头再次从鼓形阀排出，进入常压冷却水槽。罐头在这里仍然保持自身的滚转，以达到快速冷却的目的。

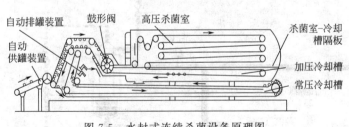

图7-5　水封式连续杀菌设备原理图

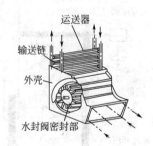

图7-6　水封阀结构示意图

（6）超高温瞬时杀菌设备

超高温灭菌法（简称UHT）是一种通过在极短时间内加温（用135~150℃加热2~3s）为物料灭菌的方法。UHT方法所产生的营养损失比前述高压杀菌法要少，广泛用于牛奶、果汁等热敏性液体食品，因此可以选用高效热交换器对料液进行连续杀菌处理。

超高温瞬时杀菌成套设备主要由输送泵、预热器、杀菌器、冷却器、储罐、管路管件及控制系统等组成。系统输送泵通常包括进料泵（一般为离心泵，它用于将物料送入预热段）、增压泵（用于保证将物料加热到所需的温度）和无菌泵（用于将无菌产品通过无菌管路送往包装机)。对于如乳品等物料,根据工艺要求,还可在系统中串接均质机和原地清洗设备(CIP)等设备。CIP 在设备开启前和关机后对全套设备进行程序控制清洗,保证设备无菌运转。

UHT 有直接加热杀菌法和间接加热杀菌法两种。直接加热法是用蒸汽或电阻管直接加热物料,传热效率高,间接加热法是加热介质通过热交换器进行加热。无论何种方式的 UHT 设备均必须保证物料瞬时超高温杀菌和加热后迅速冷却,以保证产品质量。

在直接加热法中,电阻加热杀菌也叫欧姆杀菌,是采用电极,将 50～60Hz 的低频交流电直接导入物料,因为产品本身介电性质使物料内部产生热量,从而达到杀菌目的,是对酸性和低酸性物料和带颗粒(粒径小于 25mm)物料进行连续杀菌的一种新技术。采用欧姆加热杀菌可获得比常规方法更快的加热速率,缩短加热杀菌时间,得到高品质产品。

相比而言,直接加热超高温瞬时杀菌设备常用的是蒸汽加热,已得到广泛使用,根据蒸汽加热器的不同,分为喷射式加热器和注入式加热器两类。

注入式的超高温瞬时杀菌设备原理是把物料注入过热蒸汽加热器中,由蒸汽瞬间加热到杀菌温度而完成杀菌过程。物料用废蒸汽预热到 75℃,再向物料注入温度约为 140℃的过热蒸汽。预热物料喷入过热蒸汽中瞬间加热到杀菌温度,热物料在压力作用下强制喷入闪蒸罐,因突然减压而急骤膨胀,使温度很快降至 75℃左右并蒸发水分,恢复至物料原有的水分。

蒸汽喷射式超高温瞬时杀菌设备是把蒸汽喷射到物料中,工作流程见图 7-7。原料由输送泵 1 从低温恒位槽中抽出,经第一预热器 2 进入第二预热器 3,在压力下由供液泵 4 抽出,到直接蒸汽喷射加热器 6,喷入压力为 1MPa 以上的高压蒸汽,使物料瞬间加热到 150℃。然后进入闪蒸罐 9,在低压下,物料水分闪蒸而消耗热量,物料被急速冷却。利用喷射冷凝器 18 冷凝蒸汽和由真空泵 21 抽去不凝气体使真空罐保持一定的真空度。排出的蒸汽一部分可用于第一预热器 2,预热物料。经灭菌的物料用无菌泵 11 送到无菌均质机 12,然后在无菌冷却器 13 中冷却到 10～15℃,直接送无菌包装机进行包装。为了保持产品的含水量不变,喷射入产品中的蒸汽量必须在闪蒸冷却时全部排净,这可以通过调节器控制喷射前产品的温度和闪蒸后产品的温度的差值来实现。

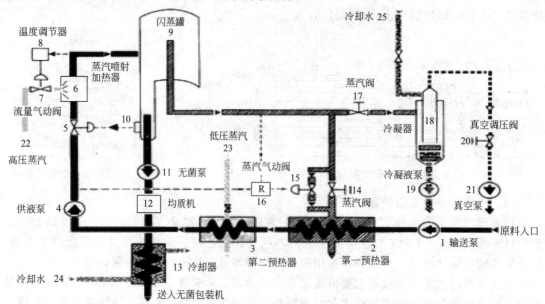

图 7-7 蒸汽直接喷射式杀菌装置流程图

间接式超高温杀菌设备根据热交换器形式有板式、刮板式和套管式等多种。板式换热器具有传热系数高、末端温差小、占地面积小、容易改变换热面积、重量轻、价格低、制作方便、容易清洗、热损失小、不易结垢等优点，缺点是单位长度的压力损失大、工作压力不宜过大、介质温度不宜过高、易堵塞等。刮板式热交换器带有机械刮板装置，可连续地刮掉传热面附近的物料，使传热系数提高，因此特别适合于对番茄酱等高黏流体、热敏性流体进行加热或冷却处理，其优点是拆装清洗方便，缺点是消耗功率较大。套管式换热器结构简单、传热面积增减自如、传热效能高、工作适应范围大，可以根据安装位置任意改变形态，利于安装。缺点是检修、清洗和拆卸都较麻烦，在可拆连接处容易造成泄漏。

2. 非热杀菌技术与设备

非热杀菌也称为冷杀菌是指在常温或小幅度升温条件下进行的杀菌，主要采取物理方法，有利于保持产品功能成分的生理活性、营养成分和色、香、味。目前国内外研发的冷杀菌技术有放射线杀菌、紫外线杀菌、超高压杀菌、脉冲电场杀菌、脉冲强光杀菌等。其中放射线杀菌和紫外线杀菌技术与设备已有较多应用，超高压杀菌和脉冲电场杀菌在我国应用报道较少，脉冲强光杀菌技术与设备正在研发之中。

（1）辐照杀菌技术与设备

辐射灭菌是利用一定剂量的波长极短的电磁波照射农产品（包括原材料），延迟某些生理过程（发芽和成熟）的发展，或对农产品进行杀虫、消毒、杀菌、防霉等处理，达到延长保藏时间，稳定产品质量的操作过程。可用于灭菌的电磁波有微波、紫外线、X-射线、电子射线（β-射线）和γ-射线等，但狭义上，辐照灭菌特指波长短、能量高的放射线灭菌。高能量的放射线能使直接作用于生物分子（如DNA），或氧化其他物质产生自由基再作用于生物分子，通过打断氢键使双键氧化破坏环状结构或使某些分子聚合等方式，破坏和改变生物大分子的结构，从而抑制或杀死微生物。辐射杀菌的目的不同，采用的辐射剂量也不同，完全杀菌的辐照剂量为25～50kGy，其目的是杀死除芽孢杆菌以外的所有微生物，可以达到商业无菌的要求；消毒杀菌的辐射剂量为1～10kGy，其目的是杀死产品中病原体和减少微生物污染，延长保藏期。总之，对于不同的微生物或保藏目的不同，需要控制不同的辐射剂量和电子能量。

辐照杀菌装置常用的主要有γ-射线辐照装置和电子加速器辐照器。γ-射线辐照装置以放射性同位素作辐射源，目前多采用^{60}Co，^{60}Co辐射源是呈球形状发射射线，其他方向的射线都被浪费，射线的利用率大约只有20%。电子加速器可以发射两种不同的粒子：电子束和X射线，其对被辐照物质的辐照效应是一样的，但电子转化成X射线的过程中有大量的功率被损耗。另外，电子加速器的射线方向只有一个，对射线的利用率高达93%以上。

由于γ-射线的穿透性强，适合于完整物料及各种包装物料的内部杀菌处理。电子射线的穿透力较弱，一般用于小包装食品或冷冻食品的杀菌，特别适用于对食品的表面杀菌处理。

辐射杀菌技术具有很多优点：杀死微生物效果显著，剂量可根据需要进行调节；和其他灭菌储存方法相比节省能源，仅为冷藏所消耗能源的6%；即使使用高剂量（大于10kGy）照射，农产品中总的化学变化也很微小；没有非食品物质残留；辐照处理过的农产品可以保持原有的特性。

辐照杀菌技术的缺点是经过杀菌剂量的照射，一般情况下酶不能被完全钝化；农产品所发生的化学变化从量上来讲虽然是微乎其微的，但一些敏感性强的产品和经高剂量照射的产品可能会发生不愉快的感官性质变化。在应用辐照杀菌时，注意采取防护措施。

（2）紫外线杀菌技术与设备

紫外线照射杀菌是使用紫外线光照射，使 DNA 分子中相邻的嘧啶形成嘧啶二聚体，破坏微生物中的核酸，抑制 DNA 复制与转录等功能，从而杀死微生物。

波长在 315～400nm 的紫外线，有附着色素及光化学作用，称为化学线。波长在 280～315nm 的紫外线有促进维生素 D 生成的作用，称为健康线。波长在 100～230nm 的紫外线能使空气中的氧气氧化成臭氧称为臭氧发生线（臭氧具有杀菌力，可用于果蔬清洗时的消毒）。而波长在 200～280nm 之间的紫外线具有杀菌作用，称为杀菌线。普通紫外灯照射灭菌时间长，尤其对霉菌达到灭菌效果的照射时间更长。灰尘或其他镀膜灯泡，可降低紫外线的输出，因此需要定期更换灯泡和清洗确保实效。

与加热杀菌和药剂杀菌相比，紫外线杀菌的优点为紫外线对所有细菌都有明显的杀菌效果，且几乎不会使被照射物发生什么有害的变化；不会使被紫外线照射的微生物产生耐性；使用方法简单经济；紫外线杀菌只限于照射过程中，无有害残存；紫外线对水和空气杀菌效率高；可在密闭的系统中杀菌。

紫外线杀菌的缺点是除水和空气外，对其他物质的杀菌只限于表面。另外，紫外线对人的眼睛和皮肤有害，因此要注意预防。工程上常把紫外线与 H_2O_2 配合应用，提高杀菌效果。

（3）超高压杀菌技术与设备

超高压（简称 UHP）杀菌技术是新型冷杀菌技术。与热力杀菌相比，压力杀菌有着明显的发展潜力，具有独特的优点：不经加热处理，使 UHP 处理的产品能保持原有的营养价值、色泽和天然风味，不产生异臭或毒性因子；压力能瞬时一致地向产品中心传递，被处理的原料所受压力的变化同步均匀；压力处理耗时少、循环周期短，且维持压力仅需要很少能量。蛋白质和淀粉类物质在高压处理时，其物性方面的变化与加热处理后的状态有很大的不同。

UHP 装置的性能及可靠性很大程度上决定了该技术的推广应用前景。目前，适用于工业生产规模的 UHP 设备已经问世。UHP 杀菌设备主要由 UHP 杀菌处理容器、加压装置及其辅助装置构成。食品的 UHP 杀菌处理要求数百兆帕的压力，因此采用特殊技术制造压力容器是关键。UHP 杀菌装置按加压方式分为内部加压式和外部加压式两类。直接加压方式的 UHP 杀菌装置中，UHP 容器与加压装置分离，用增压机产生 UHP 液体，然后通过 UHP 配管将 UHP 液体运至 UHP 容器，使物料受到 UHP 处理。间接加压式 UHP 杀菌装置中，UHP 容器与加压液压缸呈上下配置，在加压液压缸向上的冲程运动中，活塞将容器内的压力介质压缩产生 UHP，使物料受到 UHP 处理。按 UHP 容器的放置分有立式和卧式两种。立式 UHP 处理设备占地面积小，但物料的装卸需专门装置。卧式 UHP 处理设备物料的进出较为方便，但占地面积较大。

（4）高电压脉冲电场非热杀菌技术与设备

高电压脉冲电场（简称 PEF）非热杀菌技术是把物料作为电介质置于杀菌容器内，与容器绝缘的两个电极通以高压电，用产生的电脉冲进行杀菌。目前，对 PEF 杀菌的许多研究表明，细胞膜不可逆破损是使细胞失活的直接原因，杀菌的效果明显。关于细胞膜破损的机制有很多理论假说，主要是膜的介电击穿理论、电穿孔理论。

高压脉冲电场常用的脉冲波形主要有指数衰减波形和矩形波形。获得高压脉冲电场的方法：一种是利用特定的高频高压变压器来得到持续的高压脉冲电场；另一种是利用自动控制装置对 LC 振荡电路进行连续的充电与放电。杀菌用高压脉冲电场的强度一般为 15～

100kV/cm，脉冲频率为 1～100kHz，放电频率为 1～20Hz。由于脉冲之间的时间间隔比脉冲宽度长得多，满足电容的慢速充电和快速放电的特点。

PEF 技术是目前杀菌工艺中最为活跃的技术之一，高电压脉冲电场非热杀菌系统见图 7-8。该技术处理对象是液态或半固态物料，包括各种果蔬泥汁、饮料、酒类以及蛋液、牛乳、豆乳等各种天然和稍作加工的液态原料、各种酿造液态和半固态制品（如酸乳、酱油、醋等）以及各种酱类（如果酱、蛋黄酱、沙拉酱、豆酱、面酱）等。另外，鲜肉经过高压电场作用后，其鲜嫩度增加。

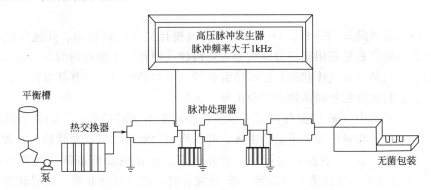

图 7-8　PEF 系统多个处理室灭菌实验装置流程图

高压脉冲电场杀菌因其非热加工特性，温升小，能满足某些产品的热敏性需要，产品品质较好。由于杀菌时间短（一般为 μs～ms 级），处理过程中的能耗很低，每吨液态产品灭菌耗电约为（0.5～2.0）kW/h，远远少于超声杀菌、微波杀菌及其他杀菌方法的能耗，因此，工业化的前景十分看好。这种技术的缺点是设备投入相对较高、处理量少。

（5）脉冲强光非热杀菌原理与设备

脉冲强光杀菌技术是利用极短时间内（数十至数百微秒）以光辐射形式释放出高强度的脉冲光能量（是到达地面太阳光强度的十万倍）杀灭食品和包装上各类微生物的技术。脉冲强光在照射物料时不会产生有害的副产物，工作时间短，高效节能，且对产品中的营养成分和口感几乎没有影响，能有效地保持品质，延长货架期。

脉冲强光对微生物有致死作用表现在三个方面：当每平方厘米面积上的峰值功率达到 10^3W 以上时，在物体表面或水中的微生物将被加热到 100℃ 以上，因时间极短，微生物无法正常降温，将导致细胞壁破裂、融解而死亡；脉冲光对微生物的蛋白质产生破坏作用，抑制或破坏酶的活性；核酸物质中的胸腺嘧啶、胞嘧啶之间将会发生光化学反应，使微生物核酸物质受损。

脉冲强光灭菌的光谱波长范围从紫外线（UV）一直延伸到近红外区，至少 70% 的电磁能量分配在 170～2600nm 波长范围内，使其表面能量密度在 0.01～50J/cm² 内。脉冲周期为 1μs～0.1s，典型的闪光闪动频率为每秒 1～20 次。大部分应用中，一秒钟内几次闪光，就能提供高效的微生物钝化效果，实验证明，单次 0.5～1J/cm² 闪光，可使 10/cm² 浓度的大肠杆菌 O157：H7、短小芽孢杆菌芽孢及黑曲霉分生孢子无一活存。

脉冲强光杀菌装置主要是由控制单元、动力单元、触发单元和处理单元组成，动力单元为氙气灯提供高压高电流的能量，触发氙气电离；通过储能电容在相对较长时间（百毫秒级）的充电后，在极短的时间内（数十到数百微秒级）放电，氙气以高强度光辐射的形式将所充电能转化并释放，这个放电过程即是一个光脉冲。

第二节 混合及其设备

混合是指两种或两种以上不同物质互相掺混，以达到一定均匀度要求的操作。根据相互掺混组分相态的不同，可将混合操作分为固-固混合、固-液混合、液-液混合、固-气或液-气混合。混合的目的可分两方面：首先是制备均匀的混合物料；其次，混合常作为吸附、浸出、溶解、结晶、离子交换等操作的辅助操作，以使物料之间有良好的接触，促进一定的物理过程或化学过程的进行，如加快传热和传质的过程、增加物料接触表面积以促进化学反应等。

混合一般都需借助外力进行。外力可来自机械搅拌浆、机械振动、高速气流、高速液流、超声波等。混合机是利用机械力和重力等将两种或两种以上物料均匀混合起来的机械设备。常用的混合机械分为气体和低黏度液体混合器、中高黏度液体和膏状物混合机械、热塑性物料混合机、粉状与粒状固体物料混合机械4大类。

在农产品加工业中，固-固混合常用于等级面粉和配合饲料的生产。固体和液体的混合可分为捏合（在粉体物料中加入适量的液体，制备均匀的塑性物料或膏状物料）和搅拌（液体物料中加入少量固体），在搅拌过程中，若固体溶于液体则得到溶液（如糖和盐的水溶液），若固体不完全溶于液体则得悬浮液。液-液混合时，若两组分互溶，则得到混合液，若两组分不相溶，则得乳化液。将部分气体充入固体或液态的食品中，是食品加工业特有的混合。

需要说明的是，对于农产品加工中常遇到的非均相固-液和液-液多相分散体系，混合物的均匀度不只要求分散相分布均匀，而且还要求分散相进一步微粒化。使悬浮液或乳化液体系中的分散相微粒化、均匀化的处理过程称为均质，它具有降低分散相尺度和提高分散相分布均匀性的作用。均质实质上也是一种混合，将在下一节中单独介绍。

一、液体混合及设备

1. 液体混合机理

液体搅拌混合的机理可分为对流混合、扩散混合和剪切混合。对流混合又可分为主体对流扩散和涡流扩散。

在搅拌罐内，通过搅拌器的旋转将机械能传递给周围的液体物料，产生一股高速液流，该股液流又去推动周围液体，最终逐步使全部液体在罐内流动起来，由此产生的全罐范围的混合称为主体对流扩散。当搅拌器产生的高速液流通过静止或运动速度较低的液体时，处于高速流体和低速流体分界面上的流体受到强烈的剪切作用，在分界面产生了大量漩涡。这些漩涡迅速向周围传递，把更多的液体夹带着加入宏观流动中，同时在局部范围内使液体快速而紊乱地对流运动，这种漩涡对流运动称为涡流扩散。

由于漩涡比分子的尺寸大得多，因此对流扩散无法达到分子水平上的完全均匀混合。由分子运动引起的局部范围内的物料扩散称为微观混合，也称为扩散混合。实际上在混合过程中有一个由对流混合到扩散混合的过渡，分散尺度大时以对流混合为主，分散尺度小时以扩散混合为主。低黏度液体的混合主要是对流混合和扩散混合。

对于高黏度液体，在混合过程中几乎没有湍流和涡流，故扩散混合作用很小，主要是剪切混合。在剪切作用下，物料被撕成越来越薄的料层，使某一种组合物料所独占的区域尺寸越来越小，达到混合均匀的目的。高黏度液体的剪切只能由运动的固体表面造成，而剪切速度取决于固体表面的相对运动速度及表面之间的距离，因此用于高黏性物料的搅拌机，搅拌器直径同容器内径几乎相等。

2. 搅拌机

搅拌机主要用于多相液态物料的混合，常用来处理较低黏度的液体混合，通常由搅拌装置、轴封和搅拌罐三部分组成。一个完整的搅拌系统一般包括：一个圆筒形容器，称为搅拌罐；一个机械搅拌器，又称叶轮；搅拌轴；测温装置；取样装置等。搅拌器一般装在中央，也有斜插、偏心安装或水平安装的。搅拌系统中最重要的部件是搅拌叶轮。

搅拌机的典型结构如图 7-9 所示。典型搅拌机还设有进、出口管路、夹套、人孔、温度计插孔及挡板等附件。

搅拌器是搅拌机上重要的零件，其功能是提供搅拌过程所需的能量和适宜的流型。由于搅拌目的各不相同，桨叶的结构和类型也各异。

按桨叶的结构特征分为桨式、涡轮式、推进式、锚式四大类（见图 7-10）。桨叶式一般有 2~6 个叶片，大多采用对称安装。桨叶式又可分为平叶式、折叶式和框式。

平叶式主要产生径向液流和切向液流。折叶式的桨叶与旋转方向成一夹角，主要产生轴向液流。框式的桨叶一般较多，强度也高，适用于浓度特别高的液体搅拌或容器直径较大的情况。典型的平桨直径与搅拌罐内径之比为 0.3~0.7，桨叶宽与桨叶直径之比为 0.1~0.3。搅拌轴转速一般在 20~150r/min。叶轮线速度一般小于 5m/s，通常为 1.5~2m/s。桨式搅拌器的剪切作用较小，主要适于低黏度液体。在固体的溶解、避免结晶或沉淀的操作

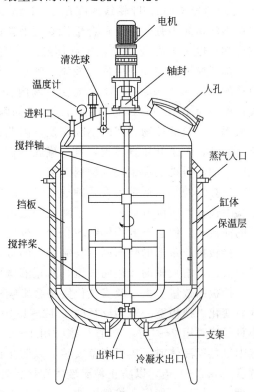

图 7-9　搅拌机结构简图

中，以及在淀粉糖浆和巧克力溶液的搅拌混合时常用这种搅拌器。

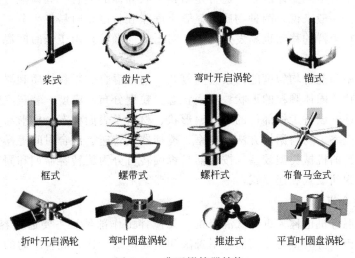

图 7-10　典型搅拌器结构

涡轮式由一个圆盘和四个以上叶片组成，叶片分垂直安装和倾斜安装。平叶涡轮式主要产生径向和周向液流，折叶涡轮式主要产生轴向液流。涡轮直径与搅拌罐内径的比为 0.2～0.5，涡轮线速度一般在 4～8m/s，明显高于桨叶式。涡轮式搅拌器能在较大范围内产生强烈的径向和切向流动，在叶片周围能够产生高度湍流的剪切效应。涡轮式搅拌器适合于不相溶液体的分散，气体的溶解、固体的溶解。

推进式由两三个螺旋叶片组成。叶轮直径与搅拌罐内径的比为 0.2～0.5，转速较高，为 100～500r/min，叶轮线速度在 3～15m/s。推进式搅拌器是典型的轴流式搅拌器，叶轮的排出液体能力强，主要适合于低黏度液体的混合，如低黏度糖液的制备、混合水溶液的强制冷却；也用于固-液混合液中固体悬浮、乳化及传热，同时防止结晶和沉淀等。

锚式搅拌器主要产生周向液流。叶轮直径高与搅拌罐内壁的间隙小，叶轮直径与搅拌罐内径的比为 0.7～0.95，叶片宽度与罐内径的比为 1：12，转速低，通常在 10～50r/min，线速度一般小于 3m/s，由于锚与罐内壁间隙小，在锚外缘处存在强烈的剪切作用，产生局部漩涡，引起液体物料间的不断交换，因此锚式搅拌器尤其适合带夹套的搅拌罐内液料的传热。另外，由于叶轮直径大，且与罐底贴近，故较适合于搅拌高浓度沉淀物料，能较好防止罐壁上的物料结晶和罐底的物料沉淀。

搅拌罐的结构通常为立式圆柱筒形，罐的底部一般采用椭圆形封头，便于流体流动和减小功率消耗。实际制造时，为了降低制造成本，常采用平底罐。由于圆锥形罐底容易形成液流的滞流区，使悬浮的固体颗粒积聚，故应避免采用圆锥形罐底。

挡板指长条形的竖向固定在罐壁上的板。设置挡板的目的是改变罐内液体的流型，减小周向液流，增大轴向和径向液流，防止液体形成漩涡，从而强化混合作用。

挡板的数量、大小及安装位置将会影响液流状态和搅拌功率，挡板的安装位置一般随黏度而变化。挡板宽一般为罐径的 1/12～1/10，高黏度时为 1/20。挡板的数量随罐径而变化，小直径罐时用 2～4 个，大直径罐时用 4～8 个。搅拌低黏度液体时，挡板紧贴内壁安装；搅拌中等黏度液体时，挡板离壁安装，以防止挡板背后形成滞留区，挡板离壁距离一般为挡板宽度的 0.2～1 倍，以防止黏滞液体在挡板处形成死区以及固体颗粒的堆积。当罐内有传热蛇管时，挡板一般安在蛇管内侧，挡板的上缘一般与液面平齐，下端伸到罐底部。

二、固体混合设备

农产品加工中所指的固体混合，通常是指粉末状固体的混合。固体混合时，重要的是防止发生分离现象。一般来说，两种物质有显著密度差和粒度差时易发生分离；混合器内存在速度梯度时，因粒子群的移动也易发生分离；对干燥的颗粒，由于长时间混合而带电，也易发生分离。

影响混合速率和混合均匀度的因素甚为复杂，与被混合的物料性质和混合设备及操作参数有关。具体包括：固体颗粒的形状、表面状态、粒度分布、密度、装载密度、含水量、休止角等；设备特性；设备工作部件的尺寸、形状、材料及表面状态、构形和间隙等；每批加料量、物料的填充率、物料添加方法和速率、搅拌器及转速、混合时间等操作参数。

用于固体混合的机械类型较多，按容器是否旋转可分为旋转容器型和固定容器型；按操作方式不同可分为间歇式和连续式。

1. 旋转容器型混合机

旋转容器型混合机也称为重力式混合机，无搅拌工作部件，主要通过容器的不断旋转，使容器内物料由于自身的重力作用而上下翻滚和侧向运动，达到混合均匀的目的。该类混合机的工作原理是以扩散混合为主，混合速度快，混合效果好，适于尺度小的高流动性及黏滞性粉料的混合。这类混合机可分为旋转筒式混合机、双锥混合机和双联混合机。

旋转筒式混合机的容器为圆筒型,有水平安装(见图 7-11)和倾斜安装(见图 7-12)两种。工作时,容器低速转动,物料沿筒内壁上升,到一定高度落下进行混合。混合机理主要是径向重力扩散混合,轴向混合作用很小。

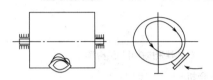 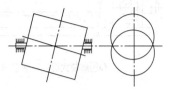

图 7-11 水平圆筒混合机   图 7-12 倾斜圆筒混合机

当容器转速过大时,固体颗粒在离心力作用下会紧贴圆筒内壁不落下,因此存在临界转速。为了获得好的混合效果,容器的转速要远离临界转速。水平安装时,物料的混合没有轴向扩散运动,因此,目前此类混合机的旋转筒均采用倾斜安装方式,增强了混合效果。旋转筒式混合机主要适于粒径小于 $150\mu m$ 的粉料的混合,不适于组分间粒度和密度比大于 1.5 倍的物料混合。适宜的装料系数为 0.3~0.5,转速为 40~100r/min。

双锥型(也称对锥式)混合机容器由两个对称的圆锥和一个圆筒组成(见图 7-13),一个圆锥为进料口;另一个为出料口。圆锥角呈 60°或 90°,取决于粉体物料的休止角。工作时,随容器翻滚,物料主要作径向的回转下落运动,由于流动断面的不断变化,可以产生良好的横流运动。双锥型混合机克服了水平旋转筒式混合机中物料沿水平方向运动的困难,混合速度较快,效果较好,机内无残留。在容器内增设搅拌叶片和挡板后,混合效果会更好,尤其是对物性差异大的物料。主要适宜粉体和颗粒料以及对混合要求较高的物料的混合,处理量大。适宜转速为 5~20r/min。

双联型混合机由两个倾斜筒构成 V 形(见图 7-14),夹角在 60°~90°之间。混合过程与双锥型类似,但由于容器相对于转轴不对称,随容器旋转,物料在容器内连续反复进行聚集与分散,同时颗粒间产生滑移、剪切,故混合效果要优于双锥混合机。考虑到结构的非对称性,为避免产生较大的离心惯性力,双联混合机的装料系数较小,一般为 0.1~0.3。转速较低,通常为 6~25r/min。两筒的夹角一般为 80°,对流动性差的物料,应取较小夹角。

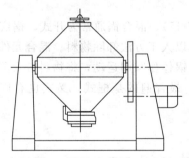 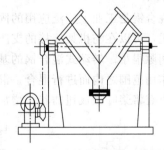

图 7-13 双锥型混合机示意图   图 7-14 双联型混合机示意图

2. 固定容器型混合机

固定容器型混合机也称为强制受力式混合机,该类混合机通过搅拌器旋转驱动物料,物料在容器内有确定的流动方向,混合机理以对流剪切混合为主。适宜物理性质及配比差别较大的物料混合,常用的有螺带式、圆锥行星式、单双转子式等。

螺带式混合机[见图 7-15(a)]是由 U 形长筒体容器、螺带搅拌叶片和传动部件组成。

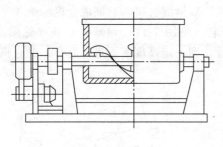
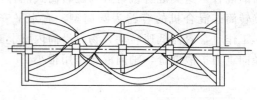

(a）螺带式混合机示意图   (b）螺带搅拌叶片结构简图

图 7-15　螺带式混合机

U 形容器结构保证了被混合物料（粉体、半流体）在筒体内的小阻力运动。螺带状叶片

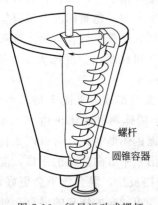

螺杆
圆锥容器

图 7-16　行星运动式螺杆
混合机示意图

[见图 7-15(b)] 一般做成双层或三层，正反旋转螺条安装于同一水平轴上，形成一个低动力的高效混合环境，外层螺旋将物料从两侧向中央汇集，内层螺旋将物料从中央向两侧输送，可使物料在流动中形成更多的涡流，加快了混合速度，提高混合均匀度。该设备一般用于黏性或有凝聚性的粉粒体的混合以及粉粒体中添加液体及糊状物料的混合。

立式行星式混合机是一种新型高效无死点混合搅拌设备，由圆锥形筒体、倾斜安装的混合螺旋、减速机构、电动机、进料口、排料口等组成。图 7-16 为行星运动式螺杆混合机示意图。搅拌器绕釜体轴线公转的同时，还以不同的转速绕自身轴线自转。自转使物料还沿绞龙螺旋面上升，公转使容器内的物料均有与搅拌器接触的机会。此外，设备内可安装刮壁刀，绕

釜体轴线转动，将粘在壁上的物料刮下，使其混合效果更为理想。该设备适用于多组分固-固、固-液、液-液物料的混合、反应、分散、溶解、调质等工艺。在农产品加工中，常用此设备混合乳粉、面粉、砂糖、咖喱粉等。

三、固液混合设备

1. 混合锅

混合锅是工业上广泛应用的固-液混合设备（见图 7-17）。混合锅通常为开式，锅底为半球形锅，可以在与机架连接的支座上升降，并装有手柄以人工方法卸除物料。混合元件与器壁的间隙很小。转动式混合锅的基本原理是由转盘带动锅体作圆周运动，将物料带入混合元件的作用范围之内而进行混合。混合元件（见图 7-18）最普遍的是框式，叉式也有广泛应用，也有将桨叶做成扭曲状，增加轴向运动。

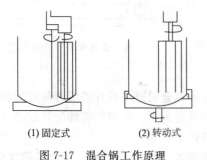

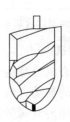

(1) 固定式　　　(2) 转动式

图 7-17　混合锅工作原理　　　　图 7-18　混合锅的几种混合元件形式

2. 捏和机

当固体和液体混合，形成黏度极高的浆体（如巧克力浆、蜂蜜等）或塑性固体（如面团）时，混合物的黏度很大，流动极为困难，桨叶搅拌产生的局部物料运动不能波及整个容器，因此利用对流和扩散不能达到混合均匀的目的，而是要以剪切为主。对于这类黏弹性较大的浆体状和塑性固体类的物料的混合需要用捏合机来完成。捏合机的桨叶产生剪切力，将物料拉延撕裂，同时物料受桨叶推挤作用而被压向邻近物料，如此反复达到物料混合均匀的目的。

捏合机必须给予物料一定的挤压力、剪切力、折叠力等作用，才能使物料混合均匀，因此，捏合机工作负荷较大，混合时间长，要求捏合机的叶片格外坚固，必须可以承受巨大的作用力，容器的壳体也因此具有足够的强度和刚度。捏合机主要由混合室、机座部分、搅拌装置、排料装置、加热装置、传动装置等组成。捏合机类型不同，结构会有不同程度的差别。捏合机可分为间歇式和连续式两大类。

双轴捏合机是常用的间歇式捏合机。图 7-19(a) 所示为一种典型的双轴捏合机，卧式容器内部装有两根平行的搅拌轴，一对互相配合旋转的桨叶能产生强烈剪切作用，两轴等速相向旋转时，物料受到桨叶的拉、压、揉、打等的综合作用，同时，物料在混合室的侧壁上翻，在混合室的中间下落，实现了物料的位置交换，如此重复交换位置。在重力和机械力的双重作用下，形成了均匀分散的体系。桨叶的结构见图 7-19(b)，SIGMA 双螺旋桨叶（Σ形）是最一般的形式，设计和制作比较规范和成熟，适用于精确分散和强力混合的物料，调和能力强，双拐的空白区可以进入大块的物料，有破碎作用，卸料和清洗方便，应用广泛；Z 形搅拌桨又称简单型搅拌桨，它形状简单，调和能力略低，但可产生较强的压缩剪切力，多用于细颗粒与黏滞物料的捏和；鱼尾形主要用于高黏度物料的简单混合。

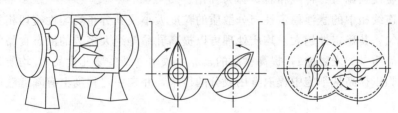

(a）间歇式双轴捏合机结构及捏合叶片运动示意图

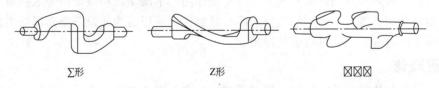

Σ形　　　　　　　　Z形　　　　　　　　鱼尾形

(b）捏合叶片的种类

图 7-19　间歇式双轴捏合机

常用的连续式捏合机有螺旋式和蜗杆式两种。

螺旋式捏合机（见图 7-20）与双螺杆挤出机结构相同，工作部件由内腔为∞字形的机筒和在腔内相向转动的螺杆组成。机筒可以加热和冷却以满足温度的要求。螺杆上的螺纹由不同的模式结合而成，分为进料段、混合段、输送段、均压段、混捏段，各部分的长度和作用可以根据不同的物料进行调整，以满足工艺的需要。螺杆的设计和组合通常针对最终产品，目的是在特殊区段使剪切强度可控，以及依靠在螺槽中对料流的反复细分、改变料流方向和螺槽中各层物料的互换加强分散混合的强度。与传统的挤出机相比，螺旋式捏合机可根据需要提供更长的物料停留时间，在连续输送物料的过程中确保物料剧烈、稳定和均匀地混合。

蜗杆式捏合机（见图 7-21）中蜗杆上开有缺口，形成纵向的通道，一般开设三条这样的通道，壳体上有均匀分布的齿与蜗杆上的螺旋翅片啮合。工作时，物料从加料孔加入到混合室中，随着蜗杆的回转，物料一方面在蜗杆的搅动下进行混合；另一方面，还在蜗杆的螺旋翅片与壳体的齿之间受到挤压剪切作用，在这两个力的作用下，物料沿蜗杆缺口处的纵向通道做切向运动，使捏合效果更好。另外，物料在离心力的作用下，被抛向混合室内壁，再在重力的作用下，降回到搅拌桨的中心，接着又受到两个力的作用，做切向运动被抛起，如此循环，使物料螺旋状的不停运动，从而达到混合均匀的目的。

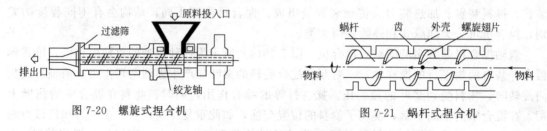

图 7-20　螺旋式捏合机　　　　　　　　图 7-21　蜗杆式捏合机

第三节　均质及其设备

均质也称匀浆，是使悬浮液或乳化液体系中的分散物质微粒化、均匀化的处理过程。通常凡以液相为连续相，强调固相和可能共存的其他液相为分散质者，称为均质；凡以液相为连续相，分散质仅强调另一种液相者，称为乳化。

分散质在连续相中的悬浮稳定性与分散质的粒度大小及其分布均匀性密切相关，粒度越小、分布越均匀，其稳定性越大。均质处理可以提高乳品等绝大多数的液态食品的悬浮稳定性，改善感官品质（如麦乳精），提高食品的营养吸收率（某些婴儿食品），均质处理还可用于破碎生物细胞以提高从细胞中提取有用成分的得率，并在一定程度上有降低液体食品原始含菌量的效果。

均质是通过具有均质功能的设备（如高压均质机、胶体磨、超声波乳化器、高速搅拌器等）对物料进行处理实现的。这些设备产生均质作用的本质是使料液中的分散物质（包括固体颗粒、液滴和细胞等）受剪切作用而破碎。目前广泛使用的均质设备是高压均质机和胶体磨，在许多生产过程中二者可以替代使用。

一、均质理论

目前，关于均质的理论有三种，即剪切理论、空穴理论和撞击理论。不同设备产生的均质作用往往是这几种效应共同作用的结果，只是不同的设备中各种效应所起的作用有所差异。

① 剪切与湍流效应：高速流动的流体本身会对流体内的粒子或液滴产生强大的剪切作用。高速流动能产生剧烈的微湍流，而在湍流的边缘会出现大的局部速度梯度，处于这种局部速度梯度下的粒子或液滴会因受剪而微粒化。

② 爆破（空穴）作用：在受高速旋转体作用或流动中突然出现压降的场合下，流体会产生空穴小泡，这些小泡破裂时会在流体中释放出很强的冲击波。如果这种冲击波发生在粒子附近，就会造成粒子的破裂。超声波振动时会产生类似的空穴效应。

③ 撞击作用：当脂肪球以高速度冲击均质阀时，使脂肪球破碎。

二、均质设备

按使用的能量类型和机构的特点，均质机可分为旋转式和压力式两大类。旋转型均质设备由转子或转子/定子系统构成，它们直接将机械能传递给受处理的介质。胶体磨是典型的旋转式均质设备。此外，搅拌机、乳化磨也属于旋转型均质设备。压力式均质设备首先使液体介质获得高压能，这种高压能的液体在通过设备的均质机构时，压能转化为动能，从而获得流体力的作用。最为典型的压力型均质设备是高压均质机，这是所有均质设备中应用最广的一种。此外，超声波乳化器也是一种压力型的均质设备。

1. 高压均质机

高压均质机是目前在食品工业中用得最多的均质设备，其主体是由高压泵、均质头（含均质阀）、调节装置和传动机构组成。该设备将料液压力提高到一定程度后，使料液在极高的压差作用下，瞬间高速通过狭窄的缝隙，以此过程中形成的冲击、剪切与空穴作用完成均质操作，如图 7-22 所示。

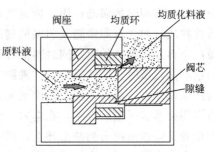

图 7-22 料液在均质阀中的均质化

高压均质机运行中应避免中途断料现象出现，否则会出现不稳定的高压冲击载荷，使均质设备受到很大的损伤。正位移泵的吸程有限，因此进料前必须有一定的正压头，才不致出现断料现象。所需的进料压头大小取决于产品的类型和高压均质机的大小。此外，料液夹有过多空气也会引起同样的冲击载荷效应，因此有些产品均质以前先要进行脱气处理。

高压均质机主体是由高压泵和均质头两大部分组成。

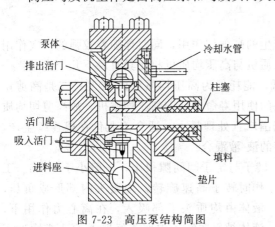

图 7-23 高压泵结构简图

高压泵由进料座、吸入活门、排出活门、柱塞等组成（见图 7-23），由曲轴等速旋转通过连杆滑块带动产生往复式运动，使料液产生高压能量。工作时，当柱塞向右运动时，腔容积增大，压力降低，液体顶开吸入阀门进入泵腔，完成吸料过程。当柱塞向左运动时，腔容积逐渐减小，压力增加，关闭吸料阀门，打开排料阀门，将腔液体排出，完成排料过程。显然，这样的设备排料量变化大、不均匀，是无法用于生产的。为弥补这一缺陷，高压均质机所用的高压泵为三柱塞往复泵，各单泵的运动互差 120°，有三个泵腔，每个泵腔配有吸入活门和排出活门各一个，共六个活门，使高压均质机的进料均匀。

均质头是高压均质机的重要部件。通常均质头由壳体、均质阀、压力调节装置和密封装置等构成，其中均质阀主要由阀座、阀杆（阀芯）和冲击环（也称均质环）构成（见图 7-24）。

工作时，料液流体以 200～300m/s 的流速通过均质阀中不超过 100pm 的缝隙，产生巨大的速度梯度，形成强烈的挤压和剪切作用。挤压使脂肪球在缝隙处被延展，同时因液流高

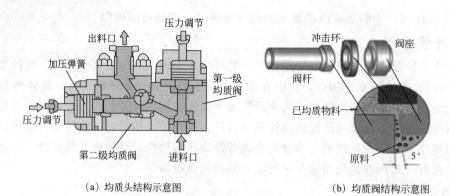

（a）均质头结构示意图　　　　　　　　　（b）均质阀结构示意图

图 7-24　料液在均质头中的均质化过程示意图

速通过均质阀时的涡动作用，使延展部分被剪切为更细小的脂肪球微粒。液流中存在着表面活性物质（如含有卵磷脂及胆碱的磷脂），围绕在更细小的脂肪球微粒外层形成一种使这些微粒不再互相黏合的膜。同时料液在缝隙中产生巨大的压降，当压力降低到工作温度下液料的饱和蒸汽压时，液体就开始"沸腾"而迅速汽化，内部产生大量气泡，含有大量微气泡的液滴从缝隙出口流出，随着流速的迅速降低，压力升高。当压力升至一定值后，微气泡因压力作用突然破灭重新凝结，在空穴、湍流和剪切力的共同作用下被破碎成微粒。被破碎的微粒接着又强烈地撞击到冲击环上，进一步粉碎和分散，最后以一定的压力流出。

　　有些产品经过一次均质处理还达不到要求的，就需要对物料进行重复均质，或者采用双级均质阀进行处理。使用双级均质阀进行处理时，一般将所需总均质压力的 10％～15％ 分配给第二级均质阀。进行牛奶均质时，第一级的压力控制在 20～25MPa，主要起破碎脂肪球作用，第二级控制在 3.5MPa 左右，主要起分散脂肪球作用，并为第一级提供背压，起控制第一级的破碎程度的作用。

2. 高剪切均质机

　　高剪切均质机利用定转子之间高速运动产生的高剪切作用，同时伴随着较强的空穴作用对物料颗粒进行分散、细化、均质。高剪切均质机与高压均质机相比具有以下几个优点：一是高剪切均质机用高剪切力均质，工作压力低，能耗仅为高压均质机的 50％；二是高剪切均质机材质要求没有高压均质机高，并且零件的使用寿命要高于高压均质机，故高剪切均质机的制造成本低；三是高剪切均质机的适用范围广且处理量大，适合工业化在线连续生产，也可用于含有短纤维类液体的均质或互不相溶的液-液混合。

　　图 7-25 为高剪切均质机的工作原理简图。转子与定子间间隙很小，一般小于 1mm。工作时转子高速旋转，均质头内部形成负压，液体由均质头下部吸入，在离心力作用下，液体被甩向转子内壁，经壁上的孔或槽进入缝隙处，液体在缝隙里受到强烈剪切、撞击研磨作用，使物料能在瞬间被破碎细化，最后液体经定子上的孔或槽射出。对物料的均质的主要是剪切作用。

3. 胶体磨

　　胶体磨属于转子-定子式均质设备，由一可高速旋转的磨盘（转动件）与一固定的磨

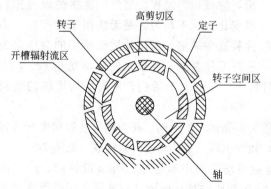

图 7-25　高剪切均质机工作原理简图

面（固定件）所组成。两表面间有可调节的微小间隙，物料就在此间隙中通过。胶体磨除上述主件外，还有机壳、机架和传动装置等。

物料通过间隙时，由于转动件高速旋转，附于旋转面上的物料速度最大，而附于固定面上的物料速度为零，其间产生较高的速度梯度，透过定、转齿之间的间隙（间隙可调）时受到强大的剪切力、摩擦力、高频振动、高速旋涡等物理作用，使物料被有效地乳化、分散、均质和粉碎，达到物料超细粉碎及乳化的效果。

胶体磨按主轴的方向分为卧式和立式。卧式胶体磨固定磨与转动磨之间的间隙通常为 $50\sim150\mu m$，依靠转动磨的水平位移来调节。料液在重力作用下经旋转中心处流入，经过两磨面的间隙后，由磨盘外侧排出（见图7-26）。转动磨的转速范围为3000～15000r/min。这种胶体磨适用于黏性较低的物料。对于黏度较高的物料，可采用立式胶体磨，转速范围在3000～10000r/min之间。由于磨面成水平方向转动，因此卸料和清洗都方便。为了控制料温在均质时不过度升高，用冷却水对胶体磨进行冷却。胶体磨外壳通常是通冷水的夹层。

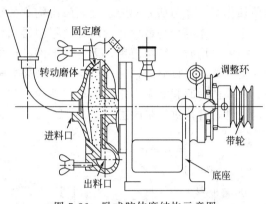

图7-26　卧式胶体磨结构示意图

胶体磨的研磨均质效果常因空气的进入而降低，并会使料液产生泡沫。将磨面做成齿沟形状，并使料液以一定的正压（如700kPa）状态进料则可缓和这种不良现象。

相对于压力式均质机，胶体磨的优点是结构简单，设备保养维护方便，适用于较高黏度物料以及较大颗粒的物料。它的主要缺点是：由于物料作离心运动，对于不同黏性的物料其流量变化很大，同样的设备，在处理黏稠物料和稀薄流体时，流量可相差10倍以上；由于转、定子和物料间高速摩擦，易产生较大的热量，使被处理物料变性；第三，表面较易磨损，而磨损后，细化效果会显著下降。

经过胶体磨处理后的分散相粒度最低可达$1\sim2\mu m$。均质机与胶体磨有时可以通用，但一般只有所用均质压强大于21MPa的产品才适合用胶体磨进行处理。也就是说，胶体磨通常适用于处理较黏稠的物料。值得指出的是，胶体磨的能量水平小于均质机，因此即使是黏稠物料，也并非都适用胶体磨进行处理。

4. 超声波乳化器

超声波使液体产生均质作用的主要原因是它可引起空穴效应。高能的超声波在流体中传播时，会使流体周期性地受到拉伸和压缩两种作用，从而使流体中存在的小泡发生膨胀和收缩。在高频振动的作用下，小泡便发生破裂，从而释放出能量。适用于液体食品乳化均质用的均为机械系统超声波发生器（见图7-27）。在均质管腔内有一楔形薄弹簧片，于波节处被

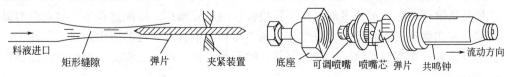

(a)机械式超声波发生器工作原理示意图　　　　　(b)机械式超声波发生器结构

图7-27　机械式超声波发生器原理及其结构

固定夹住,当料液在 0.4～1.0MPa 的泵压下经喷嘴高速射到簧片上时,簧片便发生频率为 18～30MHz 的振动,这种超声波立即传给料液,在舌簧片的附近造成空穴作用,料液被均质化。超声波产生的能量虽然较低,但是使乳化液或悬浮液的分散相碎化分散。

5. 喷射式均质器

喷射式均质器的结构如图 7-28 所示,其工作原理是:具有一定压强的气体(过热蒸气或压缩空气,250～270℃)通过扩散管时压强降低,速度加快,压能转化为动能,这种动能传递到扩散管缩径口引入的待均质料液,使其获得与工作气体速度相当的运动速度,料液受到剪切作用,并与前方的固定金属障碍物(如筛网)发生撞击作用,从而获得均质效果。料液与工作气体混合物最后在旋风分离器中得到分离。

喷射式均质机结构简单,无运动部件,操作和维修容易,可用于各种物料的均质。但由于料液和蒸汽直接混合,往往会给产品带来异味,如果使用空气,造成大量泡沫,并且对水果、蔬菜植物原料等有一定坚度和弹性的细胞组织的均质一定困难。因此,实际应用还有较多局限性,有待进一步改进。

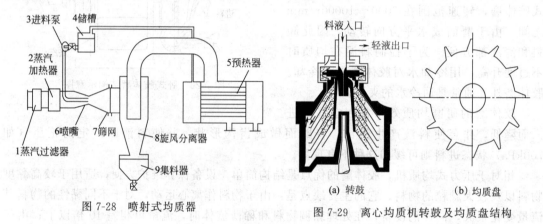

图 7-28 喷射式均质器

图 7-29 离心均质机转鼓及均质盘结构

(a) 转鼓   (b) 均质盘

6. 离心式均质机

离心式均质机的结构与碟式分离机(见第四章第三节)基本相同,只是低密度相出口区安装了一个特殊圆盘,主要用于牛乳均质。由于它还有离心去杂质的作用,因此也称为净化均质机。

图 7-29(a) 所示为离心均质机转鼓的内部结构。由转鼓中心进入的料液,在高速旋转的分离碟片区,获得很大的离心力,密度大的物料成分(包含杂质)趋向鼓壁,密度中等的物料顺上方管道排出,密度小的脂肪类被导入上室,上室有一块带尖齿的均质盘 [见图 7-29(b)],使物料以很高的速度围绕该盘旋转并与其产生剧烈的相对运动,产生局部漩涡,引起脂肪球破裂而达到均质的目的。均质盘直径和齿数多少与脂肪球破碎程度和功率消耗有关。

第四节 浓缩及其设备

浓缩是从溶液中除去部分溶剂提高干物质含量的单元操作。浓缩过程中,溶剂借对流扩散作用到达液相物料表面后除去。浓缩在农副产品加工中有着广泛的应用,目的是除去产品中的大部分水分,提高制品浓度,减少包装、贮藏和运输费用;或作为干燥以及结晶操作的预处理过程。

由于农产品物料具有热敏性、腐蚀性、黏稠性、可结垢性、易产生泡沫、含有风味易挥发组分等特点，农副产品在浓缩过程中发生的变化对产品品质有较大的影响，主要表现在食品成分的变化、黏稠性的增加、容易出现结晶、风味的形成与挥发等多个方面。因此，在选择浓缩方法时应该充分考虑原料品质的稳定性。

一、浓缩原理

浓缩方法从原理上讲分为平衡浓缩和非平衡浓缩两种。

平衡浓缩是利用两相在分配上的某种差异而获得溶质和溶剂分离的方法。蒸发浓缩和冷冻浓缩属于这种方法，都是通过热量的传递来完成的。其中蒸发浓缩是利用溶剂和溶质挥发度的差异，从而获得一个有利的汽-液两相平衡条件，达到分离的目的。在实践上是利用加入热能使部分溶剂汽化，并将此汽化的溶剂从余下的被浓缩溶液中分离出去。冷冻浓缩是利用有利的液-固平衡条件。冷冻浓缩时，部分水分因放热而结冰，而后用机械方法将浓缩液与冰晶分离。不论蒸发浓缩中的汽-液两相，还是冷冻浓缩固-液两相，两相都是直接接触的，故称为平衡浓缩。

另外，结晶操作与冷冻浓缩操作虽然都是利用固-液平衡条件的操作，但它们的不同点是分离的目的不同。结晶是使溶质呈结晶状从溶液中析出的单元操作，也是溶质和溶剂均匀混合物的部分分离过程，因此结晶的操作原理与冷冻浓缩也不相同。在一定的条件下，结晶实现的是溶质从溶液中析出，而冷冻浓缩是在另一条件下实现溶剂从溶液中成冰晶析出。

非平衡浓缩是利用固体半透膜来分离溶质与溶剂的过程，两相被膜隔开，在不同推动力的作用下，有选择地让某些分子通过半透膜，使溶液中的不同成分分离，这种分离不靠两相的直接接触，故称为非平衡浓缩。利用半透膜不但可以分离溶质和溶剂，还可以分离各种不同大小的溶质，膜浓缩过程是通过压力差或电位差来完成的。

工业生产中多采用以平衡浓缩原理为主的设备，常用的浓缩法有蒸发法、沉淀法、吸附法、超过滤法、减压蒸馏法（真空浓缩）、冷冻浓缩法、离心浓缩法等。

二、蒸发浓缩设备

蒸发浓缩是使用最广泛的浓缩方法。用加入热能的方法使溶剂汽化，并将汽化时所产生的二次蒸汽不断排除，从而使制品的浓度不断提高，直至达到浓度要求。

蒸发浓缩设备由蒸发器（具有加热界面和蒸发表面）、冷凝器和抽气泵等部分组成。由于各种溶液的性质不同，蒸发要求的条件差别很大，因此蒸发浓缩设备的形式很多，不同分类方式如下。

① 根据二次蒸汽被利用的次数分类：分为单效浓缩装置、多单效浓缩装置、带有热泵的浓缩装置。

② 根据料液在设备内的流程分类：单程式、循环式（自然循环与强制循环）。

③ 根据加热器结构分类：盘管式浓缩器、中央循环管式浓缩器、升膜式浓缩器、降膜式浓缩器、片式浓缩器、刮板式浓缩器、外加热式浓缩器。

④ 按蒸发面上的压力可以分成常压浓缩和真空浓缩两大类型。

为了提高浓缩产品的质量，广泛采用真空浓缩。一般在 18～8kPa 的低压状态下，以蒸汽间接加热料液，料液在低温下沸腾蒸发，由于加热所用蒸汽与沸腾液料的温差大，在相同传热条件下，真空浓缩比常压浓缩时的蒸发速率高，可减少液料营养的损失。

真空蒸发由于溶液沸点低具备多项优点：传热温差增大可相应地减小蒸发器的传热面积；可以蒸发不耐高温的溶液，特别适用于农产品生产中的热敏性料液的浓缩；可以利用低压蒸汽或废蒸汽作加热剂；操作温度低，热损失较少；对料液起加热杀菌作用，有利于食品保藏。但真空浓缩也存在一些不足之处，由于须有抽真空系统，从而增加附属机械设备及动力；蒸发潜热随沸点降低而增大，所以热量消耗大。

1. 单效浓缩

单效浓缩是指将二次蒸汽不再利用而直接送到冷凝器冷凝以除去的蒸发操作，根据加热器结构可分为升膜式、降膜式、中央循环管式、刮板式、盘管式等类型。

（1）单效升膜式浓缩设备

单效升膜式浓缩设备属外加热式自然循环的液膜式浓缩设备，主要由加热器、分离器、雾沫捕集器、水力喷射器、循环管等部分组成。加热器为一垂直竖立的长形容器，内有许多垂直长管（见图 7-30）。加热管一般用直径为 30～50mm 的管子，其长径比为 100～300，一般长管式的管长为 6～8m，短管式的管长 3～4m。料液由加热管底部进入，加热蒸汽在管外将热量传给管内料液。管内料液的加热与蒸发分三部分：在最底部，管内完全充满料液，热量主要依靠对流传递；在中间部，开始产生蒸汽泡，使料液产生上升力；在最高部，由于膨胀的二次蒸发而产生强的上升力，料液呈薄膜状在管内上行，在管顶部呈喷雾状，以较高速度进入汽液分离器，在离心力作用下与二次蒸汽分离，二次蒸汽从分离器顶部排出。

升膜式蒸发器的优点是：管内的静液面较低，因而由静压头而产生的沸点升高很小；蒸发时间短，仅几秒到十余秒，适用于热敏性溶液的浓缩；高速的二次蒸汽（常压时为 20～30m/s，减压时 80～200m/s）具有良好的破沫作用，故尤其适用于易起泡沫的料液。缺点是二次蒸汽在管内高速上升，将料液贴在管内壁拉成薄膜状，薄膜料液的上升必须克服其重力与管壁的摩擦阻力，因此，升膜式蒸发器不适用于黏度较大的溶液，在农产品加工工业中主要用于果汁及乳制品的浓缩。

（2）单效降膜式浓缩设备

单效降膜式蒸发器结构如图 7-31 所示，料液自蒸发器顶部加入，二次蒸汽与浓缩液一般并流而下，料液沿管内壁下流时因受二次蒸汽的作用使之呈膜状。由于加热蒸汽与料液的温差较大，所以传热效果好。汽液进入蒸发室后进行分离，二次蒸汽由顶部排出，浓缩液则由底部抽出。

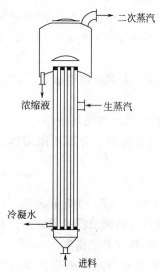

图 7-30 单效升膜式蒸发器
结构示意图

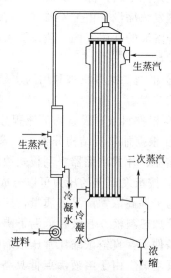

图 7-31 单效降膜式蒸发器
结构示意图

　　降膜式浓缩设备也属于自然循环的液膜式浓缩设备。为了使料液能均匀分布于各管道，在管的顶部或管内安装有料液分布器，其结构形式有锯齿式、导流棒式、旋液导流式、筛板或喷嘴等多种。

　　降膜式浓缩设备同样具有传热效率高和受热时间短的特点，适用于果汁及乳制品生产。由于属于单程式浓缩设备，利用液膜重力作为降膜，故能蒸发黏度较大的物料，物料的受热时间仅为 2min 左右，故适合于热敏性物料的浓缩。物料在加热管表面形成膜状，传热系数高，并可避免泡沫的形成，受热均匀；冷却水消耗量减少，但生蒸汽的稳定压力需要较高；每根加热管上端进口处，虽安有分配器，但由于液位的变化，影响薄膜的形成及厚度的变化，甚至会使加热管内表面暴露而结焦；二次蒸汽作热源可能夹带微量的料液液滴，加热管外表面易生成污垢，影响传热；加热管长度较长，若结焦后清洗极为困难，不适合于高浓度或黏稠性物料的浓缩；在生产过程中，不能随意中断生产，否则易结垢或结焦。

　　（3）中央循环管式浓缩器

　　中央循环管式浓缩器（见图 7-32）是单效真空浓缩设备，由一台蒸发浓缩锅、冷凝器及抽真空装置组合而成。它的加热室由管径为 25～75mm，长度为 1～2m（长径之比为 20～40）的直立管束组成，在管束中央安装一根较粗的管子。操作时，管束内单位体积溶液的受热面积大于粗管内的，即前者受热好，溶液汽化的多，因此细管内的溶液含汽量多，致使密度比粗管内溶液的要小，这种密度差促使溶液做沿粗管下降而沿细管上升的循环运动，所以粗管除称为中央循环管外还称为降液管，细管称为加热管或沸腾管。为了促使溶液有良好的循环，设计时取中央循环管截面积为加热管束总截面积的 40％～100％。

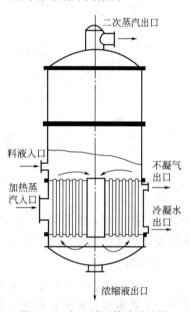

图 7-32　中央循环管式浓缩器

　　中央循环管式浓缩器是从水平加热室及蛇管加热室蒸发器发展而来。相对于这些老式蒸发器而言，它具有溶液循环好、传热速率快等优点，同时由于结构紧凑、制造方便，应用十分广泛，有"标准蒸发器"之称。但由于溶液不断循环，使加热管内溶液始终接近完成液的浓度，故有溶液黏度大、沸点高等缺点。此外，蒸发器的加热室不易清洗。中央循环管式蒸发器适用于蒸发结垢不严重、有少量结晶析出和腐蚀性较小的溶液。这种蒸发器的传热面积可高达数百平方米，传热系数约为 600～3000W/(m² · ℃)。目前多用于果酱、果汁及炼乳等生产中。

　　（4）刮板式薄膜蒸发器

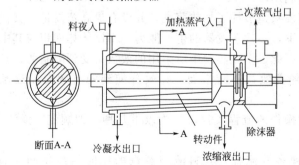

图 7-33　旋转刮板式薄膜蒸发器

　　刮板式薄膜蒸发器，是一种通过旋转刮板强制将料液刮成薄膜，在真空条件下进行降膜蒸发的新型高效蒸发器，主要由转轴、料液分配盘、刮板、轴承、轴封、蒸发筒和加热夹套等组成（见图 7-33）。料液由料液入口沿切线方向进入蒸发器内，或经器内固定在旋转轴上的料液分配盘，将料液均布于有加热夹套加热的蒸发筒内壁四周。由于重力和离心力的作用，料液在内壁形成螺旋下降或上升的薄膜或螺旋向前的薄膜，并受热蒸发，浓缩液和二次蒸汽由各自的出口排出。合适的刮板线速度是保证蒸发器稳定可靠运行及蒸发效果的重要参数之一。蒸发筒身的内径及长度由蒸发面积及适宜的长径比确定。

（5）盘管式浓缩设备

盘管式浓缩设备也称为盘管式浓缩锅，如图 7-34 所示。它由上下锅体、加热盘管、气水分离器及各种控制仪表所组成。盘管式浓缩设备的主体为立式圆柱体，罐体上部空间为蒸发室，下部装有 3～5 组加热盘管，分层排列，各组盘管分别装有蒸汽进口及冷凝水出口，对管间的料液进行加热使其沸腾蒸发。工作时，料液分批入锅内进行浓缩，二次蒸汽由上部排入汽液分离室，成品由锅底卸出。

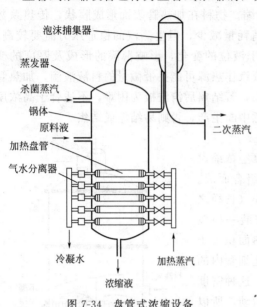

图 7-34　盘管式浓缩设备

盘管式浓缩器由于管段较短，盘管中的温度也较均匀，冷凝水能及时排除，传热利用率较高，一般蒸发量为 1200L/h 的浓缩设备其实际蒸发量可达 1500L/h。结构简单，制造方便，操作稳定，易于控制；可任意开启多排盘管中的某几排的加热蒸汽，并调整蒸汽压力的高低，以满足生产或操作的需要；浓缩液在锅内混合均匀，在制造高浓度的产品时不会结垢，故特别适用于黏稠性物料的浓缩。缺点是该设备间歇出料，浓缩液的受热时间较长，在一定程度上对产品质量有所影响，另外，设备体积较大，清洗比较困难，尤其是结焦后清洗更为麻烦。

2. 多效浓缩

为了降低蒸汽的消耗量，充分利用二次蒸汽的热量来完成单效蒸发达不到的浓缩程度，可采用多效蒸发。实施多效蒸发的条件是各效蒸发器中加热蒸汽的温度或压强要高于该效蒸发器中的二次蒸汽的温度和压力，才能使引入的加热蒸汽起到加热作用。由几个蒸发器相连接，以生蒸汽加热的蒸发器为第一效，利用第一效产生的二次蒸汽加热的蒸发器为第二效，依此类推，这种装有多个蒸发器及附属装置的浓缩设备，称为多效浓缩设备。根据生产情况，有时在多效蒸汽流程中，将某一效的二次蒸汽引出一部分用作预热蒸发器的进料或其他与蒸发无关的加热过程，其余部分仍进入下一效作为加热蒸汽，这种中间抽出的二次蒸汽，称为额外蒸汽，这种方法能够提高热能的利用率。

由于蒸发量与传热量成正比，多效蒸发只是节约了加热蒸汽，并没有提高蒸发量，其代价则是设备投资增加。在相同的操作条件下，多效蒸发器的生产能力并不比传热面积与其中一个效相等的单效蒸发器的生产能力大。因此，多效蒸发中所采用的效数是受到限制的，其原因是：蒸发器有效传热温差有极限，随着效数不断增加，每效分配到的有效温差逐渐减小。

根据原料加入方法的不同，多效蒸发操作的流程大致可分为以下几种，即顺流、逆流、平流、混流等。

顺流又称并流，是工业上常用的一种多效流程，其料液与蒸汽的流向始终相同，如图 7-35 所示。这种流程的优点是溶液在各效间的流动不需要用泵来输送；其次，由于前一效溶液的沸点比后一效高，因此当前一效料液进入后一效时，呈过热状态而立即蒸发，产生更多的二次蒸汽，增加了蒸发器的蒸发量。这种流程的缺点是料液的浓度依效序递增，而加热蒸汽的温度依效序递减，故当溶液黏度增加较大时，使传热总系数减小，而影响蒸发器的传热速率，给末效蒸发增加了困难，但它对浓缩热敏性产品有利。

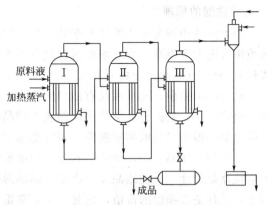

逆流的流程是料液和蒸汽流动的方向相反，即料液由最后一效进入，依次用泵送入前效，最后的浓缩液由第一效放出。而蒸汽仍为由第一效依次至末效。这种流程的优点

图 7-35　顺流多效蒸发流程

是溶液浓度升高时，溶液的温度也增高，因此各效黏度相差不大，可提高传热系数，改善循环条件。但须注意高温加热面上浓溶液的局部过热有引起结焦和营养物质破坏的危险。其缺点是效间料液流动使用泵，能量消耗增大。与顺流相比，水分蒸发量稍减，热量消耗比顺流多。另外，料液在高温操作的蒸发器内的停留时间较顺流为长，不利于热敏性产品。通常逆流法适用于溶液黏度随着浓度的增高而剧烈增加的溶液。

平流的流程是各效都加入料液和放出浓缩液，蒸汽的流向仍由第一效至末效依次流动。此法只用于在蒸发操作进行的同时有晶体析出的场合，如食盐溶液的浓缩。这种方法对结晶操作较易控制，并省掉了黏稠晶体悬浮液的效间泵送。

混流是蒸发时顺流和逆流并用，有些效间用顺流，有些效间用逆流。此法适用于黏度极高的料液，特别是在料液黏度随浓度而显著增加的情况。

三、冷冻浓缩设备

冷冻浓缩是将稀溶液中作为溶剂的水冻结并分离冰晶，从而减少溶剂使溶液浓度增加。冷冻浓缩方法对热敏性产品的浓缩特别有利，同时可避免芳香物质因加热所造成的挥发损失。

理论上，冷冻浓缩操作可继续进行直至到达最低共晶点 E（见图 7-36），但实际上，多数液体农产品原料没有明显的最低共晶点，而且在此点远未到达之前，浓缩液的黏度已经变得很高，此时就不可能将冰晶与浓缩液分开。可见冷冻浓缩在实际应用中是有限度的。冷冻浓缩不仅受到溶液浓度的限制，而且还取决于冰晶与浓缩液的分离程度，同时浓缩过程中会造成不可避免的损失，且成本较高。

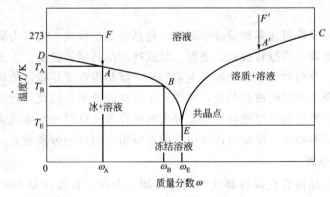

图 7-36　简单的双组分相图

1. 冷冻浓缩的原理

当水溶液中所含溶质浓度低于共熔浓度时，水（溶剂）便部分成冰晶析出，剩余溶液的溶质浓度则大大提高。冷冻浓缩过程包括三个步骤：结晶（冰晶的形成）、重结晶（冰晶的成长）、分离（冰晶与液相分开）。

在冷冻浓缩中，要求冰晶有适当的大小，冰晶的大小不仅影响结晶成本，而且影响此后的分离成本。一般而言，结晶操作的成本随晶体尺寸的增大而增加。分离操作所需的费用以及因冰晶夹带所引起的溶质损失，一般都随冰晶体尺寸的减小而大幅度增加。因此，必须确定一个合理的冰晶大小，使结晶和分离的成本降低，溶质损失减少，这个合理的冰晶大小称为最优冰晶尺寸。最优冰晶尺寸决定于结晶形式、结晶条件、分离器形式和浓缩液的价值等因素，尤其是浓缩液的价值，它是一个非常重要的因素。浓缩液的价值越高，要求溶质损失越少，这就要求有较大的晶体。

在工业上，冷冻浓缩过程的结晶有两种形式：一种是在管式、板式、转鼓式以及带式设备中进行的，称为层状结晶；另一种发生在搅拌的冰晶悬浮液中，称为悬浮冻结。这两种结晶形式在晶体成长上有显著的差别。

层状冻结也称为规则冻结，是晶层依次沉积在先前由同一溶液所形成的晶层上，是一种单向的冻结，冰晶长成针状或棒状，带有垂直于冷却面的不规则断面，相对较易于分离。悬浮冻结是在受搅拌的冰晶悬浮液中进行的，是一种不断排除在母液中悬浮的自由小冰晶，使母液浓度增加而实现浓缩的方法。由于结晶热一般不可能均匀地从整个悬浮液中除去，所以总存在着过冷度大于溶液主体过冷度的局部，在这些局部冷点处，晶核形成比溶液主体快得多而晶体成长要慢一些，所形成的冰晶体粒度小而多。产生的晶体粒度与溶液浓度、溶液主体过冷度、晶体在结晶器内停留时间等因素有关。在悬浮冻结过程中，晶核形成速率与溶质浓度成正比，并与溶液主体过冷度的平方成正比。因此，提高搅拌速度，使料液的浓度和温度均匀化，减少局部过冷点的数目，对控制晶核形成过多是有利的。在悬浮冻结操作中，可将小晶体悬浮液与大晶体悬浮液混合在一起，由于主体温度高于小晶体的平衡温度，小晶体溶解，相反大晶体则会长大。因此，工业悬浮冻结操作经常适当延长晶体在结晶器内停留时间，促使消耗小晶核而使大晶体长大，便于分离。

2. 冷冻浓缩系统的构成

冷冻浓缩操作包括了结晶和分离两个部分，因此冷冻浓缩系统主要也由结晶设备和分离设备两部分构成。如图 7-37 所示为单级冷冻浓缩的基本工艺流程，原料液与冰晶洗涤液一起在热交换器中预冷，在结晶罐中冷却结晶，浓缩液自下出口排出，冰晶则送入洗涤塔洗涤。

冷冻浓缩的结晶操作可在多种设备中进行，包括管式、板式、搅拌夹套式、刮板式等热交换器以及真空结晶器、内冷转鼓式结晶器、带式冷却结晶器等设备。为了使所形成的冰晶长大且不混有溶质，分离时又不致使冰晶夹带溶质，结晶操作要尽量避免局部过冷。

冷冻浓缩在工业上应用的成功与否，关键在于分离的效果，因此，分离操作要很好加以控制。分离的机理主要是悬液过滤的原理，分离的操作方式可以是间歇式或连续式。分离设备有压滤机、过滤式离心机、洗涤塔以及由这些设备组合而成的分离装置。

3. 冷冻浓缩的结晶装置

冷冻浓缩用的结晶器有直接冷却式和间接冷却式两种。直接冷却式可利用水分部分蒸发，也可利用辅助冷媒（如丁烷）蒸发。间接冷却式是利用间壁将冷媒与被加工料液隔开的

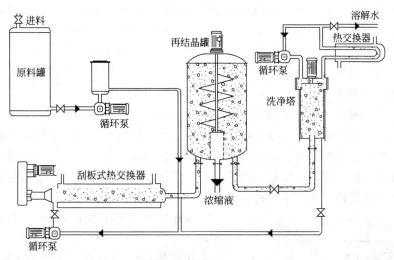

图 7-37 单级冷冻浓缩的基本工艺流程

方法。在实际应用中，根据不同的物料性质及生产要求采用不同的设备，按制冷方式还可分为内冷式和外冷式两类。

(1) 直接冷却式真空冻结器

在这种冻结器中，溶液在绝对压强 266Pa (2mmHg) 下沸腾，液温为 $-3℃$。直接冷却法的优点是不必设置冷却面，但缺点是蒸发掉的部分芳香物质将随同蒸汽或惰性气体一起逸出而损失。直接冷却式真空结晶器所产生的低温水蒸气必须不断排除。为减小能耗，可将水蒸气从 266Pa 压缩至 931Pa (7mmHg)，以提高其温度，并利用冰晶作为冷却剂来冷凝这些水蒸气。这种冻结器若与适当的吸收器组合起来，可以显著减少芳香物质的损失。

(2) 内冷式结晶器

内冷式结晶器可分两种：一种是产生固化或近于固化悬浮液的结晶器；另一种是产生可泵送的浆液结晶器。

第一种结晶器的结晶原理属于层状冻结。由于预期厚度晶层的固化，晶层可在原地进行洗涤或作为整个板晶或片晶移出后在别处加以分离。此法的优点是，因为部分固化，所以即使稀溶液也可浓缩到 40％以上，此法还具有洗涤简单、方便的优点。

第二种结晶器是采用结晶操作和分离操作分开的方法。它是由一个大型内冷却不锈钢转鼓和一个料槽所组成，转鼓在料槽中转动，固化晶层由刮刀除去。因冰晶很细，故冰晶和浓缩液分离很困难，此法工业上常用于橙汁的生产。

冷冻浓缩采用的大多数内冷式结晶器都是属于第二种结晶器，即产生可以泵送的悬浮液。在比较典型的设备中，晶体悬浮液停留时间只有几分钟。由于停留时间短，故晶体粒度小，一般小于 $50\mu m$。作为内冷式结晶器，刮板式换热器是第二种结晶器的典型运用之一。

(3) 外冷式结晶器

外冷式结晶器有以下三种主要形式。

第一种外冷式结晶器要求料液先经过外部冷却器作过冷处理，然后此过冷而不含晶体的料液在结晶器内将"冷量"放出。使用这种形式的设备，可以制止结晶器内的局部过冷现象。

第二种外冷式结晶器的特点是全部悬浮液在结晶器和换热器之间进行再循环。晶体在换热器中的停留时间比在结晶器中短，故晶体主要是在结晶器内长大。

第三种外冷式结晶器是在外部热交换中生成亚临界晶体，部分不含晶体的料液在结晶器与换热器之间进行再循环。因热流大，故晶核形成非常剧烈，而且由于浆料在换热器中停留时间短，通常只有几秒钟时间，故所产生的晶体极小。当其进入结晶器后，即与结晶器内大晶体的悬浮液均匀混合，在器内的停留时间至少有半小时，故小晶体溶解并供大晶体成长。

4. 冷冻浓缩的分离设备

冷冻浓缩的分离设备有压榨机、过滤式离心机和洗涤塔等，适用范围不同。

通常采用的压榨机有水力活塞式压榨机和螺旋式压榨机。采用压榨法时，溶质损失决定于被压榨冰饼中夹带的溶液量。冰饼经压缩后，夹带的液体被紧紧地吸住，以致不能采用洗涤方法将其洗净。但压强高、压缩时间长时，可降低溶液的吸留量。由于残留液量高，考虑到溶质损失率，压榨机只适用于浓缩比接近于1的场合。

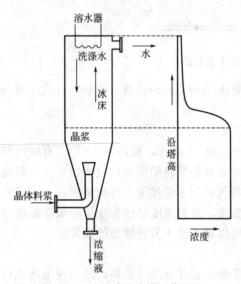

图 7-38 连续式洗涤塔工作流程

采用过滤式离心机时，所得冰饼的空隙率为0.4~0.7。球形晶体冰饼的空隙率最低，而树枝状晶体冰饼的空隙率高。在离心力场中，部分空隙是干空的，冰残液饼中残液以两种形式被吸留。一种是晶体和晶体之间，因黏性力和毛细力而吸住液体；另一种是因黏着力使液体黏附于晶体表面。采用离心机的方法，也可以用洗涤水或用将冰溶化后的水来洗涤冰饼，因此分离效果比压榨法好，但洗涤水会稀释浓缩液。溶质损失率决定于晶体的大小和液体的黏度，即使采用冰饼洗涤，仍可高达10%。采用离心机有一个严重的缺点，就是挥发性芳香物的损失。这是因为液体因旋转而被甩出来时，要与大量空气密切接触的缘故。

洗涤塔有几种形式，主要区别在于晶体被迫沿塔移动的推动力的不同。按推动力的不同，洗涤塔可分为浮床式（见图 7-38）、螺旋推送式和活塞推送式三种形式。在洗涤塔内，分离比较完全，而且没有稀释现象。因为操作时完全密闭且无顶部空隙，故可完全避免芳香物质的损失。洗涤塔的分离原理主要是利用纯冰熔解的水分来排出冰晶间残留的浓液，方法可用连续法或间歇法。

四、其他浓缩方法

1. 闪蒸器法

真空闪蒸器，包括结晶罐、循环管、分配管、强制循环泵等，其工作原理见图 7-39。进料口在循环管上，由于进液温度比结晶罐内混合液温度要高，通常为150℃左右，因此料液会直接快速上升至分配器，在辅助真空设备条件下分离器的压力可保持≤0.09MPa，在此条件下溶液的沸点在50℃以下，溢出分配器锥体的液相会快速汽化，在汽化与循环推力的双重作用下物料会呈喷泉状涌出，在连续运行过程中，溶液中水分蒸发减少，高浓度溶液在重力的作用下沉降，经过一定时间后可打开出料口阀门进行排料。正常情况下可进行连续操作，边进料边出料。

闪蒸法具有热效率高、速度快、可调节性能好、适用范围广等特点，但是不受控制的快速蒸发会导致"沸腾液体扩展蒸气爆炸"（BLEVE，液体急剧沸腾产生大量过热而引发的一种爆炸式沸腾现象)。

喷雾干燥有时被视为一种闪蒸,然而,尽管它也是一种液体的蒸发,但与闪蒸浓缩完全不同。在喷雾干燥中,浆液喷入高温干燥的空气首先雾化成非常小的液滴,然后悬浮在热气体中被快速干燥,液体迅速蒸发留下的干粉或干固体颗粒。

2. 超滤和反渗透法

用选择性渗透膜进行低温分离和浓缩的技术在农产品加工中的应用日益广泛,这些应用在很大程度上取决于膜的性质,如水渗透率、溶质及大分子截留率和膜的使用寿命。超滤和反渗透的原理已经在第四章中有介绍。这两种方法都是基于非平衡浓缩原理,分离溶质和溶剂而进行浓缩。

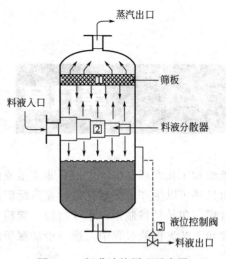

图 7-39 闪蒸浓缩原理示意图

超滤的滤孔孔径在大概 $0.001 \sim 0.1 \mu m$,可以分离蛋白质、胶体、细菌等。属于物理性的分离,需要的操作压力是 0.1MPa 左右。可以用于水的净化、海水淡化的前处理、蛋白和果汁的浓缩等。反渗透所用的设备主要是中空纤维式或卷式的膜分离设备,操作压力为 $2 \sim 10$MPa。反渗透通常使用非对称膜和复合膜,能截留水中的各种无机离子、胶体物质和大分子溶质,从而取得净制的水,同样可用于大分子有机物溶液的预浓缩。由于反渗透过程简单,近年来得到迅速发展,已开始用于乳品、果汁的浓缩以及生化和生物制剂的分离和浓缩方面。

第八章 粮油加工

粮油加工在农产品加工中占有非常重要的地位，它不但可以将粮油作物转化为人类的食品，而且还可以生产许多在其他行业广泛应用的非食用产品。本章通过介绍基本的粮油加工工艺过程，包括稻谷制米、小麦制粉、淀粉生产、植物油制取等，使读者在了解粮油加工基本原理和工艺流程的过程中，进一步加深所涉及的单元操作和相关设备的认识和理解。

第一节 稻谷制米

作为主要粮食作物，稻谷的种植面积占全世界谷物种植面积的五分之一。我国稻谷的种植面积约占粮食作物总面积的四分之一，产量居世界首位。稻谷多数是以米的形式消费，全国约三分之二的人口以大米为主食，本节主要介绍将稻谷制成白米的基本原理和工艺流程。

一、概述

稻谷籽粒由颖（稻壳）和颖果（糙米）两部分组成。稻谷颖壳包括外颖、内颖、护颖和颖尖（芒）四部分。外颖比内颖略长和大；内、外颖沿边缘卷起成钩状，互相钩合包裹着糙米，构成完全封闭的稻壳。颖的表面生有针状或钩状茸毛，茸毛的疏密和长短因品种而异。一般籼稻的茸毛稀而短，散生于颖面上。粳稻的茸毛多，密集于棱上，且从基部到顶部逐渐增多，顶部的茸毛也比基部的长。因此，粳稻表面一般比籼稻粗糙。外颖顶端的芒给稻谷加工带来一定的麻烦，容易使机器堵塞。

稻谷制米过程中的砻谷是指剥下俗称为稻壳的颖。剥去稻壳的颖果称为糙米，它由皮层、胚乳和胚三部分组成。胚乳与胚被皮层紧密地包裹着。胚乳占颖果的绝大部分，胚所在的一侧称为颖果的腹部，胚的对面一侧称为背部。胚位于腹部下端，胚与胚乳连接不很紧密，在碾米时容易脱落。颖果的皮层包括果皮、种皮、珠心层（又称外胚乳）和糊粉层，这四部分总称为糠层。在碾米时，被碾下的糠层和胚称为米糠，去皮的颖果则称为大米。

稻谷的表面性状，即稻谷表面的粗糙或光滑程度，对稻谷加工的工艺效果有直接影响。表面毛糙的稻谷，脱壳和谷糙分离都比较容易。粳稻谷表面茸毛密而长，较粗糙，摩擦因数大；籼稻谷表面茸毛稀而短，较平整、摩擦因数小。因此，粳稻谷的谷糙分离要比籼稻谷的谷糙分离容易。在表面粗糙度的差异上：粳稻谷大于籼稻谷，籼稻谷大于糙米。

将稻谷加工成大米的方法有两种：一种是将稻谷直接碾成白米，即所谓的"稻出白"；另一种是先将稻谷剥去颖壳得到糙米，然后将糙米碾成白米，即所谓的"糙出白"。"稻出白"工艺设备简单，投资少，适应品种不同的谷物加工，副产品可直接作为饲料，在农村得到广泛应用。"糙出白"工艺设备投资大，但出米率高、碎米率低，多在大型米厂广泛使用。下面以"糙出白"工艺为例，介绍稻谷制米的基本原理、方法和相应的机械设备。

二、砻谷及砻下物分离

"糙出白"工艺的第一步是由净谷得到净糙，即砻谷，所使用的机械称为砻谷机。由于砻谷机性能的限制，稻谷经过砻谷机一次脱壳后，不能全部成为糙米，所以从砻谷机得到的产品（称为砻下物）是糙米、稻壳和稻谷的混合物。砻谷及砻下物分离是稻谷制米过程中的重要步骤，与成品米质量、出米率和成本有密切的关系，其工艺效果直接影响后续工艺的效果。

1. 砻谷的基本原理和方法

根据稻谷脱壳时的受力状况和脱壳方式，砻谷的方法可分为挤压搓撕脱壳、端压搓撕脱壳和撞击脱壳三种。

挤压搓撕脱壳是指稻谷两侧受两个不同速度运动工作面的挤压和搓撕作用而脱去颖壳的方法。如图8-1所示，谷粒两侧分别与两个工作面紧密接触，由于两工作面的运动速度不同，谷粒在受到挤压力的同时还受到一对方向相反的摩擦力作用。挤压力和摩擦力的共同作用，对谷粒产生了搓撕效果。当搓撕作用力大于谷粒颖壳的强度时，颖壳被撕裂而脱离糙米，从而达到脱壳的目的。

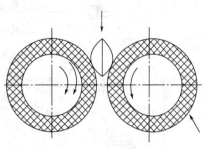

图 8-1　挤压搓撕脱壳示意图

端压搓撕脱壳是指谷粒两端受两个不等速运动工作面的挤压和搓撕作用而脱去颖壳的方法。如图8-2所示，稻谷横躺在上、下两个粗糙工作面之间的下工作面上，下工作面高速运动时，谷粒受到运动工作面对其产生的摩擦力以及谷粒运动所产生的惯性力作用，这两个力形成的力偶使谷粒斜立起来。当斜立谷粒的顶端与静止的上工作面接触时，谷粒两端同时受到动、静工作面对其施加的压力和方向相反摩擦力的共同作用，当这种综合作用力大于谷粒颖壳的结合强度时，颖壳就会被搓裂而脱落。沙盘砻谷机是典型的端压搓撕脱壳设备。

撞击脱壳是指高速运动的谷粒与固定的工作面撞击而脱去颖壳的方法。如图8-3所示，借助于机械作用力加速的稻谷籽粒，以一定的角度射向静止的粗糙工作面。在撞击的瞬间，谷粒的一端同时受到冲击力和摩擦力的作用，当这一作用力大于谷粒颖壳的结合强度时，颖壳被破坏而脱落。离心砻谷机是典型的撞击脱壳设备，但由于脱壳率低、糙碎率高，目前已经很少使用。

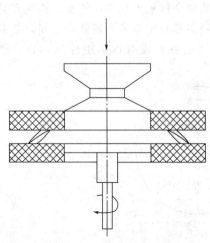

图 8-2　端压搓撕脱壳示意图

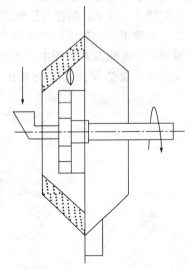

图 8-3　撞击脱壳示意图

2. 砻谷机

（1）胶辊砻谷机

用于砻谷的机械称为砻谷机。胶辊砻谷机由于具有脱壳率高、糙碎率低、产量大等优点，是目前应用最为广泛的砻谷设备。本书由于篇幅所限，只介绍胶辊砻谷机。

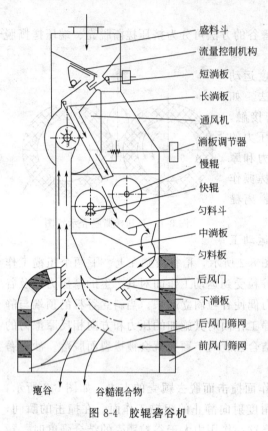

盛料斗
流量控制机构
短淌板
长淌板
通风机
淌板调节器
慢辊
快辊
匀料斗
中淌板
匀料板
后风门
下淌板
后风门筛网
前风门筛网

瘪谷　　谷糙混合物

图 8-4　胶辊砻谷机

胶辊砻谷机的构造如图 8-4 所示，稻谷由料斗经喂料装置进入胶辊间进行脱壳，脱壳后的物料流到稻壳分离区，稻壳被风吹走，瘪谷及谷糙混合物分别落入各自的出口。排出的谷糙混合物经谷糙分离设备将未脱壳的稻谷分出后重新进入砻谷机。

砻谷机喂料装置的作用主要是控制物料的流量并使稻谷其长轴向下按厚度方向均匀地进入两胶辊之间。喂料装置有淌板和喂料辊两种。喂料装置除导流作用外，还有为稻谷加速的作用。一般要求稻谷进入轧距的速度接近慢辊线速度，以提高砻谷机的生产率。

脱壳装置是砻谷机最主要的工作部件，为一对并列的富有弹性且做相向不等速转动的橡胶辊。谷粒进入两辊之间的工作区后，两侧受到来自胶辊的挤压力和摩擦力的作用，这种作用使稻壳破裂并与糙米分离，从而达到砻谷的目的。不同品质和品种的稻谷脱壳需要的压力是不同的，两辊间的压力需根据要求调节。根据辊间压力调节装置的不同，胶辊砻谷机可以分为手轮紧辊砻谷机、压砣紧辊砻谷机、液压紧辊砻谷机和气压紧辊砻谷机。

（2）脱壳过程分析及脱壳装置主要参数的选择

如图 8-5 所示，稻谷与胶辊表面开始接触的两个触点称为入轧点，入轧点到胶辊中心的连线与两胶辊中心连线的夹角称为入轧角。离开胶辊时的两个接触点称为终轧点，终轧点到胶辊中心的连线与两胶辊中心连线的夹角称为终轧角。稻谷靠自重落入两辊轧距之间，要完成脱壳作业就必须使两辊的轧距小于谷粒的厚度。若把稻谷看成对称的刚性几何体，则

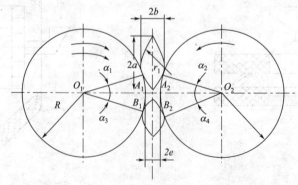

图 8-5　稻谷入轧分析

$\alpha_1=\alpha_2=\alpha$。谷粒与胶辊表面接触点之间摩擦力的合力，试图将谷粒拉入胶辊的轧距间。为了保证稻谷能进入轧距，必须使入轧角 α 小于稻谷与胶辊的摩擦角 φ。

$$\alpha=\cos^{-1}[1-(b-e)/(R+r_1)] \tag{8-1}$$

式中，R 为胶辊半径；$2b$ 为谷粒厚度；$2e$ 为轧距（两辊间沿中心点连线辊面间的距离）；r_1 为谷粒大弧半径，$r_1=(a^2+b^2)/2b$，$2a$ 为谷粒长度。

因而，胶辊的最小半径为 $\quad R_{\min}>[b-e-r_1(1-\cos\varphi)]/(1-\cos\varphi) \tag{8-2}$

从式（8-1）可知，胶辊的半径 R 越大，入轧角 α 越小，稻谷越容易进入轧距。一般胶辊的半径远大于 $R_{\min}$。

当稻谷靠自重落入两个以不同速度相向转动的辊筒之间并与两个辊筒接触时，由于稻谷本身的速度小于两辊线速度的垂直分量，稻谷受到的摩擦力都指向下方，两胶辊都带动谷粒向下运动，谷粒只受到挤压力和摩擦力的作用而无搓撕效应。当谷粒速度与慢辊线速度的垂直分量相等时，慢辊对谷粒的摩擦力阻止其加速，此时稻谷两侧受到的摩擦力方向相反，产生搓撕效应。随着谷粒继续前进，它受到辊筒施加的压力和摩擦力不断增加，当搓撕效应大于谷粒颖壳的强度时，颖壳被撕裂。由于颖壳和颖果（糙米）之间的摩擦系数小于颖壳与胶辊之间的摩擦系数，颖果两侧的颖壳便随快、慢辊继续一同运动，产生相对位移，从而使颖壳与糙米分离。从上述稻谷在两辊间脱壳的过程分析可以看出，用于稻谷脱壳的两辊必须有速度差，当两棍等速运转时，稻谷是无法脱壳的。

（3）砻谷工艺效果评定

砻谷工艺效果主要用脱壳率、糙碎率、产量和胶耗等指标进行评定。为了提高砻谷的工艺效果，应尽量保持米粒完整以及较高和稳定的脱壳率，以利于产量的提高，同时还必须减少胶辊的消耗，以利于降低加工成本。

脱壳率是指稻谷经砻谷机一次脱壳后，已脱壳稻谷占进机可脱壳稻谷的质量百分比。

糙碎率是指砻下谷糙混合物中含碎糙米的质量占已脱壳粮粒（包括整糙米和碎糙米）质量的百分比（不足整米平均长度 2/3 的糙米视为碎米）。

产量是指砻谷机单位时间内加工成糙米的稻谷数量。

胶耗是指砻谷机每加工 100kg 净谷所耗胶辊的橡胶质量。

（4）影响砻谷工艺效果的主要因素

稻谷的品质、砻谷机的工作参数、物料流量等都会对砻谷的工艺效果产生影响。

稻谷品质（包括籽粒强度、水分、饱满程度）直接影响砻谷机的工艺效果。籽粒饱满、水含量低、强度高的稻谷、容易脱壳、糙碎少，产量高而且胶耗低。长粒型稻谷在其他条件相同的情况下更容易产生较高的糙碎率。

在流量和线速比不变的情况下，辊间压力或轧距直接影响脱壳率、糙碎率、产量和胶耗。辊间压力增大，谷粒所受的挤压力则大，相应的摩擦力也增大；同时，滚筒的工作区也增长，所以脱壳率增加，但碎米率和功率消耗也随之增加。反之，轧距过大，达不到足够的撕搓效果，会带来脱壳率降低、单位产量的胶耗增加等问题。

胶辊的线速与线速差对砻谷工艺效果也会产生影响。辊筒线速度与砻谷机产量密切相关。线速高，单位时间内通过工作区的谷粒数量就多。但线速度过高，橡胶辊筒由于单位时间内的工作次数增加，温升较高从而增大了胶耗。另外，线速度过高也容易引起设备的剧烈振动，既影响生产的稳定性又增加糙碎。线速度过低，则影响产量。线速度差是稻谷脱壳的必要条件之一，其大小直接影响脱壳率的高低。增加线速差是提高脱壳率的有效措施。但过高的线速差，一方面由于搓撕作用过强使碎米增加；另一方面由于稻谷外壳与胶辊相对位移增大，摩擦作用加强，使得胶辊的温度升高胶耗加快，所以线速差必须掌握适当。一般取 $2.0\sim3.2\mathrm{m/s}$。

搓撕长度指谷粒通过胶辊工作区时，快辊超前慢辊的弧长，它决定稻谷两侧颖壳相对位移的大小。搓撕长度小于谷粒长度一半时，脱壳率低，大于谷粒长度时，颖壳完全分开，脱壳率不能再提高。

在轧距和压力一定的条件下，加大流量增加了一粒以上的稻谷重叠进入工作区的机会。这样虽然稻谷所受到的挤压力增大，但搓撕作用却减小了，所以脱壳率下降，碎米反而增加。在生产中，流量的大小应根据稻谷的品质及其他因素决定。对于容易脱壳的稻谷，其流量可大些，反之应小些。

橡胶辊筒胶面的硬度和弹性对砻谷工艺效果也有影响。硬度低、弹性好的胶辊，在一定的操作条件下，稻谷在工作区内所受的挤压力小，不易损伤米粒。但硬度过低，作用在谷粒上的挤压力则过小，相应地降低了搓撕作用，所以脱壳率就低。同时，硬度低的胶面，摩擦发热后，易发软而磨损，因此使用寿命也短。反之，若胶辊硬度过大弹性差，胶面受压不易变形，在同样的操作条件下，稻谷所受到的挤压力较大，产生的碎米相应增多。同时，稻谷与胶面的接触面积减少，两者之间的摩擦力也随之减弱，导致脱壳率降低。此外，过硬的橡胶韧性差，也不耐磨。由此可见，胶辊硬度过低和过高，对砻谷效果及胶耗均有不利的影响。适宜的胶辊硬度应根据稻谷的工艺品质和车间的室温而定。

3. 砻下物分离

从砻谷机得到的产品称为砻下物，它是糙米、稻壳和稻谷的混合物。砻下物分离就是将砻下物中的稻壳、糙米以及没有脱壳的稻谷分离开来，以便它们各自进入不同的下道工序。

稻壳分离是从砻下物中分离出稻壳。稻壳的悬浮速度与稻谷、糙米有较大差别。因此，可用风选法将稻壳分离出来。此外，稻壳与稻谷、糙米的密度、容重、摩擦系数等有较大的差异，利用这些差异，可先使砻下物自动分级，然后再与风选相结合，有利于提高效率，降低能耗。相应的机械设备请参阅第三章中相关内容。

谷糙分离就是利用稻谷和糙米的粒度、比重、摩擦系数、悬浮速度、弹性等物理特性的差异，借助于谷糙混合物在运动中的自动分级，采用适宜的机械运动形式和装置将稻谷和糙米进行分离和分选。相应的机械设备请参阅第三章中相关内容。

谷糙分离设备工艺效果的评定应从其分离出来的净糙米和回砻谷的质量和数量两方面进行综合评定。常用的评定指标包括糙米纯度、选糙率、回砻谷纯度和稻谷提取率。

糙米纯度通常用糙米含谷量表示。糙米含谷量是指谷糙分离设备一次分离后选出的净糙中含稻谷的质量百分比。因为糙米中含谷的数量极少，通常用每千克糙米含稻谷的颗粒数表示。含稻谷一般小于 40 粒/kg。

选糙率指单位时间内选出的糙米质量与进机物料中糙米质量的百分比。回砻谷纯度指回砻谷中含糙米质量的百分比。一般规定回砻谷中含糙量不超过 10%。稻谷提取率指单位时间内提取的稻谷质量与进机物料中稻谷质量的百分比。

三、碾米

1. 碾米的基本原理和方法

碾米的基本方法可分为化学碾米和机械碾米两种。

化学碾米是先用溶剂对糙米皮层进行处理，然后再用碾米机对糙米进行碾白。在碾制过程中不断向米粒喷洒米糠油/正己烷混合液，最终得到的产品有白米、米糠油和可供食用的脱脂米糠。化学碾米碎米少、出米率高、米质好，但投资大、成本高，溶剂来源、损耗、残留等问题不易解决，因而一直未推广。除上述方法外，化学碾米还可利用纤维素酶分解糙米皮层，不经碾制即可使糙米皮层脱落而制得白米。

机械碾米是目前普遍使用的碾米方法，该方法是利用机械设备产生的作用力对糙米进行碾白，所使用的机械称为碾米机。机械碾米按其作用力的特性可分为擦离式、碾削式和混合式三种。根据主轴位置的不同，则可分为立式和卧式。

擦离碾白利用糙米粒与碾白室构件之间、糙米粒之间相对运动所产生的摩擦力，使糙米皮层沿胚乳表面擦离脱落，同时保持米粒的完整。擦离碾白得到的成品表面光洁、精度均匀、色泽较好，碾下的米糠含淀粉少，但擦离碾白压力大，容易产生碎米。擦离碾白适用于表面柔软、塑性好的糙米粒。当糙米粒表皮干硬、塑性差时，擦离碾白工艺效果较差。

碾削碾白借助高速旋转的金刚砂辊筒表面密集而坚硬锐利的金刚砂粒对糙米皮层不断施加的碾削作用，使糙米皮层破裂、脱落，达到碾白的目的。碾削碾白压力小，产生碎米较少，适宜于碾制籽粒结构强度较差，表皮干硬的粉质米粒。碾削碾白碾出的米糠片较小，米糠中含淀粉较多，成品米易出现精度不均匀现象，表面光洁度较差，米色暗而无光。

以上两种碾白方式仅是根据碾米过程中对去皮起主要作用的因素进行区分的。实际上，擦离和碾削这两种作用存在于任何一种碾米机中，差别只在于哪种方式为主而已。

2. 碾米机械

碾米机的主要工作部件有进料机构、碾白室、出料机构、传动机构及机座等，其中碾白室是碾米机的核心，是影响碾米工艺效果的关键所在。碾白室一般由螺旋输送器、碾辊和米筛等组成。组合碾米机还有擦米室、米糠分离机构等。喷风米机还有喷风机构等。

（1）擦离式碾米机

图 8-6 是铁辊式碾米机，属于擦离式碾米机。工作时稻谷或糙米由进料斗进入米机后，在转辊推筋的作用下，一边转动一边前行。米粒在行进过程中受到碾白室内各零件的摩擦并与其他米粒相互摩擦，当摩擦力大于米粒皮层与胚乳之间的结合力时，皮层与胚乳之间产生滑移，致使皮层延伸、断裂以致脱落。碾白后的米粒由出料机构排出，糠粉由米筛、集尘器排出。如果直接碾稻谷，往往需要反复两三次。擦离式碾米机转辊线速较低，一般在 5m/s 左右。该机碾白室容积比其他类型的碾米机小，常用于高精度米的加工，采用多机组合，轻

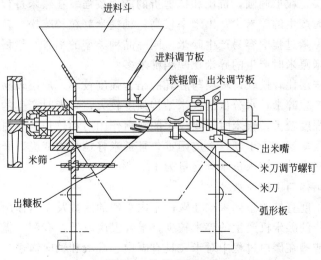

图 8-6　铁辊式碾米机

碾多道碾白。铁辊碾米机碾制的成品米去皮均匀，色泽光洁。但是，碾白室内压力较大，加工时易产生碎米，出米率较低，适于碾制胚乳强度大而皮层柔软的糙米。

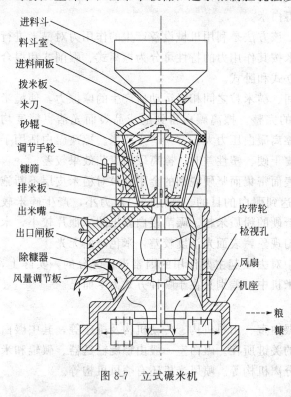

进料斗
料斗室
进料闸板
拨米板
米刀
砂辊
调节手轮
糠筛
排米板
出米嘴
出口闸板
除糠器
风量调节板

皮带轮
检视孔
风扇
机座
- - - → 粮
——→ 糠

图 8-7　立式碾米机

（2）碾削式碾米机

图 8-7 是立式碾米机，属于碾削式碾米机。工作时糙米流到旋转的拨米板上，米粒在离心力的作用下被甩到由砂辊和糠筛组成的圆锥形空间内，在砂辊的高速磨削作用下，将米粒的皮层剥落，达到碾白的目的。碾白过程中脱下的糠，大部分通过糠筛排出进入糠道，并借风扇由出糠口排出机外。部分细糠与米粒在碾白室底部由排米板拨到出米嘴，再经出口闸板流到除糠器内，细糠皮借气流经出糠口排出机外，米粒则由除糠器流到容器里。

（3）混合型碾米机

混合型碾米机为砂铁辊结合的碾米机，其碾白作用以研削为主，擦离为辅。碾辊线速介于擦离型碾米机和碾削型碾米机之间，一般为 10m/s 左右。混合型碾米机兼有擦离型和碾削型碾米机的优点，工艺效果较好。碾白平均压力和米粒密度比碾削式碾米机稍大。

3. 影响碾米机工艺效果的主要因素

影响碾米机工艺效果的主要因素有：糙米的品质，碾米机的结构与工作参数，碾白道数及流量等。

（1）糙米的品质

糙米的品质包括品种、水分含量和成熟度等，是影响碾米工艺效果的主要因素之一。

粳糙米籽粒结实，粒形椭圆，抗压和抗剪折的能力较强，在碾米过程中能承受较大的碾白压力，因而碾米时产生的碎米少，出米率较高；籼糙米籽粒较疏松，粒形细长，抗压和抗剪切能力较差，在碾米过程中容易产生碎米。同一品种类型的稻谷，早稻糙米的结构一般比较疏松，故早稻糙米碾米时产生的碎米比晚稻糙米多。

水分高的糙米皮层比较松软，皮层与胚乳的结合强度较小，皮层较易去除，但米粒结构疏散，碾米时容易产生碎米；水分低的糙米结构强度较大，碾米时产生的碎米较少，但糙米皮层与胚乳的结合强度较大，碾米时需要较大的碾白作用力和较长的碾白时间。水分含量在 13% 以下的糙米，因皮层过于干硬，去皮困难，且糙米籽粒结构变脆，碾米时也容易产生较多的碎米。因此，糙米的适宜入机水分含量为 14.5%～15.5%。

（2）碾米机的结构与工作参数

碾辊的直径和长度直接关系到米粒在碾白室内受碾的次数及碾白作用面积的大小。碾辊直径较大、长度较长的碾米机产生的碎米较少，米粒温度较低，有利于提高碾米机的工艺效果。碾辊表面的筋或槽在碾白过程中对米粒具有碾白、翻滚和轴向输送三种作用。一般筋高或槽深的辊形，米粒的翻滚性能较好，碾白作用较强。但筋过高或槽过深都会使碾白作用过分强烈而损伤米粒，影响碾米效果。一般控制筋高在 4~8mm，槽深在 8~12mm 之间。

碾辊转速对米粒在碾白室受到碾白压力有影响。在其他条件不变的情况下，加快转速，米粒通过碾白室的时间缩短，碾米机流量提高。对于擦离型碾米机，在喂料速度一定的情况下，由于碾白室内的米粒数目减小，使碾白压力下降，擦离作用减弱，碾白效果变差。对于碾削型碾米机，适当加快转速，可以充分发挥碾辊的碾削作用，并增强米粒的翻滚和推进，提高碾米机的产量，碾白效果也比较好。

碾辊表面与碾白室内壁之间的间隙要适宜，一般应大于一粒米的长度。间隙过大，会使米粒在碾白室内停滞不前，使产量下降；过小则使米粒折断，产生碎米。米粒在碾白过程中由于米糠碾落而体积不断减小，碾白室从进口端至出口端的间隙也应逐渐减小，即碾白室轴向截面积应逐渐收缩，使碾白室内的米粒流体密度基本不变，保持碾白压力的均衡稳定。

单位产量碾白运动面积是指碾制单位产量白米所用的碾白运动面积（碾辊每秒钟对米粒产生碾白作用的面积），它把碾米机的产量同碾白运动面积联系起来，综合地体现了碾辊的直径、长度和转速对碾米机效果的影响。当米粒以一定的流量通过碾白室时，单位产量碾白运动面积大，则米粒受到碾白作用的次数就多，米粒容易碾白，需用的碾白压力可小些，从而可以减少碎米的产生。

（3）碾白道数

糙米经过多台串联的米机碾制成一定精度白米的工艺过程称为多机碾白。多机碾白因为碾白道数多，故各道碾米机的碾白作用比较缓和，加工精度均匀，米温低，米粒容易保持完整，碎米少，出米率较高。碾白道数应以加工大米的精度和碾米机的性能而定。目前，许多碾米厂采用三机出白或四机出白。采用多机碾白时应注意：头道米机应配置砂辊碾米机，利用金刚砂辊筒的锋利砂粒破坏糙米的光滑表面，增加擦离、碾削效果。末道碾米机应配置铁辊筒喷风碾米机，充分利用擦离碾白与喷风碾米的优点，使碾制的白米表面光洁，精度均匀。

（4）流量

在碾白室间隙和碾辊转速不变的条件下，适当加大物料流量，可增加碾白室中米粒的数目，从而增加碾白压力，提高碾白效果。但是，流量过大，不仅碎米会增加，而且还会使碾白不均，甚至造成碾米机堵塞。

4. 碾米工艺效果的评定

碾米工艺效果一般从精度、碾减率、含碎率、增碎率、完整率、糙出白率和糙出整米率等几方面进行评定。

精度可从色泽、留皮、留胚、留角等方面进行评定。米粒颜色越白，加工精度越高。留皮是指大米表面残留的皮层，留皮越少，加工精度越高。观察时，一般先看米粒腹面的留皮情况，然后再观察背部和背沟的留皮情况。大米精度主要决定于米粒表面留皮程度。米粒留胚越少，加工精度越高。米角是指米粒胚芽旁边的米尖，米角越钝，加工精度越高。精度评定时，一般是将出机白米与标准米样进行对比，观察色泽、留皮、留胚和留角情况是否与米样一致或符合标准要求。

糙米在碾白过程中，因皮层及胚的碾除，其体积、重量均有所减少，减少的百分率便称为碾减率。糙出白率是指出机白米占进机（头道）糙米的重量百分率。加工精度越高，碾减率越大，糙出白率就越低。因此，要在精度一致的条件下评定糙出白率。

含碎率是指出机白米中，含碎米的百分率。增碎率是指出机白米中的碎米率比进机糙米的碎米率所增加的量。完整率是指出机白米中完整无损的米粒占试样的质量分数。糙出整米率是指出机白米中，完整米粒占进机糙米的百分比。完整米粒越多，则碾米机的工艺性能越好。

四、成品及副产品整理

经碾米机碾制成的白米，表面黏附有部分糠粉，同时在米粒中混有一些米糠和碎米，而且白米的温度也比较高，这些都会影响成品的质量，不利于成品米的贮存和销售。因此，必须对出机白米进行整理，其目的是使白米的含糠、含碎符合标准要求，米温降至利于贮存的范围之内。稻谷加工的副产品包括稻壳、米糠、碎糙米等，为了利于副产品的综合利用和安全贮藏，有必要将副产品由混杂的状态整理成相对纯净的状态。

1. 成品整理

成品整理通常包括：擦米、凉米、白米分级、抛光和色选等工序。在对成品质量要求较高或成品中含有异色粮粒过多的情况下，也可设色选工序，以保证成品纯度。

（1）擦米

擦米的目的主要是擦除黏附在白米表面上的糠粉，使白米表面光洁，提高成品米的外观色泽。这不仅有利于成品米的贮藏与米糠的回收，还可使后续白米分级设备工作时不易堵塞，保证分级效果。因此，擦米工序应紧接碾米工序之后。

擦米机有立式和卧式两种。铁辊筒擦米机是国内目前常用的擦米设备，往往与碾白砂辊配置在同一机体内。采用多机碾白时，如各道碾米机皆为喷风碾米机，也可不设擦米工序。米粒通过立式擦米机处理以后，产生的碎米含量不应超过1%，含糠量不应超过0.1%。

（2）凉米

凉米的目的是为了降低白米的温度。经碾米、擦米以后的白米温度较高，且米中还含有少量的米糠、糠片，一般用室温空气吸风处理，以利长期贮存。在加工高精度大米时，出机米温较高，如不经冷却，马上打包进仓，容易使成品发生霉变。凉米一般都在擦米之后进行，并与吸除糠粉结合起来。

凉米的方法可采用自然冷却，也可采用通风冷却。凉米设备以往使用凉米箱，现今大都采用风选器或流化床。流化床不仅可起降低米温的作用，而且还可吸除白米中的糠粉，提高成品米质量。流化床结构比较简单，主要由进料机构、流化床板、出料机构和机架等部分组成，请参阅第五章中相关内容。

（3）白米分级

白米分级的目的是根据成品的质量标准要求分离出白米中超过规定标准的碎米或将白米按长度及含碎率分成不同的等级。白米分级工序必须设置在擦米、凉米之后。白米分级使用的设备有分级平转筛和滚筒精选机等，请参阅第三章中相关内容。

（4）抛光

白米抛光的目的是为了生产高质量大米，以满足人们生活水平日益提高的需要。所谓抛光实质上是湿法擦米，它是将符合一定精度的白米，经着水润湿以后，送入专用设备（白米抛光机），在一定温度下，米粒表面的淀粉胶质化，使得米粒晶莹光洁、不黏附糠粉、不脱落米粉，从而改善其贮存性能，提高其商品价值。

（5）色选

色选主要用于剔除成品米中因霉变、生长不良或保管不善等原因变色的米粒，以保证成品米纯度，提高其商品价值。色选是根据物料间色泽的差异进行分选。大米色选机的工作原理是利用大米与异色粒对特定光线的吸收或反射强度不同，通过光电转换装置将光信号转换成电信号并放大，然后对电压值进行采集识别，最后驱动喷射阀对异色粒进行瞬间喷吹，从而实现大米粒与异色粒的分离。关于色选机的工作原理请参阅第三章中相关内容。

2. 副产品整理

从碾米及成品处理过程中得到的副产品是糠秕混合物，含有米糠、粒度小于小碎米的胚乳碎粒（米秕）、碎米及整米等。为物尽其用，需将将米糠、米秕、碎米和整米逐一分出，这就是副产品整理，工艺上称作糠秕分离。

米糠与米秕在粒度和悬浮速度方面都有差别，因此可用筛选法或风选法进行分离。如采用风筛结合的方法，其分离效果更好。相关设备的结构和工作原理请参阅第三章中有关内容。

第二节　小麦制粉

小麦由于种植面积大、总产量高而成为世界主要粮食作物之一，全世界 30%～40% 的人口以小麦为主要粮食。小麦在我国属第二大粮食作物，种植面积和总产量仅次于水稻。小麦的主要消费方式是先将小麦制成小麦粉，然后由小麦粉加工成各种制品。因此，本节主要介绍小麦制粉的基本原理和工艺过程。

一、概述

由于小麦脱粒时，颖果很容易与颖分离，所以收获的小麦籽粒是不带颖的裸粒（颖果）。小麦籽粒由皮层、胚乳和胚芽（麦胚）三大部分组成，其顶端有茸毛，下端为麦胚。有胚的一面为背面，与之相对的一面称为腹面。腹面中央有一条凹槽，长度与籽粒一样长，称为小麦腹沟，其深度和宽度随小麦品种、类型等而变化。腹沟是小麦籽粒的一大特点，使小麦的清理和去皮变得困难，增加了小麦制粉的难度。

麦皮由果皮、种皮、珠心层、糊粉层组成。制粉时，糊粉层随同珠心层、种皮和果皮一起被除去，统称为麸皮。

胚乳由薄膜细胞构成，细胞内部含有淀粉和能构成面筋的蛋白质。小麦经过加工后，胚乳成为小麦粉（面粉）。

胚芽是小麦的再生组织，长约 2.5mm，宽约 1mm，通过上皮细胞和胚乳相接，打击易脱落。胚芽内不含淀粉，但脂肪含量高，韧性大，容易酸败，不耐贮藏。小麦经过加工后，胚芽成为单独的产品或也进入麸皮。

在正常麦粒中，胚乳约占全粒质量的 81%，其主要成分是淀粉，约占胚乳的 78%，还有大约 13% 的蛋白质。胚乳含纤维极少，灰分低，易为人体消化吸收。但是，胚乳被包裹在皮层之中，与皮层结合紧密。要将小麦中的胚乳磨成粉，必须破碎麦粒，对麦皮进行剥刮，这就带来了麸皮剥刮不净和麸皮被磨碎混入面粉的问题。

小麦制粉就是通过研磨和筛理等工艺，破碎麦粒将麸皮上的胚乳刮下，并将胚乳磨成一定细度的面粉，其总原则是将胚乳与麦皮以及麦胚尽可能地分开。因此，小麦制粉是粉碎、分级和分选等单元操作典型的综合应用。本节通过小麦制粉的基本原理和工艺过程的介绍，使读者加深所涉及的单元操作的认识和理解。

二、小麦制粉的原理

1. 小麦制粉的目的与方法

小麦制粉就是通过机械方法将小麦（净麦）加工成适合不同需求的小麦粉，同时分离出副产品。小麦制粉的关键是如何将胚乳与麦皮、麦胚尽可能完全地分离。因此，制粉要解决的首要问题是如何保证高的出粉率和小麦粉中低的麦皮含量，这也是制粉过程的复杂所在。

小麦制粉方法因生产规模和产品种类与质量的不同而有所差异，一般可分为一次粉碎制粉和逐步粉碎制粉两种。随着社会的发展和生活水平的提高，对制粉工艺的要求也越来越高。

一次粉碎制粉是一种最简单的制粉方法，它的特点是只有一次粉碎过程。小麦经过一道粉碎设备粉碎后，直接进行筛理（或不筛理）制成小麦粉。一次粉碎制粉很难实现麦皮与胚乳的完全分离，胚乳粉碎的同时也有部分麦皮被粉碎，而麦皮上的胚乳也不易刮干净。因此，一次粉碎制粉的小麦粉质量差，适合于磨制全麦粉或特殊食品用小麦粉，不适合制作高等级的食用小麦粉。

逐步粉碎制粉是小麦粉加工企业广泛采用的制粉方法，按照加工过程的复杂程度又可分为简化分级制粉和分级制粉两种。

简化分级制粉是将小麦研磨后筛出小麦粉，剩下的物料混在一起继续进行第二次研磨，这样重复数次，直到获得一定质量的小麦粉和一定的出粉率，又称"一条龙制粉"。这种方法不提取麦渣和麦心，所以单机就可以生产。

分级制粉又分为不清粉和清粉两种。清粉的主要目的是通过气流和筛理的联合作用，将研磨过程中的麦渣和麦心按质量分成麸屑、连皮胚乳粒和纯胚乳粒三部分，以实现对麦渣、麦心的提纯。在磨制高等级小麦粉并要求有较高出粉率的小麦粉厂，清粉工序是必不可少的。

不清粉的分级制粉将小麦经过前几道研磨系统研磨后产生的物料分离成麸片、麦渣、麦心和粗粉，然后按物料的粒度和质量分别送往相应的系统研磨。这种方法通常采用5～10道研磨和筛理系统，能生产不同质量的等级粉，但高等级面粉的出率较低。清粉的分级制粉提取麦渣和麦心并进行清粉。该方法在前几道研磨系统尽可能多地提取麦渣、麦心和粗粉，并将提取出的麦渣、麦心送往清粉系统按照颗粒大小和质量进行分级提纯。精选出的纯度高的麦心和粗粉以及质量较次的麦心和粗粉分别送入相应的心磨系统磨制高等级小麦粉和质量较低的小麦粉。

从上述小麦制粉方法的介绍中不难发现，小麦制粉的工艺中涉及粉碎、分级和筛分等单元操作。下面以小麦分级制粉工艺为例，介绍小麦制粉的基本原理、方法和相应的机械设备。

2. 小麦制粉过程中的各种系统及其作用

小麦制粉过程中，按照处理物料种类和方法的不同，可将制粉系统分皮磨系统、渣磨系统、清粉系统、心磨系统和尾磨系统。它们分别处理不同的物料，并完成各自不同的任务。

皮磨系统是制粉过程中处理小麦或麸片的系统，它的作用是将麦粒剥开，分离出麦渣、麦心和粗粉，保持麸片不过分破碎，使胚乳和麦皮最大限度地分离，并提取出少量小麦粉。皮磨系统一般由四五道组成，其道数的设置与小麦原料的情况和出粉率有关。第一道皮磨负责研碎麦粒，以后各道皮磨负责把较大麸片上的胚乳刮净。皮磨过程一般是逐步进行的，以便得到最佳的分离效果，以利于进一步处理。

渣磨系统是处理皮磨及其他系统分离出的带有麦皮的胚乳颗粒，它提供了第二次使麦皮与胚乳分离的机会，从而提高胚乳的纯度。渣磨用轻碾的方法碾去麦渣颗粒上的表皮，然后将分离出的麸皮和胚乳颗粒送到其他系统进行处理。麦渣分离出麸皮后生成质量较好的麦心和粗粉送入心磨系统磨制成粉。渣磨所设道数较少，一般只设一道或不设渣磨。

清粉系统是利用清粉机筛选和风选的双重作用，将皮磨和其他系统获得的麦渣、麦心、粗粉及连麸粉粒和麸屑的混合物按质量分级，再送往相应的研磨系统处理。

心磨系统是将皮磨、渣磨、清粉系统取得的纯胚乳颗粒研磨成具有一定细度的小麦粉。

根据工艺要求，心磨系统的道数多少不同。

尾磨系统位于心磨系统的中后段，主要处理从渣磨、心磨、清粉等系统提取的含有麸屑、质量较次的胚乳粒，从中提出小麦粉。

三、研磨

1. 研磨的基本原理和方法

研磨是小麦制粉过程中最重要的环节，研磨的效果将直接影响整个制粉的工艺效果。研磨的基本原理是通过磨齿的互相作用将麦粒剥开，从麸片上刮下胚乳，并将胚乳磨成具有一定粒度的面粉，同时尽量保持皮层的完整，以保证面粉的质量。研磨的基本方法有挤压、剪切、剥刮和撞击等。

挤压是通过两个相对的工作面同时对小麦籽粒施加压力，使其破碎的研磨方法。挤压过程中，麦皮与胚乳的受力是相等的，但是经过润麦处理的小麦皮层变韧，胚乳间的结合能力降低，强度下降。在受到挤压力之后，胚乳立即破碎而麦皮却仍然保持相对完整。因此，挤压研磨的效果比较好。水分不同的小麦籽粒，麦皮的破碎程度以及挤压所需要的力会有所不同。一般而言，使小麦籽粒破坏的挤压力比剪切大得多，所以挤压研磨的能耗较大。

剪切是通过两个相向运动的磨齿对小麦籽粒施加剪切力，使其断裂的研磨方法。磨辊表面有齿角，两辊相向运动时齿角和齿角交错形成剪切。比较而言，剪切比挤压更容易使小麦籽粒破碎，所以剪切研磨所消耗的能量较少。在研磨过程中，小麦籽粒受到剪切作用致使麦皮破裂，随后胚乳也暴露出来并受到剪切作用。因此，剪切作用能同时将麦皮和胚乳破碎，从而使面粉中混入麸星，降低了麦粉的加工精度。剪切作用是产生剥刮的基础，所以，剪切研磨一般用于皮磨系统。

剥刮在挤压和剪切的综合作用下产生。小麦进入研磨区后，在两磨辊的夹持下快速向下运动。由于两辊的速度差较大，紧贴小麦一侧的快辊速度较高，使小麦加速，而紧贴小麦另一侧的慢辊则对小麦的加速起阻滞作用，这样在小麦和两个辊之间产生了相对运动和摩擦力。由于两辊拉丝齿角相互交错，从而使麦皮和胚乳受剥刮分开。剥刮的作用是在最大限度保持麦皮完整的情况下，尽可能多地刮下胚乳粒。

撞击是通过高速运动的工作部件对物料的打击，或高速运动的物料对壁板的撞击，借助物料和工作部件、物料和物料之间反复碰撞、摩擦，使物料破碎的研磨方法。一般而言，撞击研磨法适用研磨纯度较高的胚乳，与挤压、剪切和剥刮等研磨方式相比，撞击研磨生产的面粉破损淀粉含量较少。由于运转速度较高，撞击研磨的能耗较大。

研磨就是运用上述几种研磨方法，使小麦逐步破碎，从皮层将胚乳逐步剥离并磨成细粉。研磨的主要设备有辊式磨粉机和撞击磨。

2. 磨辊的技术特征

磨辊是辊式磨粉机的主要工作部件。工作时两根磨辊做相向不等速转动，表面与物料产生强烈的摩擦作用。磨辊有齿辊和光辊两种，齿辊是在磨辊表面拉出锯齿状，光辊表面没有锯齿状，经磨光而成光滑表面。磨粉机的磨辊绝大多数是齿辊，光辊使用较少，仅限于心磨系统。不同种类的磨以及同种磨的不同位置，磨辊的技术特征都不相同。

（1）磨辊的转速及转速差

两只磨辊的转速不同，其速比为 2.5∶1。速比大，其快辊表面对麦粒的剥刮长度大，小麦在单位时间内被剥刮的次数也多，对小麦的破碎程度高。一般小型磨粉机的辊线速为 6～7.2m/s。

（2）磨辊的齿数

磨辊的齿数是指磨辊表面每厘米圆周长度内磨齿的数目。在研磨同一种物料和其他因素不变的情况下，齿数越多，研磨作用越强。在实际生产中，齿数应该是皮磨稀、心磨密。就皮磨和心磨系统而言，应该是前路稀后路密。如前路皮磨为 5.5～6 牙/cm，后路皮磨为 8.5～9.5 牙/cm，心磨系统为 10～12 牙/cm。

（3）齿角

物料的研磨效果，受齿角大小的影响。齿角越小，破碎作用越大。研磨效果还受前角大小的影响，前角是快辊磨齿与物料接触，并对物料进行粉碎作用的锋角和钝角。

在实际生产中，为了多出面粉，少出麦渣、麦心，并保持麸片完整，可采用较大的齿角，尤其应采用较大的前角，加工硬质小麦和低水分小麦时更应如此。既要出粉，又要提取一定数量的麦渣、麦心时，可采用较小的齿角，尤其应采用较小的前角，加工软质小麦及高水分小麦时更应如此。

（4）磨齿的斜度

磨辊表面的齿槽是按螺旋线刨出的，使磨齿与磨辊母线形成一定的倾斜度，即为磨齿斜度。通常以同一磨齿两端在磨辊端面圆周上的距离（弧长）与磨轨长度之比表示。磨齿斜度是为了提高研磨过程中对物料的剪切设计的。一对磨辊相对旋转时，快辊磨齿与慢辊磨齿将形成许多交叉点。磨齿的斜度越大，两辊相向旋转时的交叉点越多，研磨中的剪切作用越强。

（5）磨齿的排列

磨齿既然有锋面（窄面）和钝面（宽面）的区别，对每一磨辊来说，根据快辊和慢辊磨齿大小面相对位置不同，有 4 种不同的排列方式，即锋对锋、锋对钝、钝对锋和钝对钝，相关内容请参阅第六章。

3. 研磨工艺效果的评定

磨粉机的研磨工艺效果通常用剥刮率、取粉率和粒度曲线来评定。

（1）剥刮率

剥刮率是指一定数量的物料经某道皮磨系统研磨、筛理后，穿过粗筛的物料量占物料总量的百分比。生产中常以穿过粗筛的物料流量与该道皮磨系统的入磨物料流量或 1 皮磨物料流量的比值来计算剥刮率。在测定除 1 皮磨以外的其他皮磨的剥刮率时，由于入磨物料中可能已含有可穿过粗筛的物料，所以实际剥刮率的计算应将其减去。

剥刮率的大小与磨辊的参数配备、磨粉机的操作（如流量、轧距）及小麦的品质有关。皮磨剥刮率的控制对在制品的数量和质量，以及物料的平衡有很大影响，因此，剥刮率常用于考察皮磨的操作。测定皮磨系统剥刮率的筛号一般为 20W。

（2）取粉率

取粉率是指物料经某道系统研磨后，粉筛的筛下物流量占本道系统流量或 1 皮磨流量的百分比，其计算方法与剥刮率类似。

如果入磨物料不含粉，则取粉率可直接以研磨后物料的含粉率代替。测定各系统取粉率的筛号一般为 12XX（112μm）。

（3）粒度曲线

粒度曲线是以物料粒度为横坐标，以大于该粒度物料的百分比为纵坐标，将物料粒度和物料百分比在直角坐标中的相应点连接起来所形成的曲线。粒度曲线可体现研磨后不同粒度物料的分布规律。

在粒度曲线的表示方法中，一般用横坐标表示筛孔尺寸（有时也用筛网型号代表筛孔尺寸），单位通常为 μm，用纵坐标表示对应筛面所有筛上物的累计百分比，横坐标原点对应的筛上物累计量为 100%。获得粒度曲线数据的方法有两种：一种是质量法，即在磨下物中取样，通过检验筛筛理后分别称重求得；另一种是流量法，即在粉路测定时测取平筛各出口物料流后求得。若平筛的筛理效率较高，两种方法所得曲线应重合，若差别过大则说明平筛的筛理效率低。日常生产通常采用质量法。

对于同一种磨下物料，可使用不同规格的筛网进行筛理，将结果标到坐标图上，可得到一条连续的曲线。曲线的形状、位置与筛网的规格无关，主要取决于磨粉机的研磨效果。原料的性质及磨辊的表面状态对粒度曲线的形状有较大影响。研磨硬麦时，磨下物中粗颗粒状物料较多，曲线大多凸起；研磨软麦时，磨下物中细颗粒状物料较多时，曲线一般下凹。

四、筛理

在小麦制粉生产过程中，每道磨粉机研磨之后，粉碎物料均为粒度和形状不同的混合物，其中一些细小胚乳已达到面粉的细度要求，需将其分离出去，避免重复研磨，而粒度较大的物料也需按粒度大小分成若干等级，根据粒度大小、品质状况（胚乳纯度或含麦皮量的多少）及制粉工艺安排送往下道研磨、清粉或打麸等工序连续处理。制粉厂通常采用筛理的方法完成上述分级任务。

1. 各系统物料的筛理特性

（1）皮磨系统

前路皮磨系统筛理物料的物理特性是容重较高，颗粒体积大小悬殊，且形状不同（麸片多呈片状，粗粒、粗粉和面粉为不规则的粒状）。在皮磨剥刮率不很高的情况下，筛理物料温度较低，麸片上含胚乳多而且较硬，大粗粒（麦渣）颗粒较大，含麦皮较少，因而散落性、流动性及自动分级性能良好。在筛理过程中，麸片、粗粒容易上浮，粗粉和面粉易下沉与筛面接触，故麸片、粗粒、粗粉和面粉易于分离。

随着皮磨的逐道剥刮，麸片上的胚乳含量逐渐减少，研磨时从麦皮上剥刮下的胚乳量减少，因而后路皮磨系统筛理物料中麸片多，粗粒、粗粉和面粉较少，大粗粒数量极少。麸片粒度减小，且变薄、变轻、变软，刮下的粗粒、粗粉和面粉中含有较多的细小麦皮，品质较差。因而筛理物料的特性是体积松散、流动滞缓、容重低，颗粒大小差异不如前路系统悬殊，散落性减小、流动性变差，自动分级性能较差。麸片、粗粒、粗粉和面粉间相互粘连性较强，不易分清，筛理时麸片和粗粒的上浮以及面粉的下沉都比较困难，因此，筛理分级时需要较长的筛理行程。

（2）渣磨系统

采用轻研细刮的制粉方法时，渣磨系统研磨的物料主要是皮磨或清粉系统提取的大粗粒。大粗粒中含有胚乳颗粒、粘连麦皮的胚乳颗粒和少量麦皮，这些物料经过渣磨研磨后，麦皮与胚乳分离，胚乳粒度减小。因此，筛理物料中含有较多的中小粗粒、粗粉、一定量的面粉和少量麦皮。渣磨采用光辊时还含有一些被压成小片的麦胚。胚片和麦皮粒度较大，其余物料粒度差异不悬殊，散落性中等，筛理时有较好的自动分级性能，粗粒、粗粉和面粉较容易分清。

（3）心磨系统

心磨系统的作用是将皮磨、渣磨及清粉系统分出的较纯的胚乳颗粒（粗粒、粗粉）磨成细粉。为提高面粉质量，心磨多采用光辊。筛理物料中面粉含量较高，尤其前路筛理物料含粉率在 50％ 以上，同时较大的胚乳颗粒被磨细成为更细小的粗粒和粗粉。因此，心磨筛理物料的特征是麸屑少、含粉多、颗粒大小差异不显著、散落性较小，特别是后路心磨更甚。要将所含面粉基本筛净，需要较长的筛理路线。

（4）尾磨系统

尾磨系统用于处理心磨物料中筛分出的混有少量胚乳粒的麸屑及少量麦胚。经光辊研磨后，胚乳粒被磨碎，麦胚被碾压成较大的薄片，因此，筛理物料中含有一些品质较差的粗粉、面粉，以及较多的麸屑和少量的胚片，自动分级性能和筛理特性介于渣磨物料和心磨物料之间。若单独提取麦胚，需采用较稀的筛孔将麦胚先筛分出来。

2. 筛理工作的要求

鉴于制粉过程中筛理物料的上述特征，筛理时需要满足以下要求。

① 筛理分级种类要多，并能根据原料状况、工艺要求和研磨系统的不同，灵活调整分级种类的多少。

② 具有足够的筛理面积和合理的筛理路线，将面粉筛净，分级物料按粒度分清，并有较高的筛理效率。

③ 能适应较高的物料流量，物料流动顺畅，在常规的工艺流量波动范围内不易造成堵塞，减少筛理设备使用台数，降低生产成本。

④ 设备结构合理，有足够的刚度，构件间连接牢固，密封性能好，经久耐用。运动参数合理，保证筛理效果，运转平稳，噪声小。

⑤ 筛格加工精度高，长期使用不变形，与构件间配合紧密，不窜粉、不漏粉。筛格互换性强，便于调整筛网和筛路。

⑥ 隔热性能要好，筛箱内部不结露、不积垢生虫。

3. 筛理路线安排原则

筛理路线的安排应根据加工小麦的质量、成品的质量要求、各系统中物料的特性、工厂的设备条件及设备性能等确定。磨制不同等级的面粉，筛路安排不同。以磨制标准粉为例，筛路安排应遵循以下原则。

① 尽量减少分级筛的筛理面积，以加长粉筛的线路。磨制标准粉或普通粉，分级筛的面积不应超过总筛理面积的 35％。

② 皮磨系统前路物料应该分级筛理，如麸皮、麦渣、麦心、面粉。后路皮磨物料可以混合筛理。心磨系统可以全部采用混合筛理。磨制高等级粉时，应适当增加分级筛。

③ 不论皮磨系统或心磨系统，前路筛面的流层应厚，后路的流层应薄；筛绢稀的应厚，筛绢密的应薄；磨制低等级粉时流层应厚，磨制高等级粉时流层应薄。

④ 不论皮磨系统或心磨系统，筛绢的配置应是上层稀、下层密；前路稀、后路密；磨制低等级粉时稀，磨制高等级粉时密。

⑤ 筛理面积的分配原则应该是：按系统总流量，前路筛理面积大，后路筛理面积小；按皮磨和心磨分，应该皮磨筛理面积大，心磨筛理面积小；按筛的类型分，应该粉筛筛理面积大，分级筛筛理面积小。磨制高等级面粉时，筛理面积的分配应适当调整。

五、清粉

1. 清粉的目的和方法

经皮磨和渣磨系统研磨、筛理分级后，分出的粗粒和粗粉多为从麦皮上剥刮出的胚乳颗粒，需进一步研磨成粉。但是，其中含有一些连皮胚乳粒和碎麦皮，其含量随粗粒和粗粉的提取部位、研磨物料特性及粉碎程度等因素而不同。如果将粗粒和粗粉直接送往心磨研磨，在胚乳颗粒被磨碎成粉的同时，必然使一些麦皮随之粉碎，从而降低面粉质量，尤其降低前路心磨优质面粉的出品率和质量。因此，生产高等级和高出粉率的面粉时，需将粗粒和粗粉进行精选。精选之后，分出的细碎麦皮送往相应的细皮磨，连皮胚乳送往渣磨或尾磨，胚乳颗粒送往前路心磨。在制粉工艺中，精选粗粒和粗粉的工序称为清粉，所用设备为清粉机。

2. 清粉机的工作原理

清粉机是利用筛分、振动抛掷和风选的联合作用，对粗粒、粗粉混合物进行分级的。清粉机主要由筛面和吸风装置组成，筛格配以不同规格的筛绢。工作时，清粉机筛面在振动电动机的作用下做往复抛掷运动，落在筛面上的物料被抛掷向前，气流自下而上穿过筛面和料层，对抛掷散开的物料产生一股与重力相反的作用力，使物料在向前推进的过程中自下而上按以下顺序自动分层：小的纯胚乳颗粒、大的纯胚乳颗粒、较小的混合颗粒、大的混合颗粒、含有少量胚乳的麦皮及较轻的麦皮。各层间无明显界线，尤其大的纯胚乳颗粒与较小的混合颗粒之间区别更小。选取合适的气流速度，使较轻的颗粒处于悬浮和半悬浮状态，较重的颗粒接触筛面，再通过配置适当的筛孔，使纯胚乳颗粒成为筛下物，混合颗粒成为后段筛下物与下层筛上物，麦皮混合物则成为上层筛上物。

清粉机有 2 层或 3 层筛面，现多采用 3 层。每层筛面前后分为 4 段，筛孔配置由进料端向后逐渐增大，同段下层筛孔比上层筛孔稍密。因此，筛下物中前段物料粒度最小，胚乳纯度较高；后段物料粒度逐渐增大，胚乳纯度逐渐下降，混合颗粒增多。不同纯度的筛下物分别入收集槽内，送往不同的制粉系统。筛上物也分为 2 种或 3 种，其中上层较下层物料的粒度大、轻，麦皮含量高。筛上物多送往细皮磨、渣磨、尾磨处理。

从清粉的工作过程可以看出，气流及物料在气流中的悬浮速度对清粉效果有较大影响。物料在上升气流中受力的大小，取决于颗粒形状、受风面积和表面状态等因素。

3. 影响清粉工艺效果的主要因素

（1）筛理物料的特性

清粉机进机物料颗粒的均匀度与清粉效果直接相关。若粒度差别大，大粒的麦皮与小粒的胚乳悬浮速度接近，很难将它们分清。为提高粗粒、粗粉的清粉效果，必须在清粉前将物料预先分级，缩小其粒度范围，并在筛理时设置合适的筛理长度筛净细粉。否则，细粉将被吸走成为低等级面粉，而且这些细粉容易在风道中沉积，造成风道堵塞而影响清粉效果。

硬麦胚乳硬、麦皮薄易碎，研磨后提取的大、中粗粒较多，粗粒中的胚乳颗粒含量较高，流动性好，易于穿过筛孔，因而筛出率相对较高。软麦皮厚、胚乳结构疏松、研磨后提取的大颗粒数量较少且粒形不规则，所含的连皮胚乳颗粒和麦皮较多，因而筛上物数量较多。

（2）清粉机的运动参数

清粉机的运动参数包括振幅、振动频率和筛体抛掷角度，其中振动频率一般保持不变。清粉机进料量增大，可采用较大的振幅；进料量减少，则需较小的振幅。

清粉机工作时，筛体做倾斜向上的抛掷振动，此运动可分解为垂直和水平两个方向的运动。前者使物料松散开，利于气流穿过料层，易于精选分级；后者则使物料逐渐向出料端推进。筛体前段采用较大的抛掷角度，利于物料分层，提高精选分级效果。

（3）筛面的工作状态

清粉机工作时，要求筛网有足够的张力来承托物料的负荷，使物料能沿筛面宽度分布均匀，以便做相应的分级运动。如筛面下垂，则物料集中在筛格中部，物料运动受阻，分级状态变差，风选作用减弱，上述情况均会造成清粉效果变差。因此，清粉机筛网必须张紧，并在使用过程中通过观察物料的运动状况和筛网的张紧程度定期调整。筛面工作时，清理刷应运行自如，保证筛孔畅通。

（4）筛网配置

制粉工艺中各道清粉机筛网配置是否合适与其工艺效果密切相关。清粉机筛网配置时必须综合考虑清粉物料的粒度、清粉机的负荷量及所配备的吸风量等。

由于自下而上气流的作用和料层厚度的影响，清粉机的下层头段筛网应明显稀于入机物料筛选分级的留存筛网号，才能使其中的细小纯胚乳粒穿过筛网成为筛下物。末段筛网应稀于或等于入机物料筛选分级的穿过筛网号，使大的纯胚乳粒穿过筛孔。中间各段筛号可均匀分布。同段下层筛网应比上层密 2 号，流量大时，筛孔应适当放稀。筛网配置的总原则为同层筛网前密后稀，同段筛网上稀下密。

（5）流量

清粉机流量以每小时每厘米筛面宽度清粉物料的质量表示。清粉机的流量对筛面上混合颗粒的分层条件有很大影响，其流量大小取决于被精选物料的组成、粒度和均匀程度。精选物料粒度大，则流量较高；精选物料粒度小，则流量较低。

若清粉机流量过大，筛面上料层过厚使混合物料不能完全自动分级，气流因阻力大而难以均匀通过料层，清粉效果将明显降低。若流量过小，则气流易从料层过薄处溢出，同样不能良好分级而降低清粉效果。因此，制粉生产中应通过研磨和筛网调整，合理地控制各清粉机的物料流量，并注意将同系统清粉机流量调配均衡。

（6）风量

清粉机的风量取决于清粉物料的类别。大粗粒比细小物料需要更多的风量。总风量确定后，各吸风室的风门要作相应调节。一般情况下，筛体前段料层较厚，需将前段吸风室风门开大些，使物料迅速松散并向前运行。其他各段风门通过观察物料的运行状况来调节，使通过筛面的气流在物料中激起微小的喷射，较轻的麦皮飘逸上升被吸入风道，较重的物料被气流承托着呈沸腾状向出料端推进。

在控制吸风量的同时，清粉机的喂料活门必须根据物料流量大小合理调节，以保证清粉物料连续均匀地分布在全部筛面宽度上，并覆盖在全部筛面长度上。否则，气流将因从料层薄或无料筛面处溢出，从而失去风选作用。

六、小麦粉的后处理

小麦粉的后处理是面粉加工的最后环节。考虑到对面粉产品的多层次需要，针对面筋质、白度、粗细度、烘焙特性等指标的不同要求，对面粉进行改善其生化、物理特性的技术处理称为面粉的后处理。

1. 面粉的漂白

小麦胚乳含有类胡萝卜素、叶黄素等黄色素，所以新加工的面粉呈淡黄色。经 2～3 个月贮藏，由于色素的氧化，其色泽变淡，面粉逐渐变白。有时面粉的色泽要通过漂白处理。目前最常用的方法是在面粉中添加漂白剂——过氧化苯甲酰。

2. 配粉

配粉就是根据对小麦粉质量的要求，结合配粉仓中基本粉的品质，用基本粉配制所需要的小麦粉。通常是将几种基本面粉按灰分、细度、蛋白质含量和筋力指标进行搭配，生产不同质量要求的专用粉。

基本粉是配粉的基础。因此，需要对不同原料加工成的小麦粉或同一原料加工的不同精度的小麦粉以及不同蛋白质含量的小麦粉等分别收集起来，这就是基本粉的收集。

3. 小麦粉的营养强化

小麦粉中的赖氨酸比较缺乏，这会影响人体对蛋白质的吸收，同时高精度小麦粉中的维生素和某些矿物质含量偏低。因此，对小麦粉的营养强化，有利于提高消费者的营养状况。

小麦粉的营养强化可分为氨基酸强化、维生素强化和矿物质强化。强化的方法是在面粉中直接添加相应的营养性物质。

第三节　淀　粉　生　产

淀粉是植物经光合作用由水和空气中二氧化碳合成的产物，是植物贮存能量的形式之一，主要存在于植物的果实、种子、块根和块茎中。淀粉及淀粉制品广泛应用于食品、医药、化工、造纸、纺织、材料、石油钻井等领域，在国民经济发展中有重要的作用。尽管含有淀粉的农作物和野生植物很多，但适合于工业化生产的淀粉原料却很少。

目前，淀粉生产中的原料主要有玉米、小麦、马铃薯、甘薯和木薯等。世界各国淀粉生产的原料根据各自国家资源情况的不同而不同，美国用玉米，欧洲用马铃薯，中国和亚洲其他国家使用玉米和甘薯。从总体趋势看，采用玉米为原料生产淀粉越来越多，玉米淀粉占淀粉生产总量的80%以上。

一、概述

淀粉是高分子碳水化合物，其基本构成单位是 α-D-吡喃葡萄糖，经 α-1,4-糖苷键连接组成。组成淀粉分子的结构单体（脱水葡萄糖单位）的数量称为聚合度，以 DP 表示。对淀粉分子链结构的研究表明，淀粉分为直链淀粉和支链淀粉。直链淀粉是 α-D-吡喃葡萄糖单位通过 α-1,4-糖苷键连接成的线形聚合物；而支链淀粉则是 α-D-吡喃葡萄糖单位通过 α-1,4-糖苷键连接成直链，再经 α-1,6-糖苷键将直链接到另一直链上而形成的高支化聚合物。一般直链淀粉的相对分子量为 $5 \times 10^4 \sim 2 \times 10^5$，平均聚合度为 $700 \sim 5000$。支链淀粉分子巨大，平均聚合度为 $4000 \sim 40000$，相对分子质量多在 $2 \times 10^5 \sim 6 \times 10^6$ 范围内。淀粉分子的大小随淀粉的品质和籽粒成熟度的不同相差较大。

淀粉分子在植物中是以颗粒的形式存在的。不同品种的淀粉颗粒存在很大差别，同一种淀粉颗粒的大小也是不均匀的。通常用颗粒大小的极限范围或平均值表示某种淀粉的颗粒大小。马铃薯淀粉颗粒最大，为 $15 \sim 100 \mu m$；稻米淀粉颗粒最小，为 $3 \sim 8 \mu m$；玉米淀粉为 $3 \sim 26 \mu m$；而小麦淀粉则分为两组：一组为 $2 \sim 10 \mu m$；另一组为 $20 \sim 30 \mu m$。

淀粉颗粒由结晶区和无定形区（非结晶区）组成。淀粉不溶于冷水，但将干燥的原淀粉置于冷水中，水分子可以进入淀粉颗粒的非晶区，与游离的亲水基结合，产生有限的膨胀，这种现象称为润胀。

将淀粉乳（淀粉在冷水中的悬浮液）加热，达到一定温度后，淀粉乳变成半透明的黏稠状胶体溶液，这种现象称为淀粉的糊化。淀粉发生糊化的温度称为糊化温度，糊化温度不是一个固定值而是一个温度范围，不同品种的淀粉糊化温度不同，玉米淀粉的糊化温度为 $64 \sim 72℃$。淀粉糊化的本质是淀粉颗粒吸水膨胀，淀粉颗粒内部分子之间氢键断裂，结晶结构破坏，分子链变成无序状态，成为胶体质点。

糊化的淀粉在稀糊状态下放置一段时间会逐渐变浑浊，最终产生不溶的白色沉淀，而在浓糊状态下，可形成有弹性的胶体，这种现象称为淀粉的回生。淀粉回生的实质是糊化的淀粉分子链由无序状态重新排列取向，靠氢键结合在一起，形成不溶于水的结晶结构。

由于淀粉在植物中是以颗粒的形式存在的，淀粉生产就是将淀粉颗粒分离出来。提取淀粉的方法分为湿法和干法两种工艺，区别在于组分分离时是否以水为介质。湿法工艺利用淀粉颗粒不溶于冷水的性质，将含有淀粉的物料破碎后，使淀粉释放出来，再以水为介质，利用淀粉颗粒与其他成分在密度和溶解度上的不同完成分离。湿法工艺所得淀粉品质和副产品纯度高，是目前普遍采用的淀粉提取方法。

二、玉米淀粉生产

玉米籽粒由胚乳、胚芽、皮层和根冠组成。不同品种的玉米籽粒各部分的重量比不同。胚乳由含有大量淀粉颗粒的厚壁细胞组成，占籽粒质量的 $81.9\%\sim83.5\%$。按质地胚乳可分为角质和粉质两类。角质胚乳结构紧密、硬度大，淀粉颗粒小且呈多角形；粉质胚乳结构相对疏松，淀粉颗粒大且圆，淀粉颗粒之间填充蛋白质。胚芽位于玉米籽粒的基部，占籽粒重量的 $10.2\%\sim11.9\%$，富有弹性、不易破碎，加工时可完全分离出来。皮层占籽粒重量的 $5.2\%\sim6.4\%$。根冠是玉米籽粒与玉米棒的连接组织，是玉米籽粒唯一没有被皮层覆盖的部位，占籽粒重量的 $0.8\%\sim1.1\%$。在淀粉加工过程中，皮层、根冠和胚乳中的细胞壁同属于纤维成为糠麸部分。

玉米淀粉湿法提取工艺是按由易到难的顺序将非淀粉成分，即可溶性物质、胚芽、纤维和蛋白质逐一分离出去，最后利用淀粉洗涤的精制工序对残留的非淀粉成分进行彻底清除，获得高纯度的淀粉产品和各种副产品，其工艺流程如图8-8所示。

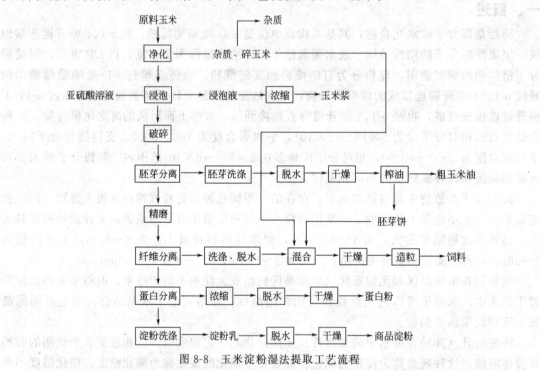

图 8-8　玉米淀粉湿法提取工艺流程

玉米通过上述分离过程可以获得五种产物：浸泡液、胚芽、皮渣（纤维）、麸质（蛋白质）和淀粉。由于玉米籽粒中淀粉所占的比例最大，所以习惯上称淀粉为主产品，其余产物为副产品。

1. 玉米净化与浸泡

玉米原料在收获、运输和储存过程中，不可避免地要混进诸如破碎的玉米穗、秸秆、土石块、碎草、昆虫尸体、破碎的及未成熟的玉米籽粒、金属等杂质。为保证产品质量，保护机械设备,必须从玉米原料中清除各种杂质,将完全净化的玉米送往浸泡工序。清除玉米中各种杂质的方法原理及相关设备已经在第三章中有详细介绍。

玉米浸泡是玉米淀粉生产中的主要工序之一,浸泡效果直接影响以后各道工序以及产品的质量和产量。一般情况下,将玉米籽粒浸泡在 0.2%~0.3%亚硫酸水中,在 48~55℃保持 60~72h。

玉米浸泡后,籽粒大量吸收水,机械强度降低,破碎能耗随之降低;此外,淀粉颗粒与蛋白质的吸水膨胀速度不同而产生内应力,浸泡可削弱籽粒内部各部分之间的结合力;吸水后,胚乳强度下降,易于粉碎,皮层和胚芽韧性增加,破碎过程中易于保持完整,便于皮层、胚芽和胚乳的分离。经过浸泡,玉米中 7%~10%的干物质(主要是无机盐、可溶性碳水化合物和可溶性蛋白质)转移到浸泡水中,有利于后续分离操作。此外,亚硫酸能够使包裹在淀粉颗粒外的蛋白质破散或溶解,从而使淀粉颗粒游离出来。

玉米浸泡的工艺有静止浸泡法、逆流浸泡法和连续浸泡法 3 种。

静止浸泡法是在独立的浸泡罐中完成浸泡过程,由于玉米中的可溶性物质浸出少,达不到要求,现在该法已被淘汰。

逆流浸泡法是将多个浸泡罐通过管路串联起来,组成浸泡罐组,各个罐的装料和卸料时间依次错开,浸泡液通过泵的作用沿罐组装料的相反方向流动,使新的玉米和浸泡过玉米的浸泡液相遇,而新注入的亚硫酸水溶液与浸泡过较长时间的玉米相遇,从而增加浸泡液与玉米籽粒中可溶性成分的浓度差,提高浸泡效率。逆流浸泡法是目前通用的方法。

连续浸泡法是从串联罐组的一个方向装入玉米,通过装置将玉米从一个罐向另一个罐转移,在转移的方向上浸泡液中可溶性成分的浓度是逐渐降低的,即新玉米接触可溶性成分浓度高的浸泡液,新浸泡液接触可溶性成分少的玉米。该法工艺操作难度比逆流浸泡法大。

经过浸泡达到要求的玉米籽粒水分含量为 40%~46%,胚芽含水量为 60%左右,胚芽和皮层具有较强的韧性,破碎时胚芽容易与其他部分分离,皮层可以保持较大的尺寸,主要成分为淀粉的胚乳更易于破碎,这些特性为玉米破碎后各组分的分离创造了条件。

2. 玉米破碎与胚芽分离

(1) 玉米破碎

只有将玉米籽粒破碎,胚芽才能暴露出来并与胚乳分离,所采用的单元操作主要是粉碎和筛分。玉米破碎就是将浸泡后的玉米籽粒粉碎成所要求的粒度。一般经过两次破碎,玉米籽粒变成 8~12 瓣,尽可能保持胚芽完整以及胚芽与胚乳的充分分离,同时使一部分淀粉释放出来。破碎后要尽可能将胚芽分离出来,以免胚芽中的油脂分散到胚乳中,影响淀粉产品的质量;从玉米胚芽中得到的胚芽油具有较高的营养价值和商品价值。

玉米籽粒破碎效果与玉米的品种有很大关系,粉质玉米和白马牙玉米质软易粉碎,硬质玉米、黄玉米质硬难破碎。浸泡质量对玉米籽粒的破碎有显著影响,浸泡好则玉米软,易破碎且胚芽可保持完整性。物料固液比(玉米籽粒和水的比例)对破碎效果也有影响,液体过多物料会快速通过破碎磨,破碎效果不佳,液体过少会导致胚乳和部分胚芽过度粉碎,一般破碎机进料固液比为 1:(1.5~2.5) 较为合适。

(2) 胚芽分离

玉米破碎后,几乎全部胚芽都与胚乳分离而呈游离状态,并混合在有皮渣、胚乳块、淀粉乳组成的磨下物中。要把胚芽从该混合物中分离出来,需要经过两个步骤:第一步是将胚芽与皮渣、胚乳块等大颗粒物料分离开来。由于胚芽的密度比其他组分小,可以利用旋液分离实现,所得到的胚芽悬浮在淀粉乳中。第二步是将胚芽从淀粉乳中分离出来。由于淀粉乳是由淀粉颗粒、麸质颗粒和水溶性物质组成，胚芽粒度比它们大很多，所以可以利用筛分的方法实现。

分离胚芽所用的设备是旋液分离器。工作时破碎的玉米混合物料在 $0.25\sim0.5\mathrm{MPa}$ 的压力下泵入旋液分离器，物料在压力和离心力的作用下，沿着内壁做螺旋运动。胚乳块、皮渣等重质颗粒较快地沉积在内壁，并沿着内壁流向底流出口。胚芽密度较小，被集中在设备的中心部位，经顶部溢流口排出。为了提高小型旋液分离器的生产率，常将多个旋液分离器并联使用，有时多达数百个。旋液分离器对胚芽进行分离的效率与进料压力、浆液浓度和黏度有很大关系。在实际操作过程中，主要控制玉米籽粒破碎后浆料的浓度，使其符合工艺要求，同时要保证进料压力、温度等工艺指标处于稳定状态。

经旋液分离器分离出来的胚芽是带有一定数量淀粉乳的浆料。应将这部分淀粉乳回收，并洗净附在胚芽表面的淀粉颗粒，这些操作是通过湿法筛分在重力曲筛上完成的。物料沿筛面的切线方向进入筛面并向下滑动，在离心力的作用下，微小的淀粉颗粒穿过筛缝成为筛下物，较大的胚芽被留在筛面上，并沿筛面下滑到粗料卸料口卸出。曲筛的构造和工作原理请参阅第三章中的筛分部分。

图 8-9 给出了一个典型的玉米破碎、胚芽分离及洗涤的工艺流程。

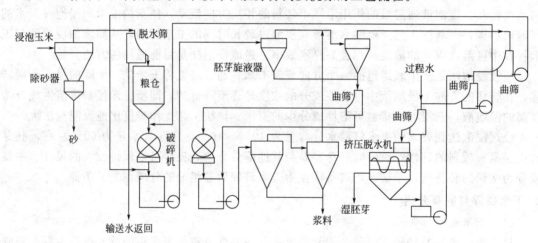

图 8-9　典型的玉米破碎、胚芽分离及洗涤的工艺流程

3. 玉米精磨与纤维分离

（1）精磨

玉米籽粒经过破碎和胚芽分离后，物料中含有皮渣、胚乳碎块、淀粉颗粒和麸质，相当数量的淀粉仍然以颗粒的状态包裹在蛋白质网络和纤维组织中，通过精磨，可以将淀粉从蛋白质和纤维的结合态中游离出来，最大限度地提取淀粉。

玉米精磨最常用的设备是冲击磨（也叫针磨），主要工作部件是一对上下放置的圆盘。下部动盘的不同圆周上安装有圆柱形的针（动针），上部的定盘上有与动针相交错位的圆柱形定针。冲击磨转动后，物料送入到高速旋转的动盘中心，在离心力的作用下，快速向四周分散，并在动、定针之间反复受到猛烈冲击，绝大多数淀粉颗粒从蛋白质网络和纤维组织中脱离下来。由于冲击磨剪切力较小，撞击力较大，而纤维有较强的韧性，因而皮渣不易破碎，更多地保留为薄片状，便于后续的筛洗分离，为进一步提纯淀粉创作了条件。

（2）纤维分离

精磨后的浆料中含有游离的淀粉颗粒、麸质微粒、纤维（粗、细皮渣）和可溶性物质。

纤维分离就是把纤维皮渣从其他组分中分离出来，从而使淀粉乳得到进一步的提纯。纤维分离是根据纤维在粒度上与物料中的淀粉颗粒和麸质微粒的差别，采用筛分的方法完成的。筛分时，淀粉颗粒和麸质微粒因为尺寸小而成为筛下物，纤维皮渣则被截留。纤维分离操作分为两个步骤：首先是从物料中筛分出纤维，然后是对纤维进行洗涤，除去其中夹带的淀粉。

通常采用压力曲筛对物料中的纤维皮渣进行分离洗涤。压力曲筛与重力曲筛相似，是对湿物料进行分离及分级的设备。物料在流经曲筛的过程中，淀粉及大量的水通过筛缝成为筛下物，而纤维细渣沿筛面下滑成为筛上物，从而将纤维与淀粉分离。

4. 麸质分离与淀粉洗涤

（1）麸质分离

经过纤维分离后的浆料通常称为粗淀粉乳。粗淀粉乳中的干物质除淀粉外还有其他非淀粉物质，主要是蛋白质（多数为非水溶性蛋白）、脂肪和灰分等，其中蛋白质含量较高，必须将其分离才能得到较纯净的淀粉。粗淀粉乳的精制分为两个步骤：首先尽可能除去非水溶性蛋白质，在生产工艺上称为麸质（蛋白质及其吸附物）分离；然后除去其他杂质，在生产工艺上称为淀粉洗涤。

麸质微粒在水中悬浮时容易聚集，使蛋白质的粒度较淀粉颗粒大很多倍。淀粉颗粒的密度为 $1610 kg/m^3$，麸质密度为 $1180 kg/m^3$。由于粒度和密度是影响物质沉降速率的两个主要因素，依据淀粉与麸质在相对密度、粒径等方面的差别，可用离心分离法、浮选分离法和沉降分离法分离淀粉与麸质。

传统的淀粉与麸质分离采用重力沉降法，设备简单，但分离效率低。目前麸质分离主要采用离心分离法，生产效率大大提高。离心分离法常用的设备有碟式离心机和旋流器两种。

碟式离心机的结构在第四章中已有介绍。工作时，含有麸质的淀粉乳由离心机上部轴中心的进料口加入，并迅速地均匀分布在碟片间。在离心力的作用下，密度大的淀粉颗粒滑移到碟片边缘处，由转鼓壁排泄口引出，密度小的麸质则沿碟片上行向中心运动，最后从溢流口排出。为防止沉积的淀粉堵塞通道，转鼓内装有冲洗管，洗涤水经空心主轴底部进入连续冲洗喷嘴。图 8-10 给出了一个典型的淀粉与麸质分离的工艺流程。

麸质分离用的旋流器其结构和原理与前面介绍的胚芽旋液分离器相同，只是因为麸质颗粒比胚芽小很多，所以需要采用工作压力更高、临界直径更小的旋流管（微型旋液分离器）。

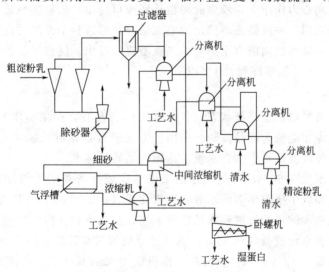

图 8-10 典型的淀粉与麸质分离的工艺流程

旋流管是一个具有切向进口的圆锥体，底部和顶部各有一个小出料口，它利用离心力使颗粒大小和密度不同的悬浮粒子得到分离。淀粉乳在压力作用下从切向进口进入圆锥体的上部，并高速向下旋转产生离心力，重质淀粉颗粒随旋流沉降到旋流管底部，并从底出口排出；轻质的麸质随澄清液体在圆锥体内层旋转上升，由顶部溢流口排出。旋流器使用时一般采用9~12级串联。由于进入第1级旋流器的淀粉乳中蛋白质含量小于2.5%才具有较好的分离效果，而粗淀粉乳中蛋白质的含量一般在6%~8%之间，因此，分离纤维后的淀粉乳必须先经过一台离心分离机，分离出大部分蛋白质后再进入旋流器进行进一步分离。图8-11给出了一个典型的淀粉与麸质分离的工艺流程。

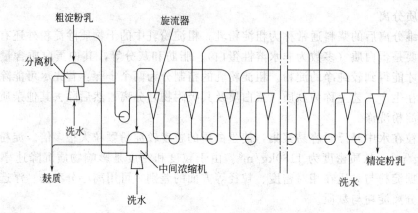

图 8-11　典型的淀粉与麸质分离的工艺流程

（2）淀粉洗涤

麸质分离后，淀粉乳中还残留0.2%~0.3%的水溶性蛋白质、无机盐、酸、可溶性糖等可溶性物质，以及少量的麸质、细纤维渣、细砂等不溶性物质。淀粉洗涤的目的就是把这些杂志去除，得到高质量的淀粉产品。淀粉的洗涤是以水为介质，使水溶性物质呈溶解状态被冲洗除去，将密度小于淀粉的细纤维和麸质漂洗出去，淀粉洗涤是淀粉精制的主要工艺过程。

淀粉洗涤目前普遍采用旋流器通过逆流洗涤的方法完成。在每级旋流器中淀粉乳用泵加入分离室，浆料在离心力作用下，较重的淀粉从底流口排出，较轻的麸质从上部的溢流口排出。浓缩的稀淀粉乳用下一级旋流器排出的溢流稀释，形成整个系统的逆流洗涤。新鲜水只在最后一级加入，溢流逐级向前直至第一、二级溢流口排出。洗涤后淀粉乳中蛋白质含量可降到0.4%左右，可溶性物质降到0.1%以下。

5. 产品脱水与干燥

精制后的淀粉乳呈白色悬浮液状态，含水量在60%左右，如果不作为后续生产的原料，必须进行脱水和干燥才能成为商品淀粉。采用的方法通常是先机械脱水去除大部分游离水，然后加热干燥进一步降低淀粉中的含水量，达到产品质量标准。

机械脱水对含水量在60%以上的悬浮液来说是比较经济和实用的方法。因此，要尽可能用机械方法从淀粉乳中排除更多的水分。玉米淀粉乳的机械脱水一般选用离心式过滤机，也可采用真空过滤机。淀粉的机械脱水虽然效率高，但达不到淀粉干燥的最终目的。离心过滤机只能使淀粉的含水量最低降到34%，真空过滤机的脱水只能达到40%~42%的含水量。而商品淀粉的含水量为12%~14%。因此，在机械脱水的基础上，还需采用加热干燥的方法对淀粉进一步干燥。

淀粉经过机械脱水后，还含有 36%～40% 的水分，这些水分均匀地分布在淀粉的各部位，只有采用加热的方法才能将淀粉中多余的水分迅速除去。对淀粉进行干燥处理时，既要提高干燥效率，又要保证在加热干燥的过程中淀粉的性质不发生变化。目前国内外普遍采用气流干燥法。

加热到 120～140℃ 的净化空气与松散的湿淀粉混合，热空气与淀粉颗粒进行热交换，淀粉颗粒中的水分被加热蒸发出来，并被空气带走。由于湿的淀粉颗粒在热空气中呈悬浮状态，受热时间短，所以淀粉既能迅速脱水，同时又保证了其性质不变。

三、马铃薯淀粉生产

马铃薯为植物的根块，通常呈椭圆形和球形，表面有芽眼，由周皮、外皮层、内皮层、维管束环、外髓、内髓等组成。周皮内是薯肉，薯肉由外向内包括皮层、维管束环和髓部。皮层和髓部由薄壁细胞组成，内部充满淀粉颗粒，髓部还含有很多的蛋白质和水分。皮层和髓部之间的维管束环是块茎的输导系统，也是含淀粉最多的部位。马铃薯淀粉具有黏度高、糊化温度低、不易回生老化等特点。

马铃薯淀粉生产的基本原理与湿法玉米淀粉生产原理相似，都是以水为介质，利用淀粉颗粒和非淀粉成分在密度和水溶性上的差异，使淀粉与纤维、可溶性物质等成分分开。马铃薯与玉米籽粒相比，水分含量高，没有胚芽，非水溶性蛋白质少，脂肪含量低，更便于淀粉的提取，因此，马铃薯淀粉的生产工艺比玉米淀粉简单。图 8-12 给出了马铃薯淀粉生产工艺流程。其他薯类（木薯和甘薯）淀粉的生产过程与马铃薯淀粉基本是相同的。

1. 马铃薯洗涤

马铃薯表面黏附有泥土，洗涤的目的就是清除表面的泥土，降低泥土对后续工序的影响，保证产品质量，同时去除部分外皮，减轻纤维分离工序的负担。马铃薯洗涤一般采用螺旋式清洗机或栅条滚筒式洗涤机。

螺旋式清洗机和栅条滚筒式洗涤机的结构及工作原理在见第三章中的相关内容。在清洗工序中，常常将螺旋式清洗机和栅条滚筒式洗涤机结合使用，以便获得更好的工艺效果。

2. 破碎

马铃薯破碎的目的是尽可能地使块茎细胞

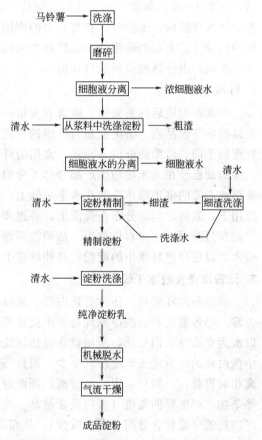

图 8-12　马铃薯淀粉生产工艺流程

破裂，将其中的淀粉释放出来。破碎的程度需加以控制，薯块过粗，细胞壁破坏不完全，淀粉难以充分游离出来，降低淀粉得率；过度破碎会增加粉渣的分离难度。马铃薯破碎常用的设备有锤式粉碎机和锉磨机。

锤式粉碎机在第六章中已有介绍。锉磨机的主要工作部件为转鼓和阻刀。转鼓表面沿母线方向安装长条状齿条，齿条间距 10mm，突出高度不大于 1.5mm。工作时，马铃薯块由进料口落到高速旋转的转鼓上，并被带入与阻刀的间隙中，在转鼓齿条和阻刀的锉磨下，磨碎的糊状物料穿过外壳下部的钢制筛板进入料槽，大块物料继续留在机内锉磨。经锉磨机破碎的马铃薯颗粒均匀，淀粉游离率高。该机结构紧凑，能耗低，缺点是磨齿磨损快。

3. 细胞液分离

马铃薯破碎后，淀粉从细胞中释放出来，同时释放的还有细胞液。细胞液是溶于水的蛋白质、氨基酸、微量元素、维生素以及其他物质的混合物。细胞液中含干物质 4.5% ~ 7.0%，占薯块干物质含量的 20% 左右。

由于破碎后细胞液中的酶类接触空气中的氧会生成有色物质，使薯浆呈暗红色，影响淀粉的色泽，而且蛋白质在浆液中形成絮状物，产生大量泡沫。因此，马铃薯破碎后应立即分离细胞液，防止色素物质产生，提高淀粉品质，同时降低泡沫的形成，有利于重复使用工艺过程水。

细胞液分离常用的设备是卧式螺旋沉降离心机，其工作部件是水平同心安装的内转鼓和外转鼓。外转鼓为圆锥形无孔钢桶，内转鼓装有螺旋推进器，螺旋外形与外转鼓内壁形状相同，并有 1mm 的间隙。内、外转鼓保持一定的转速差，进料管和洗水管通过转鼓小头的空心轴进入转鼓内。工作时，在离心力的作用下，浆料中的淀粉、纤维等固态物料沉积在外转鼓的内壁上，上层的细胞液于外转鼓大头端的溢流口排出，固态物料则由螺旋推进器推向转鼓小头端，由外转鼓出料端口排出。

4. 纤维分离

分离细胞液后的薯浆中，除含有大量的淀粉以外，还含有纤维和蛋白质等，必须分离除去以提高淀粉品质。薯类淀粉与纤维的分离和玉米纤维分离相同，也是利用淀粉颗粒与纤维粒度的不同，借助筛分设备完成。常用的纤维分离设备有锥形离心筛和曲筛。

曲筛已经在玉米淀粉生产部分作了介绍，这里只对锥形离心筛的工作原理作简单介绍。锥形离心筛的锥形筛体安装在水平主轴上，浆料通过进料管输送到筛体小径端。在离心力的作用下，浆料均匀地分布在筛面上，并逐步向锥形筛体的大径端移动。在此过程中，淀粉悬浮液穿过筛网，由出料口排出。截留在筛面上的纤维向锥体大径端移动。同时，喷淋器不断喷水，以便冲出纤维中的淀粉，并使纤维由出渣口排出。

5. 淀粉洗涤及脱水干燥

薯浆分离纤维后，还含有蛋白质、细砂、细纤维和少量水溶性物质，需要通过淀粉洗涤去除。马铃薯淀粉浆的洗涤原理与玉米淀粉相同，都是利用淀粉与杂质的密度和水溶性不同，以水为介质将它们分开，所用设备包括旋流器和离心机，这里不再累述。由于马铃薯淀粉乳中蛋白质的含量比玉米淀粉乳要少，而且马铃薯淀粉颗粒比玉米淀粉大，因此，蛋白质的分离相对容易，一般只采用二级分离，即两台分离机顺序操作。第一台分离机主要去除蛋白质等杂物，产生好的溢流（蛋白质含量高、淀粉少），第二台分离机主要是浓缩淀粉乳，产生好的底流（淀粉含量高、蛋白质少），从而获得理想的效果。

洗涤精制后的淀粉乳含有 50% ~ 60% 的水分，必须进行脱水干燥达到贮藏的安全水分。采用的方法和设备与玉米淀粉的脱水干燥完全相同。

四、小麦淀粉生产

小麦淀粉的提取相比于其他淀粉有其独特之处。由于小麦胚乳中蛋白质含量高达 12.9%（玉米为 8.0%），而且小麦的蛋白质遇水后形成有弹性的面筋，这使小麦淀粉与蛋白质的分离比玉米和马铃薯淀粉困难得多。

　　小麦淀粉的生产可以以小麦籽粒或小麦粉为原料。以小麦粉为原料的淀粉生产工艺有多种，但原理基本相同，就是利用小麦蛋白质可以形成不溶于水的面筋网络的特性，利用水洗涤的方法使离散的蛋白质分子结合成面筋网，同时将淀粉颗粒洗脱出来，其基本工艺流程如图8-13所示。

　　以小麦粉为原料生产淀粉的方法有马丁（Martin）法、拉西奥（Rasio）法、旋流法、高压分离法等。马丁法是传统的方法，设备简单，操作容易，但该工艺产品得率低，品质稳定性差，已经逐渐被旋流法取代。旋流法的特点是面筋与淀粉的分离设备以旋流器为主，生产工艺流程如图8-14所示。

　　原料面粉与水以1:（0.6~0.7）的比例混合，制成浆状面团，在面筋成型

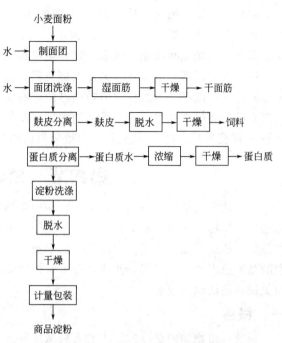

图8-13　小麦淀粉生产工艺流程

罐中加水稀释，通过搅拌使面团分散成可自由流动的面浆，面筋呈线状或丝状悬浮在面浆中。

　　面浆被泵入多级旋流器组进行面筋和淀粉的分离。面浆先泵入第2级，水溶性物质和面

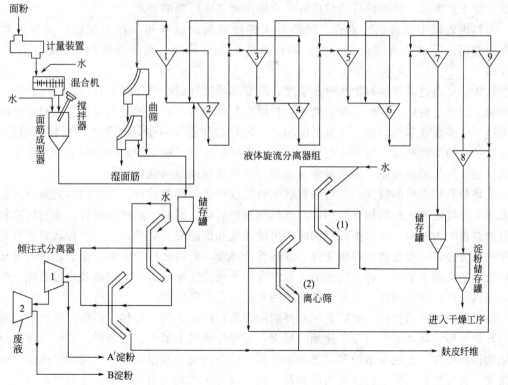

图8-14　旋流法生产小麦淀粉工艺流程

筋等轻质从溢流口流出，较重的 A 级淀粉由底流排出，并依次进入 3～9 级旋流器进行洗涤，在第 7 级洗涤后引出底流，加清水经 2 道离心筛去除麸皮，再进入 8、9 级继续洗涤，使淀粉进一步净化和浓缩，脱水干燥后可得到 A 级淀粉产品。

第 2 级旋流器的溢流送入第 1 级旋流器，底流回收面筋夹带的优质淀粉，溢流为面筋、小颗粒淀粉、细麸和可溶性物质，经过两道曲筛的筛理，筛上物为湿面筋。曲筛下料浆经两道离心筛分离出细麸皮，离心筛下物为次级淀粉，经两道倾注式离心机分离，前道分离出的是较 A 级淀粉稍差的 A' 级淀粉，后道分离出的是 B 级淀粉。

第四节　植物油制取

植物油是从植物的果实、种子、胚芽中得到的油脂。以榨取油脂为主要用途的作物一般称为油料作物，主要有油菜籽、大豆、花生、芝麻、向日葵、棉籽和蓖麻等。此外，一些农产品加工的副产品也可以作为油料，如米糠、玉米胚、小麦胚芽等。本节主要介绍植物油制取的基本原理和工艺过程，使读者在了解植物油制取工艺的过程中，加深所涉及单元操作和相关设备的认识和理解。

一、概述

目前，植物油的制取方法主要有机械压榨法、溶剂浸出法、超临界流体萃取法及水溶剂法。为使油料具有最佳的制油性能，需对物油料进行预处理，通常包括清理除杂、剥壳、破碎、软化、轧坯、膨化、蒸炒等。

大多数油料都带有皮壳，油料皮壳中含油率低，制油时吸附油脂，降低出油率。含壳率高的油料必须进行脱壳处理。对于大粒油料（如大豆、花生仁），破碎后的粒度有利于轧坯操作，对于预榨饼，经破碎后其粒度应符合浸出和二次压榨的要求。

油料预处理中的清杂、剥壳、破碎等工序所涉及的设备和工作原理已在前面的章节中作了介绍。下面仅就前面没有涉及的油料的软化、轧坯、蒸炒等特殊预处理工序作简要介绍。

软化就是通过调节油料的水分和温度，改变其硬度和脆性，使之具有适宜的可塑性，为轧坯和蒸炒创造良好的操作条件。对于直接浸出制油而言，软化也是调节油料入浸水分的主要工序。对于含油率低、水分含量低的油料，软化操作必不可少；对于含油率较高的花生、水分含量高的油菜籽等一般不进行软化处理。软化操作应正确掌握水分的调节以及温度和时间的控制。软化温度与原料含水量相互配合，才能达到理想的软化效果。

轧坯是利用机械的挤压力，将颗粒状油料轧成片状料坯的过程。轧坯的目的是通过轧辊的碾压和油料细胞之间的相互作用，使油料细胞壁破坏。同时，油料轧坯后，油脂从油料中排出的路程大大缩短，可以提高制油时的出油速度和出油率。此外，蒸炒时片状料坯有利于水和热的传递，从而加快蛋白质变性，细胞性质改变，提高蒸炒的效果。用于轧坯的设备是轧坯机，它由两个或几个相向旋转的轧辊组成。平列式轧坯机有单对辊和双对辊两种，单对辊轧坯机的轧辊是光面辊，双对辊轧坯机的对辊一般是带槽辊。

油料的蒸炒是指生坯（料坯轧坯后得到的产品）经过湿润、加热、蒸坯、炒坯等处理成为熟坯的过程。蒸炒的目的在于使油脂凝聚，为提高油料出油率创造条件。蒸炒可使油料细胞结构彻底破坏，促使分散的游离态油脂聚集、结合态油脂暴露。蒸炒可使油料内部结构发生改变，其可塑性、弹性得到适当的调整，这一点对压榨制油至关重要。油料的组织结构特性直接影响到制油操作和效果，蒸炒可改善油脂的品质。

二、机械压榨法制油

机械压榨法制油就是借助外力把油脂从料坯中挤压出来的过程。压榨法制油的历史悠久，原始的压榨法制油是以人力、水力、畜力等为动力的静态压榨制油。连续式螺旋榨油机的发明，使得动态压榨制油成为目前主要的压榨制油方法。

压榨法取油与其他取油方法相比具有以下特点：工艺简单、配套设备少、对油料品种适应性强、生产灵活、油品质量好、色泽浅、风味纯正。但该法出油效率较低，压榨后的饼残油量高、动力消耗大、零件易损耗。

1. 压榨制油的基本原理

在压榨制油过程中，受榨物料在强大的压力作用下，其中的油脂液体部分和非脂物质的凝胶部分发生不同的变化，油脂从榨料空隙中被挤压出来，同时榨料经形变成为坚硬的油饼。

在压榨的初始阶段，受榨物料颗粒发生变形，颗粒间空隙缩小，油脂开始被压出；在压榨的主要阶段，颗粒进一步变形结合，其内部空隙缩得更小，油脂大量压出；压榨的结束阶段，颗粒结合完成，油路显著封闭，油脂已很少被榨出。解除压力后的油饼，由于弹性变形而膨胀，其内形成细孔，未排走的油反而被吸入。在压榨取油过程中，料坯颗粒间的直接接触产生的压力造成了颗粒的塑性变形，榨料已不再是松散体而形成一种完整的可塑体，称为油饼。油饼的成型是压榨制油过程中建立排油压力的前提，更是压榨制油过程中排油的必要条件。压榨实际是油脂从榨料孔隙中被挤压出和榨料受压形成油饼的两个过程。

榨料受压之后，料坯间空隙被压缩，空气被排出，料坯密度迅速增加。这样，料坯的外表面被封闭，内表面的孔道迅速缩小。孔道小到一定程度，常压液态油变为高压油。高压油产生了流动能量，使小油滴聚成大油滴，甚至形成独立液相存在于料坯的间隙内。当压力大到一定程度，高压油打开流动油路，冲破榨料高压力场的束缚，与塑性饼分离。另一方面，油脂的黏度、流动性表现为温度的函数。榨料在压榨中，机械能转为热能，物料温度上升，分子运动加剧，油的黏度变小，从而为油迅速流动聚集并与塑性饼分离提供了方便。

排油深度可反映压榨取油时榨料中残留的油量。残留量越低，排油深度越深。排油深度与压力大小、压力递增量、黏度等因素有关。在压榨过程中，压力递增量要小，增压时间不宜过短。这样，料间隙逐渐变小，给油聚集流动以充分的时间，聚集起来的油又可以打开油路排出料外，排油深度才可提高。在压榨过程中，榨料温度升高，油脂黏度降低，油在榨料内运动阻力减少，有利于出油。调整压榨温度，使黏度阻力减少，有利于提高排油深度。

排油的必要条件就是油饼的成型，否则，排油压力建立不起来，油脂不能由非连续相变为连续相、由小油滴集聚为大油滴，常压油不能被封闭起来变为高压油，也就产生不了流动的排油动力。料坯受压形成饼，压力才可以建立起来。

2. 影响压榨制油的因素

压榨法取油的关键在于对榨料施加压力。因此，压榨工艺参数是提高出油效率的决定因素。压榨压力（包括压力大小、施压速度及压力变化规律）是压榨工艺参数中最重要的因素之一。对榨料施加的压力必须合理，压力变化必须与排油速度一致，做到"流油不断"。压榨过程可分阶段（称为级数）进行，对榨料突然施加高压将导致油路迅速闭塞，因此，"先轻后重、轻压勤压"是行之有效的方法。

压榨时间是影响榨油机生产能力和排油深度的重要因素。通常认为，压榨时间长，出油率高。然而，压榨时间过长，会造成不必要的热量散失，对出油率的提高不利，还会影响设备处理量。控制适当的压榨时间，必须综合考虑榨料特性、压榨方式、压力大小、料层厚薄、含油量、保温条件及设备结构等因素。在满足出油率的前提下，尽可能缩短压榨时间。

温度将直接影响榨料的可塑性及油脂黏度，进而影响压榨取油效率，而且还影响榨出油脂和饼粕的质量。压榨时，若榨膛温度过高，将导致榨出油脂的色泽加深，以及饼色加深甚至发焦；温度过低，则不利于压榨饼的成型和油脂的榨出。合适的压榨温度范围通常是在100~135℃之间。不同的压榨方式及不同的油料有不同的温度要求。对于静态压榨，由于其本身产生的热量小，而压榨时间长，多数考虑采用加热保温措施。对于动态压榨，其本身产生的热量高于需要量，故以采取冷却或保温为主。

此外，榨料性质对出油率也有影响。榨料的性质取决于油料本身的成分和预处理的效果。榨料要有适当的颗粒尺寸且均匀一致、适当的水分含量及足够的可塑性（但不宜过高），同时，油料中被破坏的细胞数要尽可能多，这样才有利于榨料中压力的建立，而且油路不至于堵塞，从而提高出油率。

3. 压榨工艺和设备

压榨法制油工艺按压榨法取油的作用原理，可分力静态压榨和动态压榨两大类。静态压榨是间歇式压榨制油，而动态压榨是连续式压榨制油。

所谓静态压榨，即榨料受压时颗粒间位置相对固定，无剧烈位移交错，因而在高压下榨料因塑性变形易结成坚饼。静态压榨易产生油路过早闭塞、排油分布不匀现象。为了确保"流油不断"，必须掌握压力与排油速率的关系。榨料受压过程一般分成预压成型、开始压缩（快榨）、塑性变形成多孔物（慢榨）后压成油饼（沥油）等阶段。其中最主要的出油阶段在榨料塑性变形的前期（一般占总排油量的75%以上，时间为15~20min）。此时压力不宜突然升得太高，否则易闭塞油路和使饼过早硬化。

静态压榨的典型设备是液压式榨油机，它是利用液体传送压力的原理，使油料在饼圈内受到挤压，将油脂取出的一种间隙式压榨设备。该机结构简单、操作方便、动力消耗小、油饼质量好、能够加工多种油料，适用于油料品种多、数量不大的油料加工。由于液压榨油机采用的是静态压榨，因此，分阶段施压在液压式榨油机操作中是十分重要的。在榨料相对固定的饼中，出油还受到油路长短的影响。因此，液压式榨油机必须保持较长时间的高压，以排尽饼中间位置剩留的油分，这就是所谓"沥油"。但是，沥油时间也不宜过长。液压式榨油机劳动强度大、效率低、工艺条件严格，已逐渐被连续式压榨设备所取代。

动态压榨是指榨料在压榨过程中呈运动变形状态，榨料在不断运动中压榨成型，且油路不断被压缩和打开，有利于油脂在短时间内从孔道中被挤压出来。动态压榨的典型设备是螺旋榨油机，其工作原理是利用旋转的螺旋轴在榨膛内的推进作用，使榨料连续地向前移动，同时，通过榨料螺旋导程的缩短或螺杆根圆直径逐渐增大，使榨膛空间体积不断缩小而产生压榨作用。螺旋榨油机一方面将榨料压缩，将其中的油脂挤压出来并从榨笼缝隙中排出；另一方面推进榨料，将残渣压成饼块从榨轴末端不断排出。

螺旋榨油机的特点是连续化生产、单机处理量大、劳动强度低、出油率高、饼薄易粉碎，是目前普遍采用的较先进的连续化榨油设备。

三、溶剂浸出法制油

浸出法制油又称萃取法取油，是利用选定的溶剂分离固体混合物中组分的单元操作。浸出法制油是利用溶剂对含有油脂的料坯进行浸泡或淋洗，使料坯中的油脂被萃取溶解在溶剂中，经过滤得到含有溶剂和油脂的混合油。通过加热使混合油中溶剂挥发并与油脂分离得到毛油，毛油经水化、碱炼、脱色等精炼工序的处理，成为符合标准的食用油脂。

浸出法与压榨法相比，其优点是出油率高、粕的质量好以及加工成本低等。采用浸出法制油，粕中残油可控制在1%以下，出油率明显提高。由于溶剂对油脂有很强的浸出能力，浸出法可以不进行高温加工，使大量水溶性蛋白质得到保护，饼粕可以用来制取植物蛋白。浸出法的缺点是一次性投资较大、浸出溶剂一般为易燃、易爆和有毒的物质，生产安全性差，而且浸出毛油质量稍差。

1. 浸出法制油的原理

浸出法制油是油脂从固相油料中转移到液相溶剂的传质过程。这一传质过程是借助分子扩散和对流扩散两种方式完成的。

分子扩散是指以单个分子的形式进行的物质转移，是由于分子无规则的热运动引起的。当油料与溶剂接触时，油料中的油脂分子借助于本身的热运动，从油料中渗透出来并向溶剂中扩散，形成了混合油；同时溶剂分子也向油料中渗透扩散，这样在油料和溶剂接触面的两侧就形成了两种浓度不同的混合油。由于分子的热运动及两侧混合油浓度的差异，油脂分子将不断地从浓度较高的区域转移到浓度较低的区域，直到两侧的分子浓度达到平衡为止。在分子扩散过程中，扩散物通过某一扩散面进行扩散的数量，与该扩散面的大小、扩散面垂直方向上扩散物分子的浓度梯度、扩散时间及分子扩散系数成正比。分子扩散系数取决于扩散物分子的大小、介质的黏度和温度。提高温度，可加速分子的热运动并降低液体的黏度，因此分子扩散系数增大，分子扩散速度提高。

对流扩散是指溶解于流体中某物质在流动过程中发生的转移。与分子扩散一样，扩散物的数量与扩散面积、浓度差、扩散时间及扩散系数有关。

油脂浸出过程的实质是传质过程，该过程是由分子扩散和对流扩散共同完成的。在分子扩散时，物质依靠分子热运动的动能进行转移。适当提高浸出温度，有利于提高分子扩散系数，加速分子扩散。而在对流扩散时，物质主要是依靠外界提供的能量进行转移。一般是利用液位差或泵产生的压力使溶剂或混合油与油料处于相对运动的状态，促进对流扩散。

2. 浸出溶剂

物质的溶解一般遵循"相似相溶"的原理，即溶质分子与溶剂分子的极性越接近，相互溶解程度越大，否则，相互溶解程度小甚至不溶。分子极性通常以"介电常数"来表示，分子极性越大，其介电常数也越大。植物油脂的介电常数在常温下一般在3.0～3.2之间，浸出溶剂的介电常数应与油脂的接近，这样才能使油脂的浸出顺利进行。

根据油脂浸出工艺及安全生产的需要，浸出溶剂应符合以下几项要求。

① 对油脂有较强的溶解能力，对油料中的其他成分，溶解能力要尽可能地小，甚至不溶，这样有利于提高出油率和毛油质量。

② 既易气化，又易冷凝回收，使毛油和成品粕不带异味，同时产生的溶剂蒸气容易冷凝回收，以便重复使用，溶剂的沸点在65～70℃范围内比较合适。

③ 具有较强的物理化学稳定性。在生产过程的循环使用中，不发生变化；与油脂、粕中的成分不发生化学反应；对设备不产生腐蚀作用。

④ 在水中的溶解度小，便于溶剂与水分离，减少溶剂损耗。具有较好的安全性，溶剂在使用过程中不易燃烧，不易爆炸，对人、畜无毒性。

事实上，到目前为止，还没有一种完全符合上述要求的理想溶剂。我国目前普遍采用的是浸出轻汽油（6号溶剂油）。轻汽油是石油原油的低沸点分馏物，为多种碳氢化合物的混合物，没有固定的沸点，通常只有一沸点范围（馏程）。6号溶剂油对油脂的溶解能力强，在室温条件下可以任何比例与油脂互溶，对油中非脂肪物质的溶解能力较小；物理化学性质稳定，对设备腐蚀性小，不产生有毒物质；与水不互溶，沸点较低易回收，价格低。6号溶剂油最大缺点是容易燃烧爆炸，并对人体有害。

除浸出轻汽油外，正己烷、液态正丁烷、丙酮和乙醇也都可以用做浸出溶剂。对于浸出法取油的生产来说，如何选择一种适合于生产用的溶剂是极为重要的，因为它不仅影响产品的质量和数量，而且也影响浸出的工艺效果、各种消耗和安全。

3. 浸出法制油的工艺过程

浸出法制油工艺一般包括预处理、油脂浸出、湿粕脱溶、混合油蒸发和汽提、溶剂回收等工序。预处理中所涉及的内容已在本节概述中做了介绍，下面仅就前面没有涉及的工序做简要介绍。

（1）油脂浸出

经过预处理的料坯送入浸出设备完成油脂萃取分离的任务，经油脂浸出工序分别得到混合油和湿粕。按溶剂与油料的混合方式，油脂浸出可分为浸泡式、喷淋式、混合式三种。浸泡式将油料浸泡在溶剂之中，使油脂溶解出来。喷淋式将溶剂喷洒到油料料床上，溶剂在油料间往往是非连续性滴状流动，完成浸出过程。混合式溶剂与油料的接触既有浸泡又有喷淋，两种方式同在一个设备内进行。

（2）湿粕脱溶

从浸出设备排出的湿粕一般含有25%～35%的溶剂，必须进行脱溶处理。湿粕脱溶通常采用加热的方法，使溶剂受热气化与粕分离。湿粕脱溶一般采用间接蒸汽加热蒸烘，同时结合直接蒸汽、负压、搅拌等措施，促进湿粕脱溶。湿粕脱溶过程中要根据粕的用途来调节脱溶的方法及条件，保证粕的质量。经过处理后，粕中水分不应超过8.0%～9.0%，残留溶剂量不应超过0.07%。

（3）混合油蒸发和汽提

从浸出设备排出的混合油含有溶剂、油脂、非油物质等，经蒸发、汽提，从混合油中分离出溶剂而获得浸出毛油。

混合油蒸发是利用油脂与溶剂的沸点不同，将混合油加热，使溶剂汽化与油脂分离。混合油沸点随混合油浓度的增加而提高，相同浓度的混合油沸点随蒸发操作压力的降低而降低。混合油蒸发一般采用二次蒸发法，使混合油质量分数由20%～25%提高到60%～70%后，再使其达到90%～95%。

混合油汽提是指混合油的水蒸气蒸馏。混合油汽提能使高浓度混合油的沸点降低，从而使混合油中残留的少量溶剂在较低温度下尽可能地被完全脱除。混合油汽提在负压条件下进行油脂脱溶，对毛油品质更为有利。为了保证混合油汽提效果，用于汽提的水蒸气必须是干蒸汽，避免直接蒸汽中的水分与油脂接触，造成混合油中磷脂沉淀，影响设备正常工作。

（4）溶剂回收

在油脂浸出生产中，所用的溶剂是循环使用的，溶剂回收不仅关系到毛油和粕的质量，而且直接关系到生产的成本、安全以及对环境的污染。油脂浸出生产过程中的溶剂回收包括溶剂气体冷凝和冷却、溶剂和水分离、废水中溶剂回收、废气中溶剂回收等。

4. 影响浸出制油的主要因素

在浸出制油过程中，有许多因素影响油的浸出速率，主要包括以下几个。

（1）料坯和预榨饼的性质

料坯结构均匀一致，料坯的细胞最大限度地被破坏且具有较大的孔隙度，有利于油脂向溶剂中迅速扩散。料坯具有必要的机械性能和外部多孔性，可以保证混合油和溶剂在料层中良好的渗透性和排泄性，有利于提高浸出速率和减少湿粕含溶。料坯的水分应适当。料坯入浸水分太高会使溶剂对油脂的溶解度降低，溶剂对料层的渗透发生困难，同时会使料坯或预榨饼在浸出器内结块膨胀，造成浸出后出粕困难。料坯入浸水分太低，会影响料坯的结构强度，从而产生过多的粉末，增加混合油的含粕末量。物料最佳的入浸水分量取决于被加工原料的特性和浸出设备的形式。

（2）浸出的温度

提高浸出温度，分子热运动加剧，油脂和溶剂的黏度减小，可以促进扩散作用，有利于提高浸出速度。但若浸出温度过高，会造成浸出器内汽化溶剂量增多，压力增高，油脂浸出困难，生产中的溶剂损耗增大。一般浸出温度控制在低于溶剂馏程初沸点 5℃左右，若有条件的话，也可在接近溶剂沸点温度下浸出，以提高浸出速度。

（3）浸出时间

浸出时间应保证油脂分子有足够的时间扩散到溶剂中去。但随着浸出时间的延长，粕残油的降低缓慢，而且浸出毛油中非油物质含量增加，浸出设备的处理效率相应降低。因此，过长的浸出时间是不经济的。在保证粕残油量达到指标的情况下，尽量缩短浸出时间，一般为 90～120min。在料坯性能和其他操作条件理想的情况下，浸出时间可以缩短为 60min 左右。

（4）料层高度

料层提高，可以提高浸出设备的生产能力，同时改善料层对混合油的自过滤作用，减少混合油中含粕末量。但料层太高，溶剂和混合油的渗透和滴干性能会受到影响。在保证良好效果的前提下，应尽量提高料层高度。

（5）溶剂比和混合油浓度

浸出溶剂比是指使用的溶剂与所浸出的料坯质量之比。一般来说，溶剂比大，对提高浸出速率和降低粕残油有利，但混合油浓度会随之降低。混合油浓度太低，增大溶剂回收的工作量。溶剂比太小，又达不到浸出效果，使干粕中的残油量增加。因此，要控制溶剂比，以保证混合油的浓度和粕中残油率。一般在保证饼粕残油达到规定指标的前提下，尽量提高混合油的浓度。对于一般的料坯浸出，溶剂比多选用 0.8～1.1，混合油浓度要求达到 18％～25％。对于料坯的膨化浸出，溶剂比可以降低为（0.5～0.6）∶1，混合油浓度可以更高。在浸出生产中，在保证粕残油量小于 1％的前提下，尽量提高混合油浓度。

（6）沥干时间

沥干时间是指浸出后，为使溶剂（或稀混合油）尽可能地与粕分离，湿粕在浸出器中停留的时间。在尽量减少湿粕含溶剂量的前提下，尽量缩短沥干时间。沥干时间依浸出所用原料而定，一般为 15～25min。

油脂浸出过程能否顺利进行是由许多因素决定的，而这些因素又是错综复杂、相互影响的。因此，在浸出生产过程中要辩证地掌握这些因素并很好地加以运用，提高浸出生产效率，降低粕中残油。

四、超临界流体萃取法制油

超临界流体萃取制油是用超临界状态下的流体作为溶剂对油料中的油脂进行萃取分离，即利用超临界流体的强溶解能力特性，从油料中将油脂溶出，再通过减压将其释放出来。超临界流体萃取的原理及设备请参阅第四章相关内容。

油脂工业多采用超临界二氧化碳作为萃取剂，它不但具有良好的渗透性和溶解性，还具有极高的选择性。通过调节温度、压力，可进行选择性提取。超临界二氧化碳流体萃取分离效率高，可以在较低温度和无氧条件下操作，保证了油脂和饼粕的质量。二氧化碳对人体无毒性，且易除去，不会造成污染，食用安全性高，而且成本低，不燃，无爆炸性。

超临界流体萃取工艺是以超临界流体为溶剂，萃取所需成分，然后采用升温、降压或吸附等手段将溶剂与所萃取的组分分离。因此，超临界流体萃取工艺主要由超临界流体萃取溶质和被萃取的溶质与超临界流体分离两部分组成。

根据分离过程中萃取剂与溶质分离方式的不同，超临界流体萃取可分为恒压萃取法、恒温萃取法和吸附萃取法。恒压萃取法将从萃取器出来的萃取相在等压条件下加热升温，进入分离器完成溶质分离，溶剂经冷却后回到萃取器循环使用。恒温萃取法将萃取相在等温条件下减压、膨胀，进入分离器完成溶质分离，溶剂经调压装置加压后再回到萃取器中。吸附萃取法使萃取相在等温等压条件下进入分离器，萃取相中的溶质被分离器中吸附剂吸附，溶剂再回到萃取器中循环使用。

第五节　种子加工

种子是基本的农业生产资料之一，使用优良品种的种子是农业增产的重要途径之一。种子加工是改善种子物理特性的一种方法。加工后的种子去除了其中的碎茎叶、断穗等杂质以及未成熟的、遭受病虫害损伤的种子；通过干燥减少了水分含量；同时按尺寸、密度等进行了分级，并用保护性药剂进行处理。因此，用加工处理后的种子进行播种将带来很多好处。首先，经过加工的种子大小和形状均匀，籽粒饱满，千粒重、净度、纯度、发芽率等主要质量指标都有较大提高，种子质量的提高将使粮食单产明显提高，种子质量的提高还可以减少播种量。其次，经过加工处理的种子，最适宜于精量、半精量机械化播种，且播后生长一致，便于机械中耕管理和收获，促进了农业机械化的发展。除此以外，经过干燥、拌药处理后的种子对于预防病虫害和变质有重要的作用，增强了种子贮藏期的稳定性。

种子加工可在单机或成套设备中进行。根据加工对象、种子混合物的状态（含杂量、含水量等）、加工厂规模及加工要求等的不同，加工工艺也有差异，但基本内容相同。

一、种子加工的基本内容

为了使种子达到规定的等级标准，满足农业技术要求（如农作物种子的纯度、净度、发芽、含水量等），种子加工的基本内容应包括初清、干燥、精选分级、拌药处理、称重包装等作业。

1. 初清

也称预清。在种子干燥、精选前，一般需经过初清，去除种子中碎茎叶、断穗等较大的杂物和密度小的轻杂物，以改善种子的流动性，保证烘干机和精选机的工效和性能，并减少热能消耗。通常，这是种子加工中的第一道工序。

2. 干燥

为了种子的安全贮藏，即防止发芽霉变或低温冻伤，必须及时对种子进行干燥处理，将种子的含水率从收获时的较高值（18%～35%）下降到贮藏时的安全水分（13%～14%）。

3. 精选分级

所有种子必须经过精选分级，以清除各种杂物、其他作物的种子以及大小和密度等不符合要求的种子，并按种子的长度、宽度、厚度或密度分级，使选出的种子达到规定的等级标准。这是种子加工工艺中的主要环节。

4. 其他处理

精选分级后的种子一般要用粉状或液状药剂进行拌药消毒处理，以防止病虫害。药物处理后的种子按要求进行称重、装袋和贮藏。

不同类别种子的加工工序，有一定的差异，如加工某些麦类、稻类种子时，需增加除芒工序，以去除芒、梗和绒毛，改善种子的流动性。除芒时为了减少种子的损伤，应先进行干燥，使含水率下降到12％左右。种子加工除上述基本工序外，还有许多辅助工序，如进料、检查、除尘、升运等，它们与基本工序配合，形成一整套的处理过程。

二、种子加工工艺流程的设计原则

种子加工工序多、要求高，为使诸多的工序合理地配置在一个成套系统中，种子加工工艺流程的设计是很重要的。它要求设计者从加工对象、使用要求、加工质量、加工能力、经济效益等各方面综合考虑，确定高质量、高效率、低消耗的加工工艺流程。具体的设计原则可归纳为以下几个方面。

① 根据加工对象和种子使用要求，制定必要的加工工序、最少的机器类型和最短的工艺流程。同时，还要有一定的应变能力，以适应加工对象状态（品种、组成、含水率等）、种子储运要求（散装、大袋装、小袋装）、加工作业项目等方面可能发生的变化。为此，一般的种子加工厂都能实现多种加工工艺流程，形成一个有效、完整、尽可能简单的系统。

② 整个工艺流程应保证加工质量的稳定性，使种子达到分级标准规定的质量指标。为此，要求种子在脱粒、干燥、精选分级和输送过程中尽量减少破碎、破壳、污染、变质等现象的发生；要严格控制干燥温度，不得超过45℃；粮食作物种子的贮藏含水率应加以控制；工艺流程中的各个环节都应能方便地进行清理，以防止产生混种现象。以上质量指标必须通过各种检测手段进行检查，并加以控制。

③ 在工艺流程中各机器的生产能力必须协调，使种子加工作业连续流畅，同时又充分发挥各单机的效率。一般，在工艺流程中都设置各种中间储仓，以保证达到上述要求。

④ 种子加工厂的环境控制是设计加工工艺流程时必须考虑的重要问题。为了防止空气污染以及避免各种事故的发生，流程中应设有完善的除尘系统，合理安排废料的排出，采取各种可靠的安全措施等。

⑤ 工艺流程所需的劳动力应最少，并尽量降低操作费用和减轻劳动强度。

⑥ 种子加工厂的设备布置决定了种子运动的路线，它不仅决定于加工工艺流程，还应从加工厂的投资、种子损伤的可能性以及设备监视、检测的方便性等方面加以综合考虑。

三、种子加工设备

从种子加工的基本内容可以看出，种子加工主要涉及干燥、清选、精选、输送和吸尘等单元操作，这些操作及相关设备的工作原理已经在前面的章节中阐述过，这里不再赘述。

四、其他种子加工的特点

以上介绍的种子加工工艺流程和设备主要适用于稻、麦、玉米、杂粮等粮食作物种子。实际上，种子加工的对象除谷物种子外，还包括蔬菜种子、牧草种子等。

1. 蔬菜种子的加工工艺

蔬菜的种类很多，它们的种子特性有很大差异，因而加工工艺也不相同。通常，可将蔬菜种子分为瓜果类种子和葱、十字花科类（如菜花）两类。前者的加工工艺需经过湿种子加工工艺后再经过干种子加工处理，后者的加工工艺只是干种子加工过程。

湿种子加工工艺包括采种、分离、洗涤（净水或盐酸法化学处理）、烘干等主要工序。干种子加工工艺包括除芒、清选、分级、化学及药物处理、称重包装或丸粒化等主要工序。由上述种子加工工艺看出，蔬菜种子加工工艺比谷物种子更为复杂，所用设备的种类也更多。

2. 牧草种子的加工工艺

牧草种子与粮食种子相比有下列特点。

① 牧草品种繁多，其中粒度小的草籽品种占很大比例。它们的生物特性和机械物理特性复杂，几何形状特殊。

② 收获后的牧草种子一般含杂率高，发芽率低，如有些禾本科草籽清洁度只有50%，发芽率只有20%～30%。

③ 草籽中不少是带芒、带绒种子，其流动性差，给机械播种带来很多困难。

④ 牧草种子价格高，一般为谷物种子的几倍，而且漏选的牧草种子即成为浪费，不像谷物种子中漏选的仍可作为粮食或饲料，故获选率要求更高。

牧草种子与粮食种子的加工工艺相近，除芒、清选和分级是其主要工序，但牧草种子的上述特点给加工机械化带来更多的困难。如草籽品种很多，不能用一套设备和少数工作部件解决全部草籽的加工问题，只能按草籽特性分类，用不同方法进行加工。草籽的粒度一般较小，必须解决多种规格的小筛孔和小窝眼的制造工艺，否则，很多草籽将无法加工。某些小草籽的密度、粒径与碎茎叶等杂物几乎相同，很难进行分离。

第九章 果蔬的贮藏与加工

　　水果和蔬菜是鲜活农产品,组织柔嫩、含水量高、易腐烂变质,采后极易失鲜、降低品质,从而使营养价值和商品经济价值降低或失去。因此,果蔬的贮藏、保鲜和加工对降低生鲜果蔬产后损耗、保持其营养和经济价值、开发高附加值产品以及实现资源的充分合理利用都是非常重要的。本章首先介绍果蔬的成分组成和生理特点,在此基础上,介绍果蔬的贮藏保鲜技术以及果蔬的加工,使读者了解果蔬的贮藏及加工工艺,进一步加深所涉及的单元操作和相关设备的理解和认识。

第一节　果蔬的生物化学特性

　　因为蔬菜来源于植物的不同部位,根据其采摘部位的不同划分为根菜类(甘薯、胡萝卜)、叶菜类(菠菜、芹菜)、茎菜类(芋头、马铃薯)、果菜类(青豆、黄瓜、番茄、甜玉米等)。水果是植物包覆着种子的成熟子房。大多数水果的可食用部分是果皮的肉质部分或环绕种子的导管。根据植物结构、化学成分和生长气候的不同,水果通常分为浆果(一般很小而脆,如葡萄和甜瓜)、核果(果实中有一个核,如杏、樱桃等)、仁果(有很多核,如苹果、梨等)、柑橘类水果(柠檬酸含量高,有柑、橘、橙、柚、柠檬5大品种)、热带和亚热带水果(如香蕉、芒果等)、坚果类(食用部分的外面有坚硬的壳,如栗子、核桃、开心果)。这些水果的生物化学特性各不相同。

一、果蔬的组织结构与成分

　　果蔬的成分不仅取决于植物品种、栽培方法及气候,而且与采摘前的成熟度及采摘后继续成熟情况(受贮藏条件影响)有关。果蔬的化学成分十分复杂,可分为水分和干物质(固形物)两部分。水分包括游离水和结合水,是维持果蔬正常生理活性和新鲜品质的必要条件,也是果蔬的重要品质特性之一。干物质包括水溶性成分和非水溶性成分。水溶性成分主要是糖类、果胶物质、有机酸、单宁物质、水溶性维生素、水溶性色素、酶、部分含氮物质、部分矿物质等;非水溶性成分主要是纤维素、半纤维素、木质素、原果胶、淀粉、脂肪、脂溶性维生素、脂溶性色素、部分含氮物质、部分矿物质和部分有机酸盐等。这些物质各有特性,它们是决定果蔬本身品质的重要因素。

1. 组织结构

　　果蔬组织由各种不同的细胞组成,细胞的形状、大小随果蔬种类和组织结构而不同。细胞由细胞壁、细胞膜、液泡及内部的原生质体组成。

　　细胞壁由纤维素、半纤维素等组成,有弹性,较坚韧,对细胞内部物质起支撑和保护作用。细胞壁的内部为一层细胞膜(原生质膜),具有半透性,对于维持植物细胞的正常生理代谢起重要作用。纤维素不能被人体吸收,但能刺激肠道蠕动,有助于消化。半纤维素在水果、蔬菜中既有类似纤维素的支持功能,又有类似淀粉的贮藏功能。由于植物细胞壁为全透性，水和营养物质可以自由进出，而细胞膜为半透性物质，故细胞液经常可以保持较高的浓度，且有一定的渗透压。若置于低浓度的外界溶液中，会产生渗透现象，水分从外面渗入细胞内部，原生质施加压力于细胞壁中产生膨压。相反，若将细胞置于浓溶液中，细胞中水分会向外渗透，原生质失水，其体积缩小，产生质壁分离。细胞的这些特性在干制、糖制及冷冻加工中很重要。

液泡为成熟细胞内充满液汁的泡状物，它是细胞成长过程中逐步形成的，其外围为液泡膜，也是一种半透膜。液泡中的细胞液除 90% 左右的水分外，主要是储存物质，含有无机盐、有机盐、糖类、植物碱、单宁、花生素等水溶性物质，它使果蔬具有酸、甜、苦、涩的味道。

原生质体是细胞内具有生命活性的物质，它包括细胞质、细胞核、线粒体、高尔基体、质体等。质体由线粒体产生，有白色体、叶绿体和有色体之分，其中白色体为植物幼嫩组织所特有，成长后可转换成淀粉粒。叶绿体含有叶绿素，这是绿色蔬菜、水果的主要色素。有色体含有类胡萝卜素与叶黄素，是黄色和某些红色果蔬的主要色泽来源。

植物细胞在形成后，不断成长、分化、形成不同的能行使共同机能的各种细胞群，这些细胞群即称为组织。植物组织种类有分生组织、薄壁组织、保护组织、机械组织和输导组织。

果蔬的绝大部分食用器官是由薄壁组织构成，其食用价值和营养价值均高。输导组织一般能食用，但品质不及薄壁组织。保护组织和机械组织的细胞常角质化、木栓化、食用品质低下，应予以去除。

2. 化学成分

大多数新鲜果蔬中水分含量一般高于 70%，而且常常高于 85%，基本上都是自由水，这种水没有被非水物质化学结合，在果蔬的组织细胞中易结冰，并具很强的溶剂能力。大多数新鲜果蔬，水分活度 ≥ 0.99，适宜微生物的生长繁殖，属于易腐食品。

碳水化合物是果蔬中干物质的主要成分，因此，果蔬是饮食中易消化和不易消化碳水化合物的重要来源。易消化的碳水化合物主要以糖和淀粉的形式出现，是决定果蔬营养和风味的重要成分。果蔬中的糖主要包括果糖、葡萄糖、蔗糖和某些戊糖等可溶性糖，不同的果蔬含糖的种类不同，含糖量差异也很大，如仁果类以含果糖为主，核果类以含蔗糖为主，浆果类主要含葡萄糖、果糖；柑橘类主要含蔗糖。蔬菜中，叶菜、茎菜类含糖量较低。淀粉主要存在于薯类中，如马铃薯（14%～25%）、藕（12.77%）、芋头等的淀粉含量较多，其次是豌豆（6%）、香蕉（1%～2%）、苹果（1%～1.5%）。

不易消化的纤维质和果胶物质则提供了正常消化所需的膳食纤维。纤维素和半纤维素是植物细胞壁的主要构成成分，皆不能被人体吸收，但可以促进肠道蠕动，帮助消化，是维持人体健康不可缺少的物质。果胶物质存在于植物的细胞壁与中胶层，以原果胶、果胶、果胶酸三种不同的形态存在于果蔬组织中。

果蔬中蛋白质和脂肪的含量很低，仅某些豆类的蛋白质和脂类含量较高，果蔬中的含氮物质除蛋白质外，还有氨基酸、某些胺盐和硝酸盐。尽管含量少，但在果蔬加工中，对产品品质有重要的影响，如氨基酸或蛋白质可与还原糖发生美拉德反应，产生非酶褐变；蛋白质与单宁结合生产沉淀，可用于果汁、果酒的澄清。

果蔬中的有机酸一般包括苹果酸、柠檬酸、酒石酸，由于在水果中含量较高而通称为果酸，有些果蔬中还有少量的苯甲酸、草酸、水杨酸、琥珀酸等。在加热过程中酸味增强，一方面是温度升高时，氢离子解离度加大；另一方面是加热使果蔬组织内的蛋白质和各种缓冲物质凝固，失去了缓冲作用。有机酸的存在能削弱微生物的抗热性并能抑制其生长、繁殖。但有机酸能与铁、锡、铜等金属反应，导致设备和容器的腐蚀，影响制品的色泽和风味。

色素构成了果蔬的色泽，是人们感官评价果蔬质量的一个重要因素，也是检验果蔬成熟衰老的依据。果蔬中色素种类很多，有的单独存在，有的几种色素同时存在，或显现，或被掩盖，各种色素随着成熟期的不同及环境条件的改变而有各种变化。果蔬的色素主要有叶绿素、类胡萝卜素和花青素。其中叶绿素与类胡萝卜素为非水溶性色素。叶绿素是两种结构很相似的物质叶绿素 a 和叶绿素 b 的混合物，其含量及种类直接影响果蔬的外观质量。类胡萝卜素主要有胡萝卜素、番茄红素、番茄黄素、辣椒黄素、辣椒红素、叶黄素等，其性能稳定，使果蔬表现为黄、橙黄、橙红等颜色，广泛存在于水果和蔬菜的叶、根、花、果实中。类胡萝卜素中有一些化合物可以转化成维生素 A，他们又称作为"维生素 A 原"。花青素为水溶性色素，在果蔬中多以花青苷的形式存在，常表现为紫、蓝、红等色，存在于植物体内，溶于细胞质或液泡中，在日光下形成，因此生长在背阴处的蔬菜，花青素含量会受影响。

果蔬中含有各种各样的酶，主要有两大类：一类是水解酶类；另一类是氧化酶类。水解酶类主要包括果胶酶、淀粉酶、蛋白酶，与果实的质构变化有关。果蔬中的氧化酶是多酚氧化酶，可诱发酶促褐变，对加工中产品色泽的影响很大。加工过程中主要采用加热破坏酶的活力、调节 pH 降低酶的活力、添加抗氧化剂及隔绝氧气等方法来防止酶促褐变。

维生素是活细胞维持正常生理功能所必需的天然有机物质。维生素在果蔬中含量极为丰富，是人体维生素的重要来源。据报道，人体所需维生素 C 的 98％、维生素 A 的 57％来自于果蔬。维生素 A 的前体包括 β-胡萝卜素和其他一些类胡萝卜素，特别存在于橘黄色的果蔬和绿叶蔬菜中。柑橘类水果是维生素 C 的最佳来源，绿叶蔬菜和番茄也是它的良好来源。

果蔬中含有丰富的钾、钠、铁、钙、磷和微量的铅、砷等元素，这些矿物质大部分与酸结合成盐类（如硫酸盐、磷酸盐、有机酸盐），小部分与大分子结合在一起，参与有机体的构成，如蛋白质中的硫、磷，叶绿素中的镁等。

芳香物质的主要成分为醇类、脂类、醛类、酮类和醚类、酚类以及含硫、含氧化合物等，它们是决定果蔬品质的重要因素，也是判断果蔬成熟程度的指标之一。果蔬所含的芳香物质是由多种组分构成的，随栽培条件、气候条件、生长发育阶段、种类等的不同而变化。

果蔬中的糖苷类物质很多。在果蔬加工中，需注意以下几种：苦杏仁苷存在于多种果实的种子中，在食用含有苦杏仁苷的种子时，应事先加以处理，除去所含的氢氰酸，以防中毒；橘皮苷不溶于水，溶于碱液和酒精，具有软化血管的作用；黑芥子苷是十字花科蔬菜辛辣味的主要来源，存在于根、茎、叶和种子中，可在酶或酸的作用下水解，生成具有特殊刺激性辣味和香气；茄碱苷称龙葵苷，是一种剧毒且呈苦味的生物碱，含量在 0.02％时即可引起中毒，主要存在于马铃薯的块茎和未成熟的番茄、茄子中。

大多数果蔬中都含有单宁（也称鞣质），它是一种多酚类化合物，易溶于水，有涩味。单宁与果蔬的风味、褐变和抗病性密切相关。单宁是引起涩味的主要成分，含量高时会给人带来很不舒服的收敛性涩感，但是适度的单宁含量可以给产品带来稍凉的感觉，也有强化酸味的作用，这一点在清凉饮料的配方设计中具有很好的使用价值。

二、果蔬采后的生理特点

1. 呼吸

采收后的水果和蔬菜继续进行呼吸作用，因而仍可被认为是"有活力的"。此时，光合作用基本停止，呼吸作用成为新陈代谢的主导过程，也是果蔬贮藏中最重要的生理活动，它制约和影响其他生理过程。

呼吸作用指的是植物吸收氧气，把复杂的有机物分解成较为简单的物质，同时放出二氧化碳、水和热量的过程。呼吸作用强弱与果蔬组织的生理生化变化、果蔬的贮藏寿命密切相关，降低呼吸作用，是新鲜果蔬采后贮藏、运输的基本原则。

呼吸作用可分为有氧呼吸和无氧呼吸两类。有氧呼吸是指从空气中吸收分子态氧，将呼吸底物最终氧化分解成 CO_2 和水，同时释放出大量的能量，是主要的呼吸方式。无氧呼吸不从空气中吸收 O_2，呼吸底物不能被彻底氧化，结果形成乙醛、乙醇、乳酸等，并释放少量能量。无氧呼吸释放的能量比有氧呼吸少得多，为了获得同样多的能量就要消耗更多的呼吸底物；同时，无氧呼吸产生的乙醛、乙醇等物质在细胞内积累，可使细胞中毒，甚至死亡。因此，无氧呼吸对贮藏是不利的。

呼吸强度是衡量呼吸作用强弱的一个指标，即在一定的温度下，单位时间内单位重量的果蔬吸收 O_2 或放出 CO_2 的量 $[O_2$ 或 $CO_2 \, mg/(kg \cdot h)]$。呼吸强度表明了组织内营养物质消耗的快慢，反映物质量的变化，在采后生理研究和贮藏实践中，是最重要的生理指标之一。

影响呼吸作用的因素可分为内在因素（产品本身因素）和外在因素（环境因素）两大类。

内在因素中，遗传特性决定了不同种类和品种的果蔬呼吸强度不同。果品中呼吸强度依次为浆果类（葡萄除外）最大，核果类次之，仁果类较低。蔬菜中呼吸强度叶菜类最大，果菜类次之，根、块茎较低。对同一种类果蔬，一般南方生长的比北方生长的呼吸强度大、早熟品种比晚熟品种呼吸强度大、夏季成熟的比秋季成熟的呼吸强度大、营养器官（叶、花）比贮藏器官呼吸强度大。此外，成熟度对呼吸作用也有影响。幼龄时期呼吸强度最大，随着生长发育的变化，呼吸强度逐渐下降，这是因为幼龄时期，各种代谢过程都很活跃，而且表层保护组织尚未发育完善，组织内的细胞间隙也较大，便于气体交换，内层组织能获得较充足的 O_2，因此呼吸强度大，这也是幼嫩瓜果贮藏困难的原因。老熟的瓜果和其他蔬菜，新陈代谢缓慢、表皮组织、蜡质和角质保护层加厚，呼吸强度降低，耐贮藏。

外在因素中，温度是影响呼吸作用最重要的因素。在一定温度范围内，温度升高，酶活性增强，呼吸强度增大。呼吸与温度的关系可用呼吸的温度系数（Q_{10}）来表示，即在一定温度范围内，温度每升高 $10^\circ C$，呼吸强度增加的倍数。在多数情况下，$Q_{10}=2 \sim 2.5$。适宜的低温可降低呼吸强度，并使呼吸高峰延迟出现，峰值降低，甚至不出现高峰，这一特性在贮藏上很大意义。果蔬冷藏时，应维持稳定的低温，如温度波动，会使呼吸强度很快增大。另外，为了降低呼吸强度，并非温度越低越好，应考虑不同果蔬对低温的忍耐程度，不致产生冷害。

与温度相比，湿度对呼吸强度的影响次之，但仍会带来很大影响。湿度对不同果蔬呼吸强度的影响不尽相同。如大白菜、菠菜、温州蜜柑、红橘等采后稍经晾晒，蒸发掉一小部分水分，有利于降低呼吸强度，增强耐储性。洋葱、大蒜贮藏时要求低湿，低湿可降低呼吸强度，保持休眠状态。但薯芋类蔬菜贮藏时要求高湿，干燥反而促进呼吸产生生理病害。香蕉在相对湿度<80%时，不能正常成熟，也无呼吸跃变，但在相对湿度>90%时呼吸表现出正常的跃变模式。

所谓呼吸跃变是指有些果实在其成熟过程中，呼吸强度会骤然升高，当达到一个高峰后又快速下降的现象。跃变最高点叫呼吸高峰（跃变高峰）。据果实采后呼吸趋势不同，可将果实分为跃变型和非跃变型（见图9-1）。

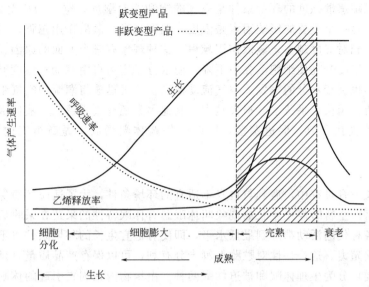

图 9-1　跃变型和非跃变型果实的生长、呼吸及乙烯产生的曲线（Will 等，1998）

呼吸跃变的出现标志着果实成熟，达到可食的程度，呼吸跃变后，果实迅速进入衰老状态。因此，呼吸跃变是果实生命中的一个临界期，它标志果实从成熟到衰老的转折。对跃变型果实而言，跃变上升期正是它的贮藏期，即在呼吸跃变出现之前采收完成，并必须设法推迟呼吸高峰的到来，才能延长贮藏期。对非跃变型果蔬可适时晚采，以便充分成熟。

2. 蒸散

新鲜果蔬含水量高（85%～95%），无论是采前采后总是不断蒸失水分，采前蒸发的水分可以由根部吸水补偿，根与蒸发表面之间形成一条不断的蒸腾流。采后果蔬离开母体，失去了水分的补给，但失水仍在继续，使果蔬鲜度下降，并带来一系列的不良影响。

果蔬不断蒸散失水所引起的最直观的现象是失重和失鲜。失鲜表现为形态、结构、色泽、质地、风味等多方面变化，降低产品的食用品质和商品品质。一般失水 5% 以上为失鲜。失水萎蔫破坏了正常的新陈代谢，水解过程加强，细胞膨压下降造成机械结构改变，直接影响果蔬的耐储性和抗病性。

果蔬失水的快慢主要受产品自身和环境因素的影响。

果蔬失水从其表面进行，表面积比（表面积与其重量或体积之比）越大，蒸散失水越多。叶子的表面积比最大，所以叶菜类的失水要比果实大，而个头小的果蔬要比那些个大的果蔬表面积比大，失水也较快。表面组织结构对果蔬组织的水分蒸腾有很大影响，果蔬水分蒸腾主要通过表面的自然孔道和角质层进行，气孔、皮孔是植物失水和气体交换的主要通道。幼嫩器官表皮角质层未充分发育，透水性强，极易失水。随着成熟，表皮角质发育完整健全，阻塞了一部分气孔和皮孔，有的还覆盖着致密的蜡质果粉，利于保水。细胞保持水分的能力对失水有影响，这与细胞中可溶性物质的含量、亲水胶体的含量和性质有关。原生质中有较多亲水性强的胶体物质，可溶性固形物含量高，使细胞渗透压高，保水力强，如洋葱中亲水性胶体物质多，尽管其含水量比马铃薯高，但在相同贮藏条件下失水反而比马铃薯少。机械损伤能加速产品失水，虽然组织在生长和发育早期，伤口处可形成木栓化细胞，使伤口愈合，但部分产品的这种愈伤能力随着植物器官的成熟而降低，所以采后操作应尽量避免机械损伤。表面组织遭到虫害、病害时也会造成伤口，从而增加水分的损失。

直接影响果蔬蒸散强度的环境条件是空气的饱和相对湿度,空气的相对饱和湿度越大,果蔬越易失水。另一个重要的影响因素是温度,温度越高,蒸散作用越强,当绝对湿度不变时,温度越低,相对湿度越大,蒸散作用越慢。这种现象有三个方面的原因:温度高,水分子自由能增加;温度升高使细胞液黏度下降,使水分子容易自由移动;温度升高,空气饱和相对湿度增加,也利于水分的蒸发。空气流动速度快,可迅速将潮湿的空气带走。在一定的时间内,空气流速越快,果蔬水分损失越大。其他因素还有气压越低,液体沸点越低、越易蒸发;光照可使气孔开放,促进蒸散,同时使果蔬体温增高,提高组织内蒸汽压而加快蒸散。

3. 休眠

植物在生长发育过程中,遇到与自身不适宜的环境条件,为了适应环境保持自己的生命能力,有的器官产生暂时停止生长的现象叫休眠。有休眠特性的果蔬在采收后,就会逐渐进入休眠状态,各种代谢活动都降到最低水平,即使有适宜生长的环境条件也不发芽生长,保持其生命力和繁殖力。这一特性对贮藏保鲜十分有利,可以保存产品质量,延长贮藏寿命。

休眠的种类可分为生理休眠和被迫休眠两种。由植物内在因素引起的休眠,即使给予适宜的条件仍要休眠一段时间,这种休眠称为生理休眠。如洋葱、大蒜、马铃薯等,它们在休眠期内,即使有适宜的生长条件,也不能脱离休眠状态,暂时不会发芽。由不适合环境条件造成的暂停生长的现象叫被迫休眠。当不适因素得到改善后生长便可恢复,如结球白菜和萝卜的产品器官形成以后,冬天来临,外界环境不适宜它们的生长而进入休眠。

植物采收后,生命活动还很旺盛,为了适应新的环境,往往加厚自己的表皮和角质层,或形成膜质鳞片,或形成木栓组织和周皮层,以增强对自身的保护,且体内的物质小分子向大分子转化,为休眠作准备,这些变化有些是不被希望的。因此,若环境条件适宜,可迫使其不进入休眠,而是开始萌发或缩短生理休眠时期。一旦进入生理休眠(真休眠或深休眠),植物真正处于相对静止的状态,一切代谢活动已降至最低限度,产品外层保护组织完全形成,细胞结构出现了深刻的变化,即使提供适宜的条件也不能发芽生长。休眠后期(强迫休眠)产品由休眠向生长过渡,体内大分子物质向小分子转化,可利用的营养物质增加,若外界条件适宜生长,可终止休眠,若外界条件不适宜生长,则可延长休眠。

4. 成熟衰老

水果、蔬菜在个体发育过程中,经历生长、发育、完熟、衰老几个阶段。它们是相辅相成、紧密联系的连续过程。

果实从坐果开始到衰老结束,是果实生命的全过程。这些过程被许多植物激素所控制,特别是乙烯的出现是果实进入成熟的征兆。由于适当浓度乙烯的作用,果实呼吸作用随之提高,某些酶的活性增强,从而促成果实成熟、完熟、衰老等一系列生理生化的变化,果实也表现出不同成熟阶段的特征。

几乎所有的植物组织都能产生乙烯,而乙烯反过来又促进植物的生长发育,成熟衰老。乙烯能提高果蔬产品的呼吸强度,促进果蔬产品成熟衰老,导致品质下降,还可以加快叶绿素的分解,促进植物器官的脱落。

影响乙烯生成和作用的因素有很多,主要有以下几点。

① 果蔬的种类和成熟度。非跃变型果实乙烯生成量极少,不足以诱导自身的完熟,应在充分成熟时采收。跃变型果实在刚进入成熟阶段乙烯生成量也很少,进入完熟阶段后乙烯合成才急剧增加,出现乙烯释放高峰,长期贮藏的果实应在跃变前采收。

② 温度。在正常的生理温度下,随着温度上升乙烯合成速度加快。对大多数果蔬来说,

20～25℃乙烯合成速度最快。0℃左右乙烯生成受到很大抑制，所以低温贮藏是抑制乙烯合成的非常有效的方式。在贮藏上，对某些果蔬贮藏前期用高温处理，能显著地抑制乙烯生成，因高温破坏或抑制了合成乙烯的酶。

③ 气体成分。乙烯合成是一个需要 O_2 的过程，而高 CO_2 对乙烯的生成具有抑制作用。

④ 伤害。很多果蔬受伤后，乙烯加速生成，称为"伤乙烯"。据报道，伤乙烯与正常乙烯是同一途径产生的，在受伤时，也有部分乙烯来自膜破坏的产物经直接氧化生成。

⑤ 化学药物。某些药物处理可抑制内源乙烯的生成。如塞苯唑浸苹果后在 0℃ 下贮藏 11 周，乙烯产生很少。某些解偶联剂、还原剂、铜螯合剂、自由基清除剂都对乙烯生成有抑制作用。

果蔬生长发育和成熟并非取决于某一种激素，而是几种激素共同作用的结果。果蔬在生长发育、成熟衰老过程中，生长素（IAA）、赤霉素（GA）、细胞分裂素（CK）、脱落酸（ABA）、乙烯 5 大植物激素的含量有规律地变化，调节着果蔬生长发育的各个阶段。其中，生长素、赤霉素、细胞分裂素促进果蔬生长发育，抑制成熟衰老；脱落酸、乙烯促进成熟衰老。跃变型果实的成熟主要受乙烯的调控。而脱落酸是非跃变型果实成熟促进剂。

第二节　果蔬的贮藏

果蔬采收后仍然是有生命的活体，继续进行着各种生命活动，向衰老、败坏方向变化。果蔬贮藏保鲜，就是根据果蔬采后的生理特点，采取一定的技术措施，减缓其衰老和腐败，保持新鲜品质。耐贮性是指果蔬在一定的贮藏期限内保持其原有品质而不发生明显不良变化的特性。抗病性是指果蔬抵抗致病微生物侵害的特性。

果蔬贮藏的效果在很大程度上取决于采收以后的处理措施、贮藏设备和管理技术所创造的环境条件。果蔬在适宜的温度、湿度和气体环境的条件下贮藏寿命可以延长。但实践证明，果蔬自身的化学特性及生长期间的栽培条件对其贮藏性能影响也很大。

在果蔬的贮藏过程中，影响果蔬采后生理的各种因素都可影响果蔬的贮藏质量与寿命。

一、果蔬在贮藏过程中的变化

1. 质构

在活的植物中，根部吸收的水分穿过细胞壁和细胞膜进入原生质的细胞质和液泡中，在细胞内达到渗透平衡状态。细胞液泡和原生质中的渗透压将原生质推向细胞壁，引起与弹性相适应的轻微扩张。这些过程形成了活植物体的典型表观特征，并产生了人们对采收后仍有生命力的水果和蔬菜所期望的饱满、多汁和脆感。

当植物组织由于贮放、冷藏、加热或其他原因受损伤时，细胞膜的蛋白质发生变性，导致选择性渗透能力丧失。没有选择性渗透，细胞液泡和原生质的渗透压就不能得以保持，并且水和溶解的物质可任意向细胞外扩散，最终造成剩余组织的软化枯萎。

无论是有生命力的水果和蔬菜的高度膨胀，还是由于渗透压的丧失而造成的软化，最终的质构还进一步受到许多细胞组分的影响。影响质构的其他因素有纤维素含量、果胶物质的含量与变化、淀粉和糖分的变化等。

2. 化学成分的变化

（1）水分

果蔬采收后，水分供应被切断，而呼吸作用仍在进行，由于一部分水分被带走，造成果蔬的萎蔫，从而促使酶的活力增加，加快了一些物质的分解，造成营养物质的损耗，并减弱了果蔬的耐贮性和抗病性，引起品质劣变。

（2）碳水化合物

果蔬在成熟和衰老过程中含糖量和含糖种类在不断地变化。一般果蔬的含糖量随着成熟而增加，在果实中未熟青果的淀粉含量较高，成熟后，由于淀粉酶的作用，淀粉转化为可溶性糖，甜味增加，如香蕉的绿果中淀粉含量为 $20\%\sim25\%$，成熟后下降到 1% 以下。但是块茎、块根等蔬菜则相反，成熟度越高含糖量越低，其淀粉含量与老熟程度成正比。豆类、甜玉米等也是随成熟过程淀粉趋于积累，而且淀粉和糖分含量的变化受贮藏温度的影响。

植物未成熟时细胞壁非常薄，主要由纤维素类物质构成，随着植物的生长，细胞壁逐渐增厚，（半）纤维素和木质素的含量也逐渐升高。果蔬成熟衰老时，产生木质化、角质化组织，使质地坚硬、粗糙，影响品质，如芹菜、菜豆等老化时纤维素含量增加。

果胶物质的含量及种类直接影响果蔬的硬度和坚实度。原果胶存在于未成熟的果蔬中与纤维素相结合，不溶于水，具有黏结性，使未成熟果蔬具有较大的硬度；果蔬成熟时原果胶与纤维素分离，以果胶形式存在，果实变软；过熟时以果胶酸为主要存在形式，果蔬组织软烂、解体。因此，果实硬度的变化，可以判断成熟度并作为判断果实贮藏效果的指标，通常使用果实硬度计来测定果实的硬度。

（3）有机酸

不同种类和品种的果蔬产品，有机酸种类和含量不同。通常果蔬发育完成后有机酸的含量最高，随着成熟和衰老，有机酸的含量呈下降趋势。有机酸含量降低主要是由于有机酸参与果蔬呼吸，作为呼吸的基质而被消耗掉。在贮藏中果实的有机酸下降的速度比糖快，而且温度越高有机酸的消耗也越多，造成糖酸比逐渐升高，这也是为什么有的果实贮藏一段时间以后吃起来变甜的原因。

果蔬中有机酸的含量以及有机酸在贮藏过程中变化的快慢，通常作为判断果蔬是否成熟和贮藏环境是否适宜的一个指标。成熟期间有机酸的减少影响的不仅仅是水果的酸味，许多植物色素对酸度很敏感，所以随着有机酸含量的变化，水果的颜色也会发生变化。

（4）酶

果实在成熟过程中，质地变化最为明显，其中果胶酶起着重要作用。果实成熟时硬度降低，与半乳糖醛酸酶和果胶酯酶的活性增加有关。梨在成熟过程中，果胶酯酶活性增加时，即已达到成熟阶段。番茄果肉成熟时变软，是果胶酶作用的结果。淀粉酶主要包括 β-淀粉酶、α-淀粉酶、α-葡萄糖淀粉酶和脱支酶，它们都能使淀粉完全降解。蛋白酶可以将蛋白质降解，从而减少因蛋白质的存在而引起的果汁混浊和沉淀现象。

（5）色素

对于大多数果蔬，随着果蔬的成熟，叶绿素含量逐渐减少；果蔬中叶绿素的含量随着贮藏期的延长而降低。当果蔬进入成熟阶段时，类胡萝卜素的含量增加，使其显示出特有的色彩。

（6）芳香物质

芳香成分的含量随果蔬成熟度的增大而提高，只有当果蔬完全成熟的时候，其香气才能很好地表现出来。芳香性成分均为低沸点、易挥发的物质，因此果蔬贮藏过久，一方面会造成芳香成分的含量因挥发和酶的分解而降低，使果蔬风味变差；另一方面，散发的芳香成分会加快果蔬的生理活动过程，破坏果蔬的正常生理代谢，使保存困难。

二、果蔬贮藏方法

温度是影响果蔬后熟和衰老的最重要环境因素。低温贮藏可以降低果蔬的呼吸强度，减少果蔬的呼吸消耗。温度是影响果蔬水分蒸发的重要因素之一。乙烯是果蔬有效的催熟致衰剂，低温可减少果蔬乙烯的产生，而且在低温下，乙烯促进果蔬衰老的作用也受到强烈抑制。适宜的相对湿度对于减轻果蔬失水、保持果蔬的耐贮性具有重要作用。此外，适当提高 CO_2 的浓度降低 O_2 的浓度，可以有效降低果蔬的呼吸强度，抑制乙烯的产生和乙烯的催熟致衰作用，从而延缓果蔬的后熟和衰老过程。因此，许多果蔬的贮藏都是通过控制贮藏环境的温度、湿度和气体成分实现的。

1. 简易贮藏

简易贮藏采用自然降温方法，是一类简易、传统的贮藏方式。人们常用的自然降温贮藏主要有堆藏（垛藏）、沟藏（埋藏）、冻藏、假植贮藏和通风窖藏（窑窖、井窖），这些方法都是利用外界自然条件来调节贮藏环境温、湿度，应用时受地区和季节限制，而且不能将贮藏温度控制到理想水平。但是，因其设施简单，费用低廉，在缓解产品供需上又能起到一定的作用，所以这种简易贮藏方式在我国许多水果和蔬菜产区使用非常普遍，在水果和蔬菜的总贮藏量上占有较大的比重。

虽然简易贮藏产品的贮藏寿命不太长，然而对于某些种类的水果和蔬菜，却有其特殊的应用价值，如沟藏适合于贮藏萝卜；冻藏适用于菠菜；假植贮藏适用于芹菜、莴笋、菜花；白菜、苹果、梨等可以窖藏；白菜、洋葱可以堆藏或垛藏。这些方法多在北方有外界低温的冬季和早春使用，适用产品的贮藏温度在 0℃ 左右。我国其他地区也可以，如南通地区柑橘的地窖贮藏。

2. 通风贮藏

通风贮藏是利用自然低温通过通风换气控制温度的贮藏形式，其特点是投资低，无需特殊设备，管理方便。但是，通风贮藏仍然是依靠自然温度调节库温，温度调节范围有限，不附加其他辅助设施，很难维持理想的贮藏温度，贮藏初期常不能达到要求的低温，劳动强度大，产品干耗也大。通风系统直接影响通风库的贮藏效果，进气、排气口的位置和配置与通风效果密切相关。

3. 冷藏

在缺乏自然冷源时，需进行人工降温贮藏。冷藏是利用机械制冷调节贮藏环境温度的贮藏方式。冷藏不受季节和地区的限制，可以比较精确地控制贮藏温度，适用于各种水果和蔬菜，如果管理得当可以达到满意的贮藏效果。尽管低温能够最有效地减缓代谢速度，但是冷藏也不能无限制地延长贮藏寿命。迄今为止，冷藏是贮藏新鲜水果和蔬菜的必要手段。由于机械冷藏的应用，使许多水果和蔬菜如猕猴桃，早、中熟苹果，桃，荔枝，番茄等在常温下难以贮藏的产品得以较长期贮藏或远途运输。

冷库的湿度一般维持在 80％～90％，才能使贮藏产品不致失水蔫萎，可经常在地面或产品上喷水以增加湿度。产品在入库前可先用药液处理，冷库内的用具也要用 0.5％漂白粉溶液或 2％～5％硫酸铜溶液浸泡、洗刷、晾干后备用。

产品进入冷库前需先预冷，与库温的温差越小越好，出库后也要预先进行适当的升温处理，否则与周围的高温空气接触，会在产品表面凝结出水珠，影响外观，也易受微生物的浸染。升温程度可参考露点温度而定。

用于冷藏的水果、蔬菜都应是质量上佳、在适宜的成熟度时采收，不带机械伤，检查剔除病伤个体，并尽量进行预冷和冲洗。冷藏的果蔬必须进行合适的包装，并在库内成条成垛有序堆放，垛条与垛条、垛条与墙及顶之间要留有一定空间，底部最好用架空的垫板垫起，以便冷气尽快通达。每天的出入库数量宜控制在总库容的 20% 以内，以免库温波动过大。

果蔬在贮藏过程中会释放一些气体（二氧化碳、乙烯等），累积到一定程度会使藏品生理失调，变质变味。因此，要经常通风换气，一般应选择在气温较低的早晨进行。

4. 气调贮藏

气调贮藏是在冷藏的基础上，同时改变贮藏环境的气体成分的一种贮藏方法，它是建立在对果蔬采后生理特性深刻认识的基础上发展起来的贮藏技术。

气调贮藏的原理就是减少贮藏环境中氧气含量，提高二氧化碳浓度，从而大幅度降低果蔬的呼吸强度和自我消耗，抑制乙烯的生成，减少病害的发生，延缓果蔬的衰老进程，达到长期贮藏保鲜的目的。与常规贮藏和冷藏相比，气调贮藏具有保鲜效果好，贮藏时间长，可以保持果蔬的硬度，减少干耗损失，抑制叶绿素的分解，有利于长途运输和外销。但气调贮藏成本较高，并不适于所有果蔬，工作人员易发生窒息事故，因此具有一定的局限性。

气调贮藏可分为人工气调贮藏（CA）和自发气调贮藏（MA）。

人工气调贮藏是指在相对密闭的环境中（比如库房）和冷藏的基础上，根据产品的需要，采用机械气调设备，人工调节贮藏环境中气体成分的浓度并保持稳定的一种贮藏方法，由于氧气和二氧化碳的比例能够严格控制，而且能做到与贮藏温度密切配合，因而贮藏效果好，但气调库建筑投资大，运行成本高，制约了其在果蔬贮藏中的应用和普及。

自发气调贮藏又称简易气调或限气贮藏，是在相对密闭的环境中（如塑料薄膜袋中），依靠贮藏产品自身的呼吸作用和塑料膜具有的透气性，自发调节贮藏环境中的氧气和二氧化碳浓度的一种气调贮藏方法。此法操作简单，成本较低，风险也较小，使用方便，可设置在普通冷库内或常温贮藏库内，还可以在运输中使用，是气调贮藏中的一种简便形式。

用于果蔬密闭贮藏保鲜的薄膜种类很多，目前广泛应用的材料有低密度聚乙烯（LDPE）、高密度聚乙烯（HDPE）、聚氯乙烯（PVC）、聚丙烯（PP）、聚乙烯醇（PVA）等，它们与硅橡胶膜黏合还可制成硅窗气调袋（帐）。硅橡胶膜对氧气和二氧化碳具有合适的透气比，用它调节果蔬贮藏环境中气体成分可达到控制呼吸的目的。

自发气调贮藏有以下几种主要形式：薄膜单果包装贮藏（主要用于苹果、梨及柑橘等水果的贮运）、薄膜袋封闭贮藏（将产品在塑料薄膜袋内密封后放置于库房中贮藏）、塑料大帐密封贮藏（贮藏产品用透气的包装容器盛装，码成垛，码好的垛用塑料帐罩住）、硅橡胶窗气调贮藏。

对于一些水果和蔬菜采用气调冷藏比冷藏的效果更好，如冷藏苹果只可贮藏 6 个月，但气调冷藏却可以贮藏 10 个月。但是并非所有的水果和蔬菜都适合于气调贮藏，一般情况下，呼吸跃变型果实气调贮藏的效果较好，而非跃变型果实气调贮藏对保持产品品质作用不大。

不同的水果和蔬菜对气体的敏感程度不同，要求的氧和二氧化碳配比也不一样。由于气调贮藏的成本较高，操作管理的难度也比较大，因此，应该选择那些适合长期贮藏或经济价值高的水果和蔬菜进行气调贮藏。

气调贮藏时对温度波动范围有更严格的要求，因为温度波动会影响库内外气压差对库体造成伤害。气调贮藏较少或不进行通风换气，因此相对湿度一般偏高，气调时可能会出现短时间的高湿条件，应注意除湿。气调时会积累二氧化碳和乙烯等有害气体，需要定期用相应的脱除装置加以清除。

5. 减压贮藏

减压贮藏是一种特殊的气调贮藏方法。其基本原理是在低温的基础上将果蔬放置于密闭容器内，抽出容器内的部分空气，使内部气压下降到一定程度，同时经压力调节器输送进新鲜高湿空气，使整个系统不断地进行气体交换，以维持贮藏容器内压力的动态恒定和一定的湿度环境。由于降低了内部空气的压力，也降低了内环境的氧分压，进一步降低了果蔬的呼吸强度，并抑制了乙烯的生物合成。低压可以推迟叶绿素的分解，抑制类胡萝卜素和番茄红素的合成，减缓淀粉的水解、糖的增加和酸的消耗等过程，从而延缓果蔬的成熟衰老，可以更长时间维持果蔬的新鲜状态。

减压贮藏具有快速减压降温、快速降氧、快速脱除有害气体成分的特点。减压贮藏可延长贮藏期 2～9 倍；可以促进果蔬组织内挥发性有害气体向外扩散，减少由这些物质引起的衰老和生理病害，也从根本上消除 CO_2 中毒的可能性；可抑制细菌尤其是霉菌的繁衍活动，完全杀灭贮物表面和芯部上昆虫的成虫、蛹、幼虫和卵；还可多品种混放、贮量大。

减压贮藏操作灵活、使用方便，要求的湿温度、气体浓度很容易达到，产品可随时出入库，避免了普通冷藏和气调贮藏产品易受出入库次数影响的不良后果。贮藏苹果、香蕉、番茄、菠菜、生菜、蘑菇等均效果良好，通常压力只有正常大气压的 1/7～1/6（番茄）、1/10（苹果）、1/15（桃、樱桃）左右。

减压贮藏的缺点是在减压条件下水分极易丧失，减压库必须安装高性能的增湿装置；减压库的气密性和坚固性要求较高，故减压贮藏库的建造费用高；出库产品缺乏浓郁芳香（常温下放置一段时间可部分恢复）。

6. 其他保鲜技术

（1）辐射保鲜技术

目前各国在辐射保藏食品上，主要是应用 60 钴或 137 铯为放射源的 γ-射线照射，也有用能量在 10MeV 以下的电子射线照射。由于照射时的剂量不同，所起的作用也有差别。

低剂量（100krad 以下）影响植物代谢抑制块茎、鳞茎类发芽，杀死寄生虫。

中剂量（100～1000krad）抑制代谢，延长果蔬贮期，阻止真菌活动，杀死沙门氏菌。

高剂量（1000krad 以上）彻底灭菌。

用 γ-射线辐照抑制块茎、鳞茎类发芽，效果明显，但辐射处理可引起食品变色变味、新鲜果蔬组织褐变等现象。番茄、青椒、黄瓜、蒜薹等多种蔬菜经辐射处理后腐烂损失反而加重，可能是辐射引起生理损伤，削弱了产品原有的抗病性；梨和油桃辐照后似有催熟作用。为了避免辐射伤害，新鲜果蔬只能应用低照射剂量，还要注意种类、品种选择和处理后的贮藏管理措施。对其他蔬菜和果品的辐射处理研究得还比较少。

（2）臭氧保鲜技术

臭氧的氧化能力很强，可与微生物细胞中的多种成分产生不可逆的反应，达到杀灭微生物的作用。臭氧能够有效地快速将乙烯分解为二氧化碳和水，从而减缓了果蔬的新陈代谢，降低了成熟速度，同时还可促进创伤愈合，增加对霉菌传染的抵抗力，且对果蔬的 VC 等营养成分无影响。使用臭氧保鲜时，结合包装、冷藏、气调等手段可以提高果蔬保鲜效果。

（3）化学保鲜技术

化学保鲜技术利用防腐剂实现保鲜。防腐剂可分为化学合成防腐剂和天然防腐剂。

化学合成防腐剂由人工合成，种类多，包括有机和无机的防腐剂，其中世界各国常用的主要化学合成防腐剂有苯甲酸钠、山梨酸钾、二氧化硫、亚硫酸盐、丙酸盐及硝酸盐和亚硝酸盐等。我国批准可使用的化学合成防腐剂只有苯甲酸、苯甲酸钠、山梨酸钾和二氧化硫等少数几种。使用化学合成防腐剂虽有较好的保鲜效果，但对人体健康却有一定的影响，甚至出现致癌、致畸等毒性。

目前，在国内外常用的天然果蔬保鲜剂主要有茶多酚、蜂胶提取物、橘皮提取物、魔芋甘露聚糖、鱼精蛋白、植酸、连翘提取物、大蒜提取物、壳聚糖等，还有中草药提取物（用百部、虎杖、花椒、丁香、大黄、金银花等）、食用香料等。植物之所以能防腐抑菌，真正起作用的是其活性物质精油。研究证明，芥菜籽、丁香、桂皮、小豆蔻、芫荽籽、众香子和百里香等精油都有一定的防腐作用。

钙在延缓果蔬衰老、控制生理病害方面有较好的效果。因此，果蔬可采用浓度为 2%～12% 的氯化钙溶液进行浸泡处理。此外，在果蔬表面涂覆蜡质或壳聚糖等涂层，可抑制果蔬与空气的气体交换，减少果蔬的水分蒸发。也可在涂层中加入抗菌剂、防腐剂和植物生长调节剂，保鲜的效果将更显著。

（4）生物保鲜技术

生物保鲜技术是利用自然或人工控制的具有拮抗作用的微生物菌群和（或）它们产生的抗菌物质来延长果蔬的货架期。这些菌体本身及其次生代谢产物（如抗菌肽、抗生素、溶菌酶等），可以抑制或杀死果蔬中的有害微生物，或与有害微生物竞争果蔬中的糖类等营养物质，阻止储存期间果蔬维生素 C、糖含量和超氧化物歧化酶（SOD，具有清除自由基、预防衰老的作用）活力的下降，从而达到防腐保鲜提高果蔬质量的目的。

一般来说，低温贮藏成本高、耗能大；化学处理又会带来健康危害和环境污染等问题。生物保鲜技术克服了以上保鲜法的不利因素和弊端，具有贮藏条件易控制，处理目标明确，处理费用低，符合绿色环保要求，节省资源和减少能源浪费，防止污染等优点。

（5）基因技术保鲜

有呼吸高峰期的水果，在成熟过程中会自动促进乙烯的释放，研究人员从基因工程角度，利用基因替换技术，抑制乙烯的生物合成及积累，从而达到保鲜的目的。

另有研究认为，果实的软化及货架寿命与细胞壁降解酶的活性，尤其与多聚半乳糖醛酸酶（简称 PG 酶）和纤维素酶的活性密切相关，也受果胶降解酶活性的影响，这些酶在调节细胞壁的结构方面发挥了重要的作用。美国的科学家将 PG 酶基因的反义基因导入番茄，使 PG 酶基因产生的 mRNA 与反义 RNA 结合，而不能编码正常的 PG 酶，番茄成熟变软的问题也就迎刃而解了。

第三节　果蔬加工

一、蔬菜的采收与加工

1. 采收和加工前的注意事项

处于成熟阶段的蔬菜，从颜色、质构和风味等的变化来看，存在着一个达到质量高峰的时间。因为顶尖的质量水平只能维持很短时间，包括番茄、玉米和豌豆在内的一些蔬菜的采收和加工必须精密安排，以抓住质量高峰的时机。

蔬菜采收后，可能会很快地越过质量高峰，这种品质下降与微生物腐败无关。例如，甜玉米在室温下贮存 24h 后，总糖损失达到 26%，在 0℃ 冷藏时，24h 内损失 8% 的糖分，4 天中共损失 22%。其中一些糖分也许已转化为淀粉，一些被呼吸作用利用了。与之相似，豌豆在室温下仅需 1 天就能损失 50% 的糖分；在冷藏情况下，糖分损失相对缓慢，但蔬菜的甜度和风味在 2 天或 3 天内仍有很大变化。并不是所有的糖分损失都因呼吸作用或转化为淀粉，芦笋在采收后能将某些糖分转化为纤维组织，使质构更木质化。

当大批蔬菜处在运输途中或处在加工前的贮存状态时，放热也是一个严重的问题。在室温下，一些蔬菜将以 140.7kJ/（kg·d）的速率释放热量，这就是说，每吨蔬菜每天释放的热量足以融化 360kg 冰。由于温度升高进一步使蔬菜代谢速度增加，营养和感官质量下降，并且加速微生物的生长，所以采收的蔬菜如果不立即加工，就必须加以冷却。

但是，冷却只能减慢变质的速度，而不能防止变质。各种蔬菜对冷藏的耐受力是不同的，因而每种蔬菜都有其各自的最佳冷藏温度，这个温度通常在 0～10℃ 之间。比如黄瓜，在低于 7℃ 下冷藏会出现斑点、软斑和腐烂。这是因为在过低的温度下，尚具生命力的蔬菜的正常新陈代谢发生了改变，而且蔬菜本身对已存在并能在此温下生长的微生物的侵袭抵抗能力下降。

采收后的蔬菜由于蒸发、呼吸作用和切割面的物理性干燥而不断失去水分，导致多叶蔬菜枯萎和肉质蔬菜失去饱满性，密封包装也不能完全有效地防止水分的丧失。另外，当用塑料袋包装新鲜蔬菜时，袋内将形成水雾，高湿将促进微生物的生长，且二氧化碳含量升高而氧气含量降低会加速某些蔬菜的变质，所以通常会在这些塑料袋上穿孔以保持一定程度的通气，防止因二氧化碳中毒导致的变质，又可以尽量降低袋内的高湿度。

由于新鲜蔬菜的易腐性，运输者和加工者应尽可能减少新鲜产品在加工中的延误。在许多加工厂中，通行的做法是从农田采收蔬菜后立刻投入加工，如叶菜类蔬菜从采收到加工不应超过 24h。为确保在采收期间稳定地获得高品质的原料，许多大型食品加工厂均雇佣培训过的产地经理人，他们能够对种植活动提出建议，使蔬菜的成熟和采收与加工厂的生产能力相协调，这样能最大限度地减少蔬菜堆积和对贮藏的要求。

2. 蔬菜加工方法

将采收的蔬菜在田间冷却是一种通用的做法。新鲜的蔬菜经常由液氮制冷的卡车运送到加工厂或直接送往市场。在加工厂主要是制成包装净菜、新鲜蔬菜罐头、酱菜、泡菜、干制品、速冻产品等。在加工时，常见的工序有洗涤、去皮、修整、预煮、包装或灌装等，通常洗切、修整等采用手工操作，但也有一些可以用特殊的设备。

（1）蔬菜罐藏品

大量的蔬菜制品是罐装的产品，这种产品经灭菌、充分钝化酶，货架期可达两年以上。代表性的蔬菜罐装过程涉及的单元操作包括采收、收料、洗涤、分级、预煮、去皮和去心、装罐、排气、封罐、杀菌、冷却、贴标签和包装。这样的操作过程同样被广泛地用于水果罐装中。罐装蔬菜的形态有整装、丁状、酱状和汁状等。

根据特定种类蔬菜的大小、形状和脆性选择洗涤设备和其他的蔬菜加工设备。洗涤的目的不仅是为了除去尘土和表面的微生物，而且是为了洗掉杀真菌剂、杀虫剂和其他农药。已有法规对残留在蔬菜上的这些污染物质的最大限量作了具体限定，为去除农药残留，一般需用 1‰～1.55‰ 盐酸溶液或 0.05‰～0.1‰ 高锰酸钾或 600mg/kg 漂白粉浸泡数分钟进行杀菌，再用净水漂洗。

对于需要去皮的蔬菜，可以用多种方法完成去皮操作。外皮比较薄的蔬菜，如番茄，采用化学碱液去皮，原料损耗率低，但碱液和含碱废水的处理成本比较昂贵。出口产品一般要求人工去皮或机械去皮，去皮后必须立即投入清水中或护色液中，以防褐变。外皮比较厚的蔬菜，如甜菜和甘薯，可在穿过圆筒形管道时用高压蒸汽去皮。这种方法可以软化外皮和皮下组织，当突然降压时，外皮下面的蒸汽膨胀，造成外皮疏松和破裂，然后用水流冲去外皮。洋葱和胡椒最好在旋转筒火焰去皮机内用明火或热煤气去皮，其原理是以加热方法导致蒸汽在皮下产生膨胀，从而可以用水洗除疏松的外皮。

许多蔬菜需要进行各种切割、去梗、去心或去核等加工。如球芽甘蓝主要以手工将其底部压向快速旋转的刀片的方式进行修整。青刀豆用机器沿着其长度方向或横断其长度方向切割成不同形状。

大多数不经过高温处理的蔬菜在加工和贮藏（即使是冷冻）之前，必须加热至足以使天然酶失活的温度，这种以失活酶为目的的加工被称为预煮或热烫。对将要冷冻的蔬菜进行预煮也是必要的，因为冷冻只能减缓酶的作用，而不能钝化酶或完全中止酶的作用。如果在冷冻前不进行预煮，那么蔬菜在冷冻几个月后，将慢慢地产生许多异味和异常颜色，还将产生许多其他种类的酶促变质。

蔬菜中两种抗热性较强的酶是过氧化氢酶和过氧化物酶，可作为漂烫指示酶。因为各种蔬菜的大小、形状、热导性和天然酶的含量不同，所以只能在实验的基础上确定预煮处理的条件。用高温高压蒸汽预煮所需的时间较短，但对蔬菜造成热损伤的风险较大。如甜玉米的大部分酶存在于玉米轴中，所以使 100％酶失活的蒸汽预煮通常会导致过度蒸煮而损伤产品。因此，加工厂使用可破坏大约 90％酶活力的预煮处理条件，以避免玉米粒过软，而玉米粒过软对最终产品质量造成的损害要比少量酶活力残留所造成的损害严重得多。

罐装可以用金属罐，也可以选用塑料袋，在相应的罐装设备上完成。

（2）蔬菜速冻产品

新鲜蔬菜经预处理后，在 $-25 \sim -30℃$ 低温下，在 30min 内使其快速冻结，在 $-18℃$ 以下保存，即得到速冻蔬菜产品。经过低温速冻处理，在味道与维生素含量等方面，与新鲜蔬菜相差不大。速冻蔬菜可以调节季节性供需平衡，运输食用方便，减少城市垃圾。与罐头食品相比，速冻食品具有口味鲜和能耗低的优点，速冻食品比罐头食品能耗低 30％左右。但是，每种蔬菜都有一个最佳的冷冻温度，而不是温度越低越好。

（3）蔬菜腌制品

蔬菜腌制品是指新鲜蔬菜经过部分脱水或不脱水，利用食盐进行腌制所制得的加工品。食盐溶液具有很高的渗透压，腌渍时食盐浓度为 $40 \sim 150g/L$，能产生 $246.8 \sim 925.5kPa$ 的渗透压，而大多数微生物所能耐受的渗透压为 $30.7 \sim 61.5kPa$。当食盐溶液渗透压大于微生物细胞渗透压时，微生物细胞内的水分就会外渗而使其脱水，最后导致微生物原生质和细胞壁发生分离，从而使微生物活动受到抑制，甚至会由于生理干燥而死亡。所以，食盐溶液的高渗透压作用能起到很好的防腐作用。

蔬菜腌制品的制作包括洗切等预处理、晾晒、盐渍、倒菜、渍制、包装等过程。蔬菜在日光下晒 $1 \sim 2$ 天，可以减少部分水分，并使菜质变软，便于操作。将晾晒后的净菜依次排入缸（池）内，按每 100kg 净菜加食盐 $6 \sim 10kg$。加盐量依保藏时间的长短和所需口味的咸淡而定。腌制按一层菜一层盐的方式，并层层搓揉或踩踏，进行腌制。倒菜是为了使食盐均匀地接触菜体，使上下菜渍制均匀，并尽快散发腌制过程中产生的不良气味，$3 \sim 5$ 天之后封缸，进入渍制，冬季为 1 个月左右。产品依包装程度，一般可贮藏 3 个月以上。

（4）泡菜

泡菜是一类为了利于长时间存放而经过发酵的蔬菜产品。一般来说，只要是纤维丰富的蔬菜或水果，都可以被制成泡菜。泡菜主要是靠乳酸菌的发酵生成大量乳酸来抑制腐败微生物，而不是靠盐的渗透压。泡菜使用低浓度的盐水，或用少量食盐来腌渍各种鲜嫩的蔬菜，再经乳酸菌发酵，只要乳酸含量达到一定的浓度，并使产品隔绝空气，就可以达到久贮的目的。泡菜中的食盐含量为 $2％ \sim 4％$，是一种低盐食品。泡菜的风味也因各地做法不同而有异，其中涪陵榨菜、法国酸黄瓜、德国甜酸甘蓝，并称为世界三大泡菜。

（5）脱水蔬菜

脱水蔬菜又称复水菜，是将蔬菜中所含过多的水分脱去，而鲜菜中所含叶绿素和维生素仍能保存，以便于贮存、保管、运输。脱水干制方法有自然晒干及人工脱水两类。人工脱水包括热风干制、微波干制、膨化干制、红外线及远红外线干制、真空冷冻干制等。目前蔬菜脱水干制应用比较多的是热风干燥脱水和真空冷冻干燥脱水，对应的产品称为烘干蔬菜（AD蔬菜）和冻干蔬菜（FD蔬菜）。

热风干燥品种加工流程为：原料挑选→切削、烫漂→冷却、沥水→烘干→分检、包装。

蔬菜用清水冲洗干净，然后放在阴凉处晾干，但不宜在阳光下曝晒。将洗干净的原料根据产品要求分别切成片、丝、条等形状。预煮时，因原料不同，易煮透的放沸水中焯熟，不易煮透的放沸水中略煮片刻，一般烫漂时间为2～4min，叶菜类最好不作烫漂处理。预煮后的蔬菜应立即进行冷却（一般采用冷水冲淋），使其迅速降至常温。可用离心机甩水，摊开稍加晾晒，以备装盘烘烤。根据不同品种产品确定不同的烘烤温度、时间、色泽及含水率。脱水蔬菜经检验达到食品卫生法要求，即可分装在塑料袋内，并进行密封、装箱。

冷冻真空干燥品种加工流程为：原料挑选→清洗→去皮→切分成型→漂烫→冷却、沥干→冻结→真空干燥→分检计量→包装。

将蔬菜洗净后，切分成一定的形状（粒、片状），切分后易褐变的蔬菜应浸入护色液中。漂烫一般采用加压的热水，水温随蔬菜品种变化，一般为100℃以上，时间为几秒钟到数分钟不等。烫漂时，可在水中加入一些盐、糖、有机酸等物质，以改变蔬菜的色泽和增加硬度。漂烫结束后应立即冷却，冷却时间越短越好。冷却后一般采用离心甩干，防止蔬菜表面滞留水滴，使冻结后的蔬菜结成块，不利于下一步真空干燥。甩干（沥干）后的物料快速急冻，冻结温度一般在－30℃以下，预冻后的蔬菜放入真空容器由借助真空系统将内压力降到三相点以下，由加热系统供热给物料，使物料水分逐渐蒸发，直到干燥至水分终点为止。为防止产品氧化褐变，可用充氮包装。冷冻真空脱水法是当前一种先进的蔬菜脱水干制法，产品既可保留新鲜蔬菜原有的色、香、味、形，又具有理想的快速复水性。冷冻脱水处理几乎除去了食物中全部水分，同时保留食物98%的营养成分。目前国际市场上冻干蔬菜价格较高，均价是热风干脱水蔬菜价格的5倍以上。

二、水果的采收和加工

收获的新鲜水果除了直接食用外，更多地被加工成各式各样的产品。在选择水果用于制作不同的产品时，品种差异尤为重要。如苹果除了被新鲜食用外，还可用于制作苹果酱、罐装苹果片、苹果汁、苹果酒、果冻、冷冻苹果片和干苹果片等。不同品种的苹果在对气候和病虫害的抵抗力、成熟期、产量、贮藏稳定性、果肉的颜色、加热时的坚韧度、果汁量、硬度及固形物含量等方面存在着差异。为获得效果最佳的产品，所选苹果品种必须适合于最终的特定产品，而且加工厂常常根据当地苹果品种中最适合生产的种类来配备设备。对其他水果来说也是如此。有关各种水果的各个品种间的差异的知识是非常专业的，进行水果加工时，最好先咨询相应机构。

1. 水果的采收

水果的质量依赖于树种、生长情况和气候条件，然而更重要的是采摘时的成熟度及采收方式。水果的成熟和熟透（完熟）是有区别的。成熟指的是水果即将能够食用或如果采摘后经进一步成熟也可食用的状态；熟透则指水果的颜色、风味和质构已达质量顶峰的最佳状态。一些水果达到成熟期但尚未完全成熟即可采摘，特别是对樱桃和桃子等非常软的水果来说更是如此。当完全成熟时，这些水果非常软以至于采摘的动作会带来损伤。而且，许多水果采摘后还会继续成熟，如果在成熟顶峰状态采摘，它们很可能会因过度成熟而不能食用或加工。

水果合适的采摘时机依赖于几个因素：品种、地理位置、天气、随时间而变的采摘难易性以及水果的加工用途。比如，对橘子而言，当在树上成熟时，其糖分含量和酸度水平都将发生变化（糖分含量升高而酸度下降）。糖酸比决定了水果的口味以及由它制成的果汁的可接受性。因为柑橘类的水果一旦采摘就停止成熟过程，所以柑橘的质量在很大程度上取决于恰当时机的采摘。许多被用来罐装的水果则是根据口感状况在完全成熟之前采摘，因为罐装加工将使水果进一步软化。

在水果采摘前，需要进行质量测定以确定水果是否达到了适当的成熟度。测定水果颜色是最常用的方法，可用仪器进行测定，或用标准比色卡进行对照；另一种方法是质构测定，通过压力设备进行，当采摘的个体有所不同时，就应当在采摘后根据质构进行分选。

水果的大部分采收工作仍由手工完成，劳动力的费用相当于水果生长费用的一半，因此发展机械采收仍是农业工程领域的研究热点；另一个研究热点是对育种进行研究，希望生产出大小几乎相等、成熟度一致和能耐机械损伤的水果。

2. 水果的加工

采摘下的水果先进行洗涤以除去灰土、微生物和残留的杀虫剂，方法与蔬菜加工相似，然后根据大小和质量分级。水果的分级技术已由手工分级发展到机械化在线分级，如利用果实的尺寸分级；根据成熟过程中的密度变化，或根据光反射和透射测得的色泽而设计的成熟度高速自动分级；利用水果表面颜色和果形检测的机器视觉系统来剔除伤果、虫果等。关于水果的分选可参阅第三章相关内容。

常见的水果加工产品有糖水水果罐头、果汁、果脯、果酱、果冻、水果速冻产品、水果干（或脆片）、果酒等。这些产品通常制成罐藏食品，即密封在特定的容器中并经灭菌而在室温下能够较长时间保存。

（1）糖水水果罐头

糖水水果罐头的生产工艺流程为：

原料选择→浸泡清洗→去皮、修整→切块→（硬化）→漂烫预煮→冷却→制糖液→装罐→排气密封→杀菌→冷却保温→成品。

水果的清洗、去皮等预处理方法与蔬菜加工基本相同。

热烫是将果品放入沸水或蒸汽中进行短时间的加热处理，其目的主要是破坏酶的活性，稳定色泽，改善风味，同时软化组织，脱除水分，便于装罐并保持开罐时固形物稳定。热烫还可以杀死部分附着于原料上的微生物并对原料起一定的洗涤作用。蒸汽或热水热烫处理后，应立即冷却，以保持其脆嫩。一般采用流动水漂洗冷却。

果品内部含有一定量的空气，如草莓中含空气33%～113%、苹果12.2%～29.7%（以体积计）。水果含有空气，不利于罐头加工，因此，一些含空气较多或易变色的水果，如苹果、梨等，在装罐前最好采用减压抽空处理，即利用真空泵等造成真空状态，使水果中的空气释放出来，代之以糖水。装罐时所需糖水浓度，一般根据水果种类、品种和产品等级而定，并结合装罐前水果本身可溶性固形物含量、每罐装入果肉量及预留顶隙量确定每罐实际注入的糖水液量。真空抽气封口的真空度为400～450mmHg（1mmHg＝133.3Pa）。

经灌装密封后需杀菌才能保藏。将罐头瓶码放在高压杀菌锅内，进行杀菌处理。食品中的蛋白质、糖、脂肪、低浓度盐都会增加微生物的耐热性，因此不同产品有不同的杀菌条件。杀菌条件用"杀菌公式"来表达，常见的杀菌公式表达式为

$$\frac{t_1-t_2-t_3}{T} \text{或} \frac{(t_1-t_2-t_3)P}{T} \tag{9-1}$$

式中，t_1 为升温时间，表示杀菌釜内的介质由初温升到规定的杀菌温度所需要的时间，min；t_2 为恒温杀菌时间，即杀菌釜内的热介质达到规定的杀菌温度后在该温度下所持续的时间，min；t_3 为降温时间，表示恒温杀菌结束后，杀菌釜内的热介质由杀菌温度下降到开釜出罐时的温度需要的时间，min；T 为规定的杀菌温度，杀菌过程中杀菌釜达到的最高温度，℃；P 为冷却时杀菌釜内应采用的反压力，是冷却时为了平衡罐内外压力，避免容器的变形和跳盖，通入压缩空气以补充的压力，Pa。

含酸量较高（pH 值在 4.6 以下）的水果罐头和部分蔬菜罐头采用低温杀菌（常压杀菌），温度为 80～100℃，时间为 10～30min；含酸量较少（pH 值 4.6 以上）及大部分蔬菜罐头采用高温杀菌（高压杀菌），温度在 105～121℃，时间为 40～90min。

要特别说明的是，由于蔬果在采摘后仍在继续"呼吸"，营养素会不断减少。而优质的水果罐头从原材料采摘到加工完毕的全过程不超过 6h，高温热处理会停止或减缓营养损失的化学反应，保持食物的鲜度和营养。以黄桃为例，采摘 1 天后，维生素 C 会损失 30％，而黄桃罐头则只损失 10％。因此，比起经长途运输的水果，水果罐头更"新鲜"。另外，罐头的防腐是以充分灭菌和密封实现的，减少了使用防腐剂所带来的安全隐患。

（2）果汁的加工

尽管生产果汁的工艺过程基本相似，但所用设备随水果性质的不同而有所不同。大多数果汁产品的生产工艺主要包括：清洗、果汁榨取、澄清过滤、脱气、巴氏灭菌、浓缩、回加香精和罐装等。有关清洗、榨汁、澄清过滤、灭菌、浓缩等操作的原理及设备已经在其他章节中介绍，这里不再累述。

从大多数水果压榨得到的果汁中都含有少量悬浮果肉，常需除去，可采用精细的过滤器完成，或采用高速离心机从原浆中分离果汁。果汁中会残留一些以天然果胶形式存在的极为细小的果肉和胶体物质，加入果胶酶可使果胶分解为果胶酸（不溶于水）而沉淀，能使过滤和澄清更为有效，利于生产澄清果汁。

果汁中特别是橙汁含有截留的空气，需在真空脱气器中喷雾脱气，这样可以使随后的维生素 C 损失以及由氧引起的其他变化减小至最低限度。果汁一般进行巴氏灭菌以减少微生物生长和使天然酶失活。

所有的天然果汁固形物含量都较低，大多需要浓缩。为保持最佳风味，一般采用低温真空蒸发方法。然而，在水分蒸发的同时总是伴随着果汁中一些挥发性香精的蒸发，因此，从真空蒸发器中蒸发出的水分和香精要通过香精回收机组，从水中蒸馏出香精并冷凝，然后香精重新加入到浓缩的果汁中以增强风味。浓缩果汁还可以用反渗透法，许多香精的分子太大不能通过反渗透膜，因而被截留在浓缩果汁中。反渗透法比真空蒸发成本低，但是，膜浓缩要求果汁中的果肉首先被离心机除去以防止堵塞膜，然后果肉可以加回至浓缩果汁中。浓缩果汁可以被冷冻或装运至别处，随后重新稀释并包装成原始浓度的果汁。

（3）果酒

水果原料经榨汁后，利用酵母菌的作用，使糖转变为酒精，所制得的产品称为果酒。果酒可以由多种水果和浆果制得，但是葡萄是最普遍和最常用的原料，生产工艺也有多种。下面以葡萄汁发酵酒为例，介绍果酒的加工工艺。

葡萄分选→除梗破碎→分离葡萄汁→静置澄清→接种发酵→分离倒罐→葡萄酒澄清→贮藏→调整成分→澄清→检验→灌装。

葡萄进厂后应当天破碎，立即将葡萄汁与渣分离。果汁分离是葡萄酒的重要工艺，其分离方法有气囊式压榨机、螺旋式连续压榨机。果汁分离时速度要快，缩短葡萄汁与空气接触时间。同时添加 SO_2，以减少葡萄汁的氧化，有效抑制葡萄中导致褐变的酶。为提高葡萄酒的品质和稳定性，葡萄汁在发酵前必须经过澄清处理，可用静置或加澄清剂、果胶酶、硅藻土等方法澄清。

澄清后的果汁立即送入处理好的发酵池或罐中接入人工酵母进行发酵，人工酵母的添加量应根据酵母特性、发酵醪浓度、发酵温度等来合理调整酵母的接种量。发酵温度对葡萄酒来讲是很重要的，一般不应超过28℃，优质酒控制在18~20℃，为使发酵均匀，要进行搅拌。发酵引起温度的升高，因而为了避免酵母失活必须采取降温措施，即发酵罐外加夹层水套、或内置管式换热器等以控制温度。一般发酵容器有发酵桶、发酵罐、发酵池。

控制发酵温度和果汁澄清是酿制优质葡萄酒的两个极重要的条件。

葡萄酒酵母较为耐受 SO_2，添加的 SO_2 可以抑制非期望微生物特别是细菌的生长。经 SO_2 处理的未发酵果汁可直接进行发酵或除去果渣后再进行发酵，当糖分被完全消耗掉时，发酵过程自动终止，或者加入蒸馏酒精而提前被人为中断。在27℃条件下，发酵过程会持续4~10天，视葡萄品种而不同。

发酵结束后，将酒静置直至大部分酵母细胞和微小的悬浮颗粒沉淀下来。在不扰动沉淀物或"酒渣"的前提下吸出酒，或将酒从一个容器换入另一个容器（倒罐），目的是分离酒脚，去除桶底的酵母、酒石等沉淀物质，并使酒质混合均一。同时，倒罐使酒接触空气，溶解适量的氧，促进酵母最终发酵的结束。如果不尽快除去"酒渣"，酵母会自溶使酒产生异味。第一次澄清后，在能够防止空气进入的桶或罐内进一步陈化几个月甚至若干年，在此过程中，剩余的微量糖分继续发酵，风味进一步发展。陈化过程中还要进行澄清，继而完成最后的澄清和稳定处理以产生晶莹清澈的葡萄酒。

（4）水果糖制品

水果糖藏是利用食糖腌制水果以达到保藏目的的加工方法，其制品可称为水果糖渍品或糖藏食品，如果脯、蜜饯、凉果及果酱等。新鲜果蔬经预处理后，加糖煮制，使其含糖量达到65%~75%以上，食糖渗入水果组织内，可降低介质的水分活度，减少微生物活动所能利用的自由水分，提高水果的渗透压，并借渗透压导致微生物细胞质壁分离，有选择地控制微生物的活动，抑制腐败菌的生长，从而防止水果腐败变质。

（5）水果脱水制品

新鲜水果经自然干燥或人工干燥，使其含水量降到15%~25%或以下，这类产品可归为水果脱水制品。当水果在未能使氧化酶失活的温度下干燥时，通常使用 SO_2 来减少褐变，同时抑制在低温缓慢的干制过程中微生物的生长。

果蔬脆片是近年来国际上新兴起的一种食品，它是以水果、蔬菜为主要原料，经真空油炸脱水等工艺生产的脱水产品。一定真空度下，相对低的干燥温度能最大限度地保存食品的色、香、味（如维生素C能保持90%以上）。这类产品复水性很强，在热水中浸泡几分钟，即可还原为鲜品。根据其产品特性，包装应选用不透明、不透气的材料。为防止破碎，应该采用氮气和二氧化碳充气包装。

果蔬脆片由于品种较多，具体细节可能千差万别，但基本工艺都是相同的，且与冻干食品类似。一般而言，生产工艺流程为：

前处理→预冻结→真空低温油炸→后处理。

其中，前处理包括清洗、分选（易除）、切片（切条）、漂烫（护色）、冷却、沥干；后处理包括后调味、冷却、半成品分检、包装等工序。

水果脆片产品的脆度与普通饼干相当，含水率为3%，含油率为4%，生产总成本只有冻干相同品种的30%左右。

第十章 畜牧产品的贮藏与加工

畜牧产品的贮藏与加工是农产品加工的重要组成部分，涉及的范围相当广阔，从动物种类来说，包括猪、牛、羊、鸡、鸭、鹅等畜禽，还包括一切经济动物等；从加工的原料来说，包括肉、蛋、奶、皮、毛、骨、血及其他副产品等。畜牧产品中包含人体所需的许多营养物质，对满足人体对氨基酸、维生素和矿物质的需求极为重要。而且，畜牧产品把大量不适合人类消费的植物性粗饲料转变成人类食物，例如，反刍动物（如牛）可以消化人类不能消化的纤维素，从而将其转变成对人类有用的食物（如牛奶）。本章简单介绍一些主要畜牧产品的贮藏与加工，包括肉类加工、蛋类加工、乳品加工等，使读者了解畜牧产品的贮藏及加工工艺，进一步加深所涉及的单元操作和相关设备的理解和认识。

第一节　肉　类　加　工

肉和肉制品包括动物的骨骼肌，也包括它们的腺体和器官（舌头、肝脏、心脏、肾脏和脑等）。广义上，凡是适合人类作为食品的动物有机体的所有组成部分都称之为肉，是指去皮、毛、头、尾和内脏后的胴体。主要的肉类来源有牛、猪、羊等肉，也包括禽和鱼。肉制品也包括许多动物屠宰后的副产品，如动物的小肠（用作香肠肠衣）、脂肪（提牛油和猪油）、兽皮、动物废料（骨、血用于禽类和其他动物的饲料）。因此，大的肉类加工企业很少从事单一产品的生产，而是生产各种各样的产品。

一、肉的分级与检验

对肉制品工业来说，有两种政府监督是必不可少的，即分级和肉品检验。在各个国家销售的肉禽产品都要经过强制性的检验，检验主要是关于卫生和安全方面的。而分级则是自愿的，主要是让顾客知道肉禽制品的质量。

1. 肉的分级

像所有天然产品一样，肉的种类繁多、差异很大，各种动物胴体大小、年龄和品种各异，而且喂养的饲料也各不相同。这些因素导致肉的产量、嫩度、风味、烹饪的损失以及总体质量也大不相同。一个良好的分级体制对于满足产品的加工要求、不同消费者的消费需求有良好的规范和导向作用。

质量分级是基于三个主要因素的主观评价：胴体的成熟度、脂肪花纹度和肌肉坚实度。颜色也是一个必须考虑的因素。肉的成熟度与肉的嫩度有关，幼龄动物的肉一般比老龄动物的要嫩。脂肪花纹是指夹带在肉中的脂肪（大理石花纹），这些肌肉内的脂肪可以提高肉的嫩度和口感。另外，肉应有一定的坚实度，质地过软的肌肉质量要降级。

不同国家针对不同种类肉的分级标准不同。对于牛肉，我国农业部根据大理石花纹等级和生理成熟度，2010 年修订了《牛肉质量分级》（NY/T 676—2010），2012 年颁布了 GB/T 29392—2012《普通肉牛上脑、眼肉、外脊、里脊等级划分》，商务部 2011 年公布了 SB/T

10637—2011《牛肉分级》。长期以来，猪肉缺乏分级标准，直至 2012 年，我国商务部根据感官、瘦肉率、胴体重、脂肪厚度，将胴体规格等级从高到低分为十二个级别（SB/T 10656—2012《猪肉分级》）。在美国，牛肉等级按照最优级（prime）、特级（choice）、精选级（select）、标准级（standard）、商业级（commercial）、实用（utility）、低档（cutter）和罐装用（cannery）的顺序依次下降。但是，分级与肉的营养价值关系不大，对限制脂肪摄入的人来说，则另当别论。

分级一般在动物被宰后才能进行。在动物宰前，因为肉、脂肪和骨骼对超声波能的反应各不相同，可对动物的活体辐照超声波，记录下反射能图，显示动物肉的总体结构，以进行宰前分级。宰前分级会对动物的销售价格产生比较大的影响。

2. 肉的卫生检验

动物能传播给人类的疾病大约有 70 多种，具体检查项目与方法参看食品卫生检验方法理化标准、肉与肉制品标准等。

二、屠宰

家畜屠宰要严格执行国家关于检疫的法律要求和屠宰检疫规程，家畜从进入屠宰场后，必须完成监督查验、检疫申报、宰前检查、同步检疫、检疫结果处理以及检疫记录等操作程序。

家畜屠宰工艺通常包括：致昏（让动物失去知觉）、放血、浸烫褪毛或剥皮、去头开膛、劈半及整修。

通常采用的比较人道的致昏方法是用气动或火药驱动的钝器或尖锐设施击打动物的头部；第二种方法是电击；第三种做法是让动物通过一个充满二氧化碳的隧道而使其失去知觉。放血常用的方法有刺颈放血、切颈放血和心脏放血三种，放血必须彻底，以利于清洁和防腐。

在击晕、吊起和放血之后，一个现代化的屠宰场就是一个有效的连续的肢解作业线。动物体的每一部分几乎都要被利用，包括动物的皮毛、内脏、血液和胴体。在剥皮和清洗之后去除内脏的胴体由单轨送往冷却室，在冷却室中，肉的最深部分温度在约 36h 内冷却到 2℃，从而防止细菌引起的快速腐败。

在屠宰前让动物安静下来有利于减少动物的应激反应。动物肌肉中的糖原可作为能量的储备，在动物被宰杀后，在厌氧条件下肌肉中的糖原转变成乳酸，从而降低肉的 pH，它的作用如同一种温和的防腐剂。如果动物在宰杀前比较兴奋或焦虑，则糖原大部分被消耗，宰杀后组织中能转变成乳酸的糖原也所剩无几，肉的 pH 值始终维持在 6 以上，鲜红色的氧合肌红蛋白变成了紫红色肌红蛋白，肉呈暗红色，这样的肉肌肉干燥（dry）、质地粗硬（firm）、色泽深暗（dark），称为 DFD 肉。饥饿、能量大量消耗和长时间低强度的应激源刺激也可导致 DFD 肉。DFD 肉味质较差，并且由于 pH 值偏高，利于微生物繁殖，因而腐败变质的概率较高。此外，研究还发现宰杀前动物紧张，机体分解代谢加强，耗氧比平时产热量增加数倍，糖酵解产生大量乳酸，使肌肉组织 pH 值在宰后迅速下降，肌肉组织持水力降低，产生颜色灰白（pale）、肉质松软（soft）、有水样渗出物（exudative）等缺陷，这种肉称为 PSE（白肌肉）肉。PSE 肉由于水分流失多，胴体产量会下降，而且猪肉制熟后较干，会影响食用时的口感。

三、肉的结构和组成

1. 肉的结构

肉（胴体）主要是由四大部分构成：肌肉组织（50%～60%）、脂肪组织（15%～

45%）、结缔组织（9%～13%）和骨组织（5%～20%）。

肌肉组织主要有两种：一种是平滑肌，存在于内脏器官，如肾脏、胃、肝等；另一种是横纹肌，包括骨骼肌和心肌，是食用和肉制品加工的主要原料，约占动物肌体的30%～40%。

脂肪组织由退化的疏松结缔组织和大量的脂肪细胞积聚组成。脂肪细胞通常存在于结缔组织中。脂肪的功能是保护组织器官不受损伤，并供给体内能源，也是肉产品风味的前体物质之一。

结缔组织形成肉中的筋、腱、肌膜等，为非全价蛋白，不易被消化吸收，能增加肉的硬度，降低肉的食用价值。肉质的软硬不仅取决于结缔组织的含量，还与结缔组织的性质有关。结缔组织的含量取决于年龄、性别、营养状况及运动等因素。

2. 肉的组成

肉的主要成分是水，其次按重要程度有蛋白质、含氮化合物、脂肪、矿物质、维生素、有机酸等。肉中常见的矿物质有 Na、K、Ca、Fe 和 P，这些成分因动物的种类、品种、性别、年龄、季节、饲料、使役程度、营养和健康状态等不同而有所差别。

肉块的组成随着脂肪和瘦肉相对含量的变化而变化，一些食用动物、禽、鱼和乳制品的成分列于表 10-1，以供比较。

表 10-1　动物类食品中主要成分的含量（可食部分）（质量分数）　%

食物	碳水化合物	蛋白质	脂肪	灰分	水
肉					
牛肉、中等脂肪	—	17.5	22.0	0.9	60.0
小牛肉、中等脂肪	—	18.8	14.0	1.0	66.0
猪肉、中等脂肪	—	11.9	45.0	0.6	42.0
羊肉、中等脂肪	—	15.7	27.7	0.8	56.0
马肉、中等脂肪	1.0	20.0	4.0	1.0	74.0
禽					
鸡	—	20.2	12.6	1.0	66.0
鸭	—	16.2	30.0	1.0	52.8
火鸡	—	20.1	20.2	1.0	58.3
鱼					
不含脂肪的鱼片	—	16.4	0.5	1.3	81.8
含脂肪的鱼片	—	20.0	10.0	1.4	68.6
甲壳类	2.6	14.6	1.7	1.8	79.3
干鱼	—	60.0	21.0	15.0	4.0
乳					
全牛乳	5.0	3.5	3.5	0.7	87.3
全山羊乳	4.5	3.8	4.5	0.8	86.4
干酪					
硬：由全乳制造	2.0	25.0	31.0	5.0	37.0
软：由部分全乳制造	5.0	15.0	7.0	3.0	70.0

资料来源：Food and Agriculture Organization。

肌肉组织中的主要蛋白质是肌球蛋白。结缔组织含有两种蛋白质，即胶原蛋白和弹性蛋白。胶原蛋白在有水的情况下加热可以溶解，形成明胶。弹性蛋白的结构比较坚韧，是构成韧带的一种成分。一只煮过的鸡腿可以很清楚地显示出肌纤维束、肌纤维之间的结缔组织以及结缔组织内的明胶类物质。这些明胶物质是溶解了的胶原蛋白。

当动物饲喂得很好时，脂肪夹杂于肌纤维束之间，这种情况称为脂肪的纹理，它可以使肌肉变得更嫩。另外，较细的肌纤维比较粗的肌纤维嫩，这在幼龄动物中更为常见。肉在烹调过程中，肌纤维收缩，从而肉可能会变得更坚硬，但是烹调可以溶解脂肪和将胶原蛋白溶解生成可溶性明胶。从总体上来看，烹调提高了肉的嫩度。

四、肉的成熟及贮藏

1. 肉的成熟

动物被屠宰后的几个小时内，由于 pH 值下降，三磷酸腺苷（ATP）迅速减少，肌肉发生僵直，肉的硬度增加。如果肉处于冷藏状况，则僵直大约在 2 天后开始解除，肌肉重新变软，肉逐渐嫩化，而且在食用时变得可口，这个过程称为肉的成熟。在接下来的几个星期内，肉将进一步嫩化。肉的嫩化被认为主要是由于肉中天然存在的蛋白质酶缓慢地降解肌纤维之间的结缔组织和肌纤维所致。

不同动物尸僵开始和持续时间不同，一般是将胴体悬挂在冷藏室中，在 2℃ 条件下放置 1～4 周使肉成熟，在 2～4 周内，形成肉的最佳风味和嫩度。肉成熟过程中必须控制湿度，有时可将肉包裹起来以减低肉的干燥失水和质量损失。目前，已经采用高温短时（如 20℃ 下保持 8h）工艺使肉成熟。在这样高的温度下，肉迅速嫩化，但细菌也开始迅速繁殖。商业上，在高温下肉的迅速成熟过程依靠紫外灯来降低肉表面细菌的增长速度。

2. 肉的冷藏

冷藏保鲜是常用的肉和肉制品保存方法之一。这种方法将肉品冷却到 0℃ 左右，并在此温度下短期贮藏。

刚屠宰完的屠体温度一般在 38～41℃，正适合微生物生长繁殖和肉中酶的活性，对肉保存很不利。必须快速使屠体温度降到 0～4℃，在表面形成一层干燥膜，减缓水分蒸发。

畜肉主要采用空气冷却，禽肉可用液体（水）冷却，温度以 0℃ 左右为好。在冷却初期，相对湿度宜在 95% 以上，后期以 90% 为宜。空气流速应控制在 0.5～1m/s，最高不超过 2m/s，否则会显著提高肉的干耗。经过冷却的肉类一般存放在 −1～1℃ 的冷藏间，相对湿度在 90% 左右，空气流速保持自然循环。

冷藏鲜肉通常采用气调包装。气调包装利用密封的不透氧包装材料或技术以降低肉的变质速率。包装袋里面的空气通常采用混合气体，这些气体中含有 10%～50% 的 CO_2，可以控制多种能引起冷藏肉变质的微生物的繁殖。对于新鲜红肉来说，混合气体中通常含有 20%～50% 的 O_2，此时，肌红蛋白将以氧合肌红蛋白的形式存在，呈桃红色，但当包装内的氧气浓度为 1%～4% 时，肌红蛋白通常会被氧化成高铁肌红蛋白而呈现褐色（见图 10-1）。肉必须用高度不透氧膜密封包装，从而避免空气的进入，也防止里面的气调成分泄漏。

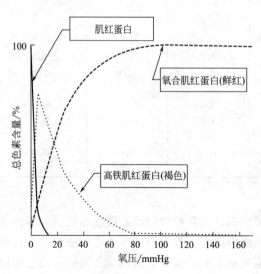

图 10-1　氧分压对三种肌红蛋白的影响

3. 肉的冷冻

冷却肉温度在冰点以上，微生物和酶的活动只受到部分抑制，为使肉有更长的贮藏期，

常使其温度降到 $-18℃$ 或更低，以使肉中的物化变化、微生物的活动、酶的作用受到极强的抑制。猪肉和多脂肪的肉能被冷冻保藏几个月，而对于牛肉来说，则可以保藏好几年。

冻结速度对肉的质量影响很大。慢速冻结时，冰结晶在肌细胞之间形成和生长，肌细胞会发生脱水收缩，这样的肉类因水分不能返回到原来的位置，解冻时会失去很多肉汁。快速冻结时，肌细胞来不及脱水便在细胞内形成了冰晶。肉品中心温度通过最大冰结晶生成带（$0～-5℃$）所需时间在 30min 之内为快速冻结。因此，为了保证质量，肉应快速冻结，以避免产品在解冻和煮制时的汁液过度流失。

多脂肪的肉在冷冻保藏时，由于脂肪逐渐氧化而影响外观和风味。肉类冻藏发生的变化主要有重结晶、干耗和冻结烧。重结晶是指冻肉中冰晶的大小和形状发生变化，微细的冰晶不断减少或消失，形成大冰晶，冻藏肉组织受到破坏，持水能力下降，解冻后汁液流失量大。重结晶通常是由冷库中温度波动引起的。由于肉表面饱和蒸汽压和冻藏间空气水蒸气分压之间存在差异，使水分不断从冻藏肉表面升华转移，形成冻藏肉的干耗。由于肉表层冰晶的升华，形成了较多的微细孔洞，增加了脂肪与空气中氧的接触机会，导致肉表面发生黄褐色变化，表层组织结构粗糙，这就是所谓的冻结烧。

因此，肉在冷冻保藏时，应尽量避免温度波动，并加以包装以减少干耗和隔绝氧气。

五、肉的加工

依照根据我国肉制品最终产品的特征和产品的加工工艺，可以将肉制品分为香肠制品、火腿制品、腌腊制品、酱卤制品、熏烧烤制品、干制品、油炸制品、调理肉制品、罐藏制品、其他类制品（参考 GB/T 26604—2011《肉制品分类》）。随着我国经济与国际市场逐渐接轨，我国的肉制品生产正向着多样化、营养化、方便化的方向发展。这里仅简单介绍香肠制品和干制品的生产过程。

1. 香肠的加工

腌肉和少量未经腌制的肉被大量加工成香肠制品。香肠的分类非常混乱，但通常根据肉糜是新鲜的还是腌制的、煮制与否、烟熏与否、干制与否和发酵与否来进行分类。

各种灌肠制品的加工工艺大同小异，通常的流程如下：

原料肉的选择与初步加工→腌制→绞碎→斩拌→灌制→烘烤→煮制→烟熏→冷却→包装。

原料肉在进行初步分切后，要进行腌制处理。腌制是指在肉中添加一些腌制配料，使肉的性质发生改变，从而改善肉的保藏性、风味、颜色和嫩度。腌制肉的主要配料是氯化钠、硝酸钠或亚硝酸钠、糖、磷酸盐、香辛料。其中硝酸钠或亚硝酸钠，可以使腌制肉形成独特的风味，并作为防腐剂具有抗肉毒杆菌活性的作用，还可以与肌红蛋白反应生成稳定的、亮红色的亚硝基肌红蛋白，用以固定腌制肉的鲜红颜色。亚硝酸钠有较强毒性，还是致癌物质。GB 2760 中规定，肉食中亚硝酸钠最大使用量是 0.15g/kg，且其残留量在罐头中不得超过 0.05g/kg、肉制品不得超过 0.03g/kg。腌制的方法有干腌法、湿腌法、注射法、混合腌制等。

腌制好的肉块用绞肉机绞碎，再用斩拌机斩成糜，灌入肠衣中。肠衣将肉糜聚集在一起，防止煮制和烟熏操作中水分和脂肪的过度损失。某些大香肠可在煮制和烟熏之后将肠衣剥落下来，然后切片包装。

2. 肉的干制

肉类食品脱水干制是人类对肉最早的加工和贮藏方式。随着近年来远红外和微波加热干燥设备的发展，使传统干肉制品加工方法发生了很大的变化。营养学、卫生学的发展对传统干肉制品产生了影响，因此，干肉制品的加工工艺和配方也更加丰富。

肉类的含水量约为70%，经脱水后，产品水分含量减至6%～10%，体积大大缩小。对蛋白质性食品，细菌繁殖发育最低限度的含水量为25%～30%，霉菌为15%，因此，肉类脱水后能达到保藏的目的。在营养含量相同的情况下，干肉制品具有重量轻、体积小、便于携带和运输的特点。

干肉制品是指肉先熟制再成型干燥，或先成型再经热加工制成的干熟类肉制品。这类肉制品可直接食用，成品呈小的片状、条状、粒状、团粒状、絮状。干肉制品主要包括肉干、肉脯和肉松三类。常用的脱水方法有自然干燥、烘炒干制、烘房干燥、辐射干燥和低温升华干燥等。

干肉制品不仅变得坚韧难于咀嚼，复水之后也很难恢复原来的新鲜状态，这与干燥的方法、肉的pH值等因素有关，但随着干燥技术的进步，复水效果越来越好。

第二节 蛋类加工

据2014年统计，我国鲜蛋终端消费中，有50%为家庭消费，25%由餐饮业和企业食堂消费，20%为食品工业消费，余下的5%为蛋品加工消费。在加工的蛋制品中，再制蛋（皮蛋、咸蛋等）约占80%，深加工蛋制品（蛋粉、蛋液、溶菌酶等）约占20%，即我国用于深加工的蛋品仅占蛋品总量的1%～2%。

一、鸡蛋的结构与成分

鸡蛋的构造主要有以下几部分组成，如图10-2所示。

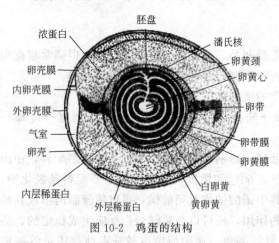

图 10-2 鸡蛋的结构

① 卵壳：主要成分是碳酸钙。蛋壳可分三层，外层是角质层，也被称为粉衣；中层为海绵状，由钙质纤维交织而成；最内层为乳头层。蛋壳表面有许多小孔称为气孔，空气或微生物可以通过气孔进入蛋内，而蛋内水分可由气孔排出。蛋壳厚度为0.2～0.4mm，小头壳比大头厚。蛋壳有保护内容物和供给胚胎发育所需钙的作用，随着蛋保存时间的延长，外层角质膜会逐渐脱落，微生物就很容易由气孔进入蛋内，使蛋变坏。

② 卵壳膜：分内外两层，紧贴蛋壳厚而粗糙的称外壳膜，内层的称内壳膜，也称蛋白膜。内、外壳膜有保护蛋内部不受细菌、霉菌等微生物侵袭的作用。

③ 气室：是蛋产出后蛋温下降，蛋白及蛋黄浓缩，在内壳膜和外壳膜之间形成的空间。气室的部位在蛋的大头，是气体交换的场所。

④ 蛋白：分为稀蛋白和浓蛋白两类，靠近蛋黄部分是浓蛋白，起稳定作用，在它的外层有两层稀蛋白。

⑤ 蛋黄：为不透明油质状态的乳状物，外有一层极薄而透明的卵黄膜。卵黄由白卵黄和黄卵黄相间构成，并由白卵黄形成卵黄心，从卵黄心向外延伸，末端略膨大，延伸的部分

称为卵黄颈，膨大的部分称为潘氏核位于胚盘之下。

⑥ 卵带：蛋黄两端各有一条带状物叫系带，其作用是固定蛋黄的位置，使蛋黄居于中央不触及蛋壳。系带是由浓蛋白构成的，具有弹性，但保存时间长，系带弹性变弱，并与蛋黄脱离。

⑦ 胚盘：在蛋黄表面的上部有一个直径为 3～4mm 的白色圆盘状区域，受精后即是胚胎或称胚盘，未受精的称为胚珠。消费者一般吃到的鸡蛋多是未受精蛋。

每个鸡蛋的内容物中，蛋清的质量约占 2/3，蛋黄约占 1/3。整个鸡蛋约含 65％的水、12％的蛋白质和 11％的脂肪（见表 10-2）。但是蛋清和蛋黄的成分相差很大，几乎所有的脂肪都在蛋黄里。在蛋品加工中，有时将鸡蛋分成蛋清和蛋黄，这是因为少量的脂肪会影响蛋清的搅打性能。12％的蛋清固形物几乎全是蛋白质。蛋黄中富含脂溶性维生素 A、维生素 D、维生素 E 和维生素 K，以及具有乳化作用的卵磷脂。从营养上讲，鸡蛋是脂肪、蛋白质、维生素和矿物质特别是铁的一个很好的来源。

表 10-2　鸡蛋的组成（质量分数）　　　　％

组　　分		组　　成			
		水	蛋白质	脂肪	灰分
全蛋	100	65.5	11.8	11.0	11.7
蛋清	58	88.0	11.0	0.2	0.8
蛋黄	31	48.0	17.5	32.5	2.0
		碳酸钙	碳酸镁	磷酸钙	有机质
蛋壳	11	94.0	1.0	1.0	4.0

资料来源：U. S. Department of Agriculture。

每个鸡蛋中含有约 240mg 胆固醇，均存在于蛋黄里。必须限制胆固醇摄入量的人很少把一个鸡蛋全部吃掉，这也导致近年来人均消费蛋量的下降。

二、鸡蛋的质量因素

鸡蛋质量等级主要是基于对新鲜度的衡量。新鲜鸡蛋风味佳，且易于蛋清和蛋黄分离，在搅打和焙烤过程中效果更好。目前评价鸡蛋新鲜度的方法主要有破坏性测定、无损测定。破坏性测定包括感官评价和理化指标测定，无损测定包括红外光谱及荧光光谱等，但红外光谱及荧光光谱还没有得到蛋类产品领域的完全认可。

1. 感官评价

在鸡蛋在储存过程中，其感官变化可从气味、味道和组织等外观进行评价。

最常用的鸡蛋分级方法是对光检查法，即将鸡蛋举起对着光源观察。对光检查法能暴露鸡蛋的许多缺点：有裂纹的蛋壳，受精的蛋黄，血点，大的空气囊，蛋清由于时间久而变稀以及当鸡蛋不新鲜时蛋黄位置倾向于偏离中心等。

随着外界温度的升高及储存时间的延长，蛋内含硫挥发性成分开始降解，气味异常。一般认为鸡蛋贮藏温度比贮藏时间对鸡蛋气味影响更大。

鸡蛋壳颜色取决于鸡的品种，并不影响营养或其他品质参数。蛋黄颜色主要取决于饲料，类胡萝卜素含量高的饲料产生较深色的蛋黄，这在一些市场和食品制造上是很受欢迎的，它能使面包制品以及面条和蛋黄酱这一类的产品产生金黄色。

鸡蛋在贮藏过程中会发生很多复杂的变化。鸡蛋在上市前进行分级和品质鉴定，是确保质量、按质定价、保证食品安全的必不可少的生产程序与技术措施。通过鸡蛋的检测和分级可以及时发现并剔除已变质而不宜食用的鸡蛋，做到按新鲜度分级和按质论价，保护消费者的利益，并有利于生产者和经营者采取科学管理，以保证鸡蛋的品质。

2. 理化指标

（1）哈夫单位

由于蛋黄膜有收缩和鼓胀的能力，且蛋黄、蛋清中的盐分浓度不同，因此，蛋白中的水分不断向蛋黄渗透，蛋黄体积逐渐增大，蛋黄膜弹性逐渐减弱，当体积大于一定程度时则破裂，形成散黄蛋。新鲜鸡蛋具有一个厚实而非扁平的蛋黄，还具有较多的致密蛋清而非软而粘的稀蛋清，不新鲜鸡蛋比新鲜鸡蛋的蛋清散布的范围大。根据蛋黄的突出程度可判断蛋的新鲜程度，有人采用蛋黄指数（蛋黄高度与蛋黄直径的比值）来衡量，但目前国际上对鸡蛋品质评定的重要指标和常用方法是哈夫单位。

哈夫单位（Haugh Unit）是美国农业部蛋品标准规定的检验和表示蛋品新鲜度的指标，其符号为 HU，哈夫单位的计算公式为

$$HU = 100 \times \lg(h - 1.7w^{0.37} + 7.6)$$

式中，h 为测量蛋品的高度，mm；w 为测量蛋品的质量，g。

新鲜蛋的哈夫单位通常在 70～82 之间，食用蛋在 72 以上即可。

（2）气室高度

评价鸡蛋新鲜度的另外一个指标是气室高度，它受鸡蛋质量和贮藏的相对湿度和温度的影响。理论上，A 级鸡蛋在保质期内其气室高度要小于 6mm。但在鸡蛋整个销售周期中，难以对相对湿度和温度严格控制，从而使鸡蛋的质量保证变得很困难。气室高度是欧盟定量评价鸡蛋新鲜度的唯一参数。

（3）蛋清 pH 值

蛋清的 pH 值是由溶解的 CO_2、碳酸根离子、碳酸氢根离子及蛋白质共同决定的。新鲜鸡蛋的蛋清 pH 值在 7.6～8.5 之间。在带壳鸡蛋的贮藏过程中，蛋清的 pH 值随着温度和时间变化最大可升高到 9.7，蛋清 pH 值的升高是因 CO_2 从蛋壳上的气孔溢出引起的。

三、鸡蛋的贮存

大量的鸡蛋是在春季生产出来的，必须贮存起来以供其他季节使用。新生鸡蛋的内部通常是无菌的，但蛋壳表面带有许多细菌，即使蛋壳没有破裂，细菌也能通过蛋壳进入蛋内，而降低其保质期。因此，禽蛋产出后，可经过清洗、消毒、干燥、涂膜、包装等工艺处理的制成洁蛋，或采用冷藏方法以保证鲜蛋品质和安全性。

1. 洁蛋

目前国外先进成熟的鲜壳蛋处理用鸡蛋清洗机完成，工艺流程为：

集蛋→清洗消毒→干燥→喷码→喷油保鲜→分级→包装→恒温保鲜。

洗蛋时，冷水会引起鸡蛋内容物收缩，产生的真空会把细菌引入鸡蛋；但较高的温度会使壳内气体扩张并通过壳孔逸出，于是当鸡蛋凉下来时，蛋壳内压力下降，这就容易让湿蛋壳上的细菌和水通过壳孔进入鸡蛋内。因此，洗蛋的水温通常应该介于 32.2～49℃，干燥时用热风干燥。

贮存前用一种轻质矿物油喷涂鸡蛋，封闭鸡蛋壳孔，用以阻止 CO_2 和水分的流失。也可用适宜的溶液浸泡，使蛋同空气隔绝，阻止蛋中水分蒸发，避免细菌污染，抑制蛋内

CO_2溢出。常用的溶液有石灰水、泡花碱以及石灰、石膏和白矾的混合液。

2. 冷藏

在略微高于鸡蛋冰点的温度贮存是最好的，理想的做法是在$-1℃$的仓库内贮存，为减少鸡蛋中水分的丧失，相对湿度须高达80％。在适当的冷藏情况下，A质量等级可以保持6个月之久。

3. 冷冻鸡蛋

大量用于食品生产的鸡蛋通过冷冻保存。冷冻保存的不是带壳的蛋，而是将鸡蛋的液态成分冷冻保存，可以将整蛋（去壳蛋）冷冻，也可以分离成蛋清和蛋黄分别冷冻或将有特殊用途的各种蛋清和蛋黄的混合物冷冻。

由于蛋壳上沙门氏菌属细菌感染很普遍，美国及其他一些国家的食品法规规定所有商业用去壳蛋都必须进行巴氏灭菌。蛋清对热很敏感，在非常接近有效的巴氏灭菌温度时容易凝固。目前在美国，蛋清或全蛋的巴氏灭菌条件是：加热到$60\sim62℃$，保持$3.5\sim4.0min$。蛋清也可以在$52\sim53℃$的较低温度下，结合过氧化氢对蛋清进行巴氏灭菌。

蛋清和整蛋的冷冻通常在冷冻室里进行，但是蛋黄不加添加剂是不能冷冻的，因为蛋黄冷冻后会变得黏稠，称之为胶凝。蛋黄冷冻时的胶凝过程可以通过添加10％的糖或盐来防止。含糖的蛋黄产品用于面包业、糖果业以及产品中可含糖的其他产品，而蛋黄酱生产者可能使用含盐蛋黄。

4. 其他贮藏方法

鸡蛋产出后，CO_2通过多孔蛋壳逸出，气室体积增大，因此，将鸡蛋冷藏时，增加环境中CO_2的浓度，可以减少CO_2的流失，贮存稳定性得以延长。

另一种延长贮存寿命的方法称作热稳定法。鸡蛋在热水或热油中浸很短一段时间，在蛋壳内部凝结上一薄层的清蛋白层，这样蛋壳孔就被堵住了。热量也可以杀死蛋壳表面的一些细菌。

四、鸡蛋的加工

鸡蛋具有很多重要的加工特性，如溶解性、胶凝性、乳化性、发泡性。这些特性使得蛋在各种食品（如蛋糕、饼干、再制蛋、蛋黄酱、冰淇淋及糖果等）的制作中得到了广泛应用，是其他添加剂所不能替代的。我国蛋品的深加工产品还不足，主要是生产蛋粉。

1. 干蛋品的加工

干蛋品是指巴氏消毒后的蛋清、蛋黄或全蛋液经干燥使蛋液中的大部分水分脱去，制成含水量为4.5％左右的粉状或片状制品。可分为干蛋粉（可分为全蛋粉、蛋黄粉、蛋白粉）和干蛋片（又分全蛋片、干蛋白片、蛋黄片）两类。

制备蛋粉常用的脱水方法是喷雾干燥法，可制成烹饪蛋粉、发酵蛋粉、速溶蛋粉、糕点用蛋粉、冰淇淋专用蛋粉等。干蛋白片是将鲜蛋白经搅拌过滤后发酵，使蛋白液黏度下降、水溶物含量增加，发酵成熟后中和其酸性，常用托盘烘干或低温冷冻干燥法等制成。

蛋白中含有少量的葡萄糖，不管用哪一种脱水方式，在干燥及后续的贮存中，当温度比冰点高很多时，葡萄糖就会与鸡蛋中的蛋白质结合，发生美拉德褐变反应。采用酵母发酵可以去除蛋白中葡萄糖。

2. 蛋饮料的加工

鸡蛋蛋白是一种容易消化且氨基酸比例平衡的蛋白质胶体溶液，还含有抗菌成分，是生产饮料的很好原料。鸡蛋中的抗菌成分是溶菌酶，具有抗菌、消炎、抗病毒等作用。

蛋白加热后易变性，使蛋白饮料的生产受到很大的限制。目前常用的杀菌方法是将蛋白液于 $50\sim60℃$ 加热 $20\sim30min$，为彻底杀菌，可采用间歇式杀菌方法。

第三节 乳品加工

乳是所有哺乳动物乳腺的正常分泌物，含有丰富的蛋白质和脂肪，是一种特别重要的食品。乳和乳制品涉及范围广泛的原料和制品，主要还是牛乳及其制品。

牛乳经过最简单的加工可作为液态乳食用，也可作为制造多种乳制品的原料。牛乳可被分离稀奶油和脱脂乳，这些主要成分进一步分离成乳脂、酪蛋白或其他乳蛋白质和乳糖。这些分离产物本身就可以作为产品销售和使用，或可进一步加工成奶油、干酪、冰淇淋及其他乳制品。牛乳还可以通过浓缩、干燥、调香、强化、脱除矿物质及其他处理方法进行改制。全脂牛乳或其成分可按比例配制加入各种加工食品中，如牛奶巧克力、面包、蛋糕、香肠、各种糖食、汤类和其他许多不以乳为主要配料的食品。

一、乳的成分及性质

1. 乳的成分

乳是一种复杂的分散体系，是多种物质的混合体，由脂肪球、酪蛋白胶粒、乳清蛋白体、矿物质、体细胞等组成。不同的哺乳动物乳的成分不同（见表 10-3），不仅其主要成分——脂肪、蛋白质（主要是酪蛋白）、乳糖和统称为灰分的矿物质的含量各不相同，而且除了乳糖外，各种成分的化学、物理和生物性质也有些不同。不同种类的乳蛋白质的热敏性、营养性质也各不相同。

表 10-3　人类食用乳的组成 （质量分数）　　　　　%

类别	总固体	脂肪	粗蛋白质	酪蛋白	乳糖	灰分
奶牛乳	12.60	3.80	3.35	2.78	4.75	0.70
山羊乳	13.18	4.24	3.70	2.80	4.51	0.78
绵羊乳	17.00	5.30	6.30	4.6	4.60	0.80
水牛乳	16.77	7.45	3.78	3.00	4.88	0.78
妇女乳	12.57	3.75	1.63	—	6.98	0.21

牛乳中至少含有 100 多种成分，主要成分为水占 $86\%\sim89\%$，干物质含量为 $11\%\sim14\%$。干物质中脂肪占 $3\%\sim5\%$，蛋白质占 $2.7\%\sim3.7\%$，乳糖占 $4.5\%\sim5\%$，无机盐占 $0.6\%\sim0.75\%$。牛乳中的总固体量约为 13%，"非脂乳固体"又称为"乳清固体"，是指总固体减去脂肪的量，约为 9%。

决定牛乳成分的最重要因素是乳牛的品种。世界上主要产乳牛种有埃尔夏乳牛、瑞士棕色乳牛、格恩西牛、黑白花牛和娟姗牛。一般来说，黑白花牛产乳最多，但是格恩西牛和娟姗牛所产的乳的脂肪含量最高（约 5%）。牛乳的成分还取决于许多其他因素，包括个体差异、年龄、产乳期、季节、饲料、挤乳时间、挤乳间隔时间、生理条件，以及处在平静或兴奋状态和是否正在服药等。生产加工时，各种因素在平均后差异就会减小。鲜乳的市场价格一般是基于其脂肪含量，而较少根据其非脂乳固体含量。不同的乳制品所需的原料乳的量也不相同，大多是根据乳品原料中的乳脂含量来计算（见表 10-4）。

表 10-4 乳制品的牛乳近似用量

乳制品	生产 1kg 乳制品所需的牛乳量/kg
奶油	22.8
干酪	10.0
炼乳(全脂)	2.3
奶粉(全脂/脱脂)	7.6/11.0
奶油粉	19.0
冰淇淋-每 3.3L(1USgal/除去奶油和浓缩乳中的脂肪)	6.8/5.4

资料来源:牛奶工业基金会。

(1)乳脂肪

乳脂肪不仅与牛乳的风味有关,而且是稀奶油、奶油、全脂乳粉及干酪的主要成分,在乳中以微细的球体和乳浊液形式分散存在。乳脂肪球的直径一般多为 $2.5 \sim 3\mu m$(最大范围为 $1.0 \sim 10\mu m$),每 1mL 乳中有脂肪球 20~50 个亿。脂肪球颗粒大时,脂肪容易分离,但不易消化。

乳脂肪是由多种不同种类的甘油酯类所组成,其中溶有磷脂、固醇、色素及脂溶性维生素等。乳脂肪中含 14 碳以下的低级挥发性脂肪酸达 14%,这些低级脂肪酸在室温下呈液态,易挥发,因此,使乳脂肪具有特殊的香味和柔软的质地。乳脂肪容易受光、热、氧、金属离子(尤其是铜)等的作用而氧化,产生脂肪氧化味,同时乳脂也会因乳中的解酯酶作用而分解。这些变化在乳制品的保存中经常发生,影响产品的感官和营养质量。

(2)乳糖

乳糖是哺乳动物乳腺所特有的产物,在动物其他器官中不存在。乳糖是一种双糖,甜度为蔗糖的 1/6,溶解度小。乳糖在人体中不能直接吸收,需要在乳糖酶的作用下分解成葡萄糖及半乳糖才能被吸收,缺少乳糖分解酶的人群在摄入乳糖后,未被消化的乳糖直接进入大肠,刺激大肠蠕动加快,造成腹鸣、腹泻等症状称乳糖不耐受症。食用酸奶、低乳糖奶可以减缓乳糖不耐受症。

(3)乳蛋白

牛乳中含有三类主要的蛋白质,酪蛋白含量最多,占乳中总蛋白质的 83%,占乳量的 2.7%~3.7%,乳白蛋白约占总蛋白量的 13%,乳球蛋白和脂肪球膜蛋白约占 4%。每一类蛋白质又可分为几种。

乳蛋白中含有人体所必需的各种氨基酸,是一种全价蛋白质,在牛乳加工过程中,乳蛋白质的性质对牛乳的处理、浓缩乳或乳粉生产等都有重要的意义。牛乳中蛋白质的种类及性质见表 10-5。

表 10-5 牛乳中蛋白质的种类及性质

大类	小类	比例/%	等电点	特性
酪蛋白	α_s-酪蛋白	45~55	4.1	酪蛋白是一种含磷钙的结合蛋白,热稳定,乳中有 Ca^{2+} 时易凝固;被胃酶作用下完全凝固
	β-酪蛋白	25~35	4.5	
	k-酪蛋白	8~15	4.1	
	γ-酪蛋白	3~7	5.8~6.0	高浓度 Ca^{2+} 时易凝固;有保护胶体体系的作用
乳白蛋白	α-乳清蛋白	2~5	5.1	
	血清白蛋白	0.7~1.3	4.7	不含磷,易溶于水,加热时易变性
	β-乳球蛋白	7~12	5.3	
乳球蛋白	免疫球蛋白	约 0.1%		易溶于水,加热时易变性

2. 乳的性质

（1）物理性质

新鲜牛奶是一种白色、乳白色或稍带黄色的不透明液体，白色是因乳中的各种颗粒对光反射的结果，黄色是核黄素、胡萝卜素等产生的。乳稍带甜味（乳糖）、具有特殊的乳香（低级脂肪酸产生），乳易吸收杂味，加工时需注意外部环境的清洁、卫生等因素。

一般牛乳的冰点为 $-0.540℃$，沸点为 $100.55℃$ 左右，牛乳的密度平均为 $1.030g/cm^3$（15℃下），牛乳的黏度在 20℃时为 $0.15\sim0.2Pa\cdot s$。

（2）化学性质

正常乳的 pH 值为 $6.5\sim6.7$，酸败乳和初乳的 pH 值低于 6.5，乳房炎乳和低酸度乳的 pH 值在 6.7 以上。乳的酸度有两方面的原因：一是乳本身的酸度，称为自然酸度，是由乳中蛋白质、磷酸盐、CO_2 等构成；二是微生物生长繁殖所产生的，称为发酵酸度，两者之和为乳的总酸度。酸度越高，乳的热稳定性越低，还影响到其他乳制品的品质。一般常用滴定法测定牛乳的酸度，称滴定酸度，即一定量的牛乳在酚酞作指示剂的条件下，消耗一定浓度的碱液值。常用的是吉尔涅尔度（°T），即中和 100mL 牛乳所消耗的 0.1mol/L NaOH 的体积（mL），消耗 1mL 为 1°T，牛乳的酸度是鉴别牛乳质量的主要指标之一。

另外，乳品加工用乳是母牛产犊一周后到停止泌乳前一周所分泌的乳汁，其成分和性质基本稳定，称为常乳。由于饲养管理、疾病、气温、污染及其他原因而使乳的成分和性质发生异常的乳叫作异常乳，不得用于乳品加工。异常乳分为以下几种：

异常乳 {
生理异常乳：初乳、末乳
化学异常乳：酒精阳性乳、高酸度乳、低成分乳、杂质乳、异味乳、细菌污染乳
病理异常乳：乳房炎乳、病牛乳
}

需特别说明的几种异常乳如下。

① 初乳是母牛产犊一周内分泌的乳汁，含有较多的免疫球蛋白，对增强初生牛犊的抵抗力有特别重要的作用。但免疫球蛋白热变性温度低，加热时易形成凝块。

② 末乳是停止泌乳前一周所分泌的乳汁，味道苦而微咸。由于末乳中解酯酶增多，故带有油脂氧化味。

③ 酒精阳性乳：鲜牛乳进厂一般先用 $68\%\sim70\%$ 的酒精进行检验，凡产生絮状凝块都为不合格品，主要原因是乳中存在的微生物迅速繁殖，以致酸度升高，蛋白质不稳定。

一般来说，初乳和末乳与正常乳之间的化学成分相差明显，化学性质有所不同。常乳的化学性质相对稳定，但在加工时（主要是加热和冷冻两个工艺）化学性质会有所改变。

热处理对牛乳性质有较大的影响，牛乳在 40℃ 以上加热时，由于液面蒸发和脂肪、蛋白质的凝固，表面形成薄膜（加热时搅拌或减少液面水分蒸发可防止），其中 70% 以上是脂肪，其余是蛋白质且以乳白蛋白为主。牛乳长时间加热会发生褐变，原因是美拉德反应和乳糖的焦糖化褐变。另外，牛乳加热后还会产生蒸煮味，是变性蛋白质产生—SH 造成的。

牛乳冷冻保存时，解冻后酪蛋白会产生凝固沉淀，且由于脂肪球膜的构造发生变化，脂肪乳化产生不稳定现象。可在冷冻前进行均质化处理（60℃、$23\sim25MPa$）加以预防。

二、消毒鲜乳制品

鲜乳经验收、冷却、过滤、净化、标准化、均质、杀菌、冷却（调配）和包装等工艺过程，便成为人们日常饮用的消毒牛奶。某些功能性牛奶，如在巴氏杀菌之前添加维生素 D，生产的 VD 奶；使牛乳通过离子交换树脂以钾取代钠而制成的低钠牛乳；将牛乳用水稀释再加糖，使之接近人乳，生产的软凝牛乳；在加工过程中用乳糖酶处理生产的低乳糖牛乳等，

只需在该加工程序中稍作变动。

1. 原料乳验收

加工厂收到牛乳后需进行几种检验和测定以控制进料的质量，通常包括：测定脂肪和总乳固体含量；挤压牛乳通过过滤垫片，观察过滤垫片上的残渣从而估计鲜乳的沉淀；测定细菌数，尤其是细菌总数、大肠菌群、酵母数及霉菌数；测定冰点作为可能吸水量的指标并评定牛乳香味。乳牛细胞的测试可作为乳房感染的指标。在特殊情况下，还须测定经过治疗的乳牛所产的牛乳内抗生素的残留量以及牛乳中来自乳牛饲料或农场其他用途的农药残留量。牛乳分级的主要依据是细菌数，这是考核牛乳卫生质量的重要指标。

2. 冷却

健康的乳房所分泌的乳是无菌的，但很快便为乳牛体外和乳处理设备上的微生物所污染。为了控制细菌繁殖，贮罐配有冷藏装置使鲜乳快速冷却至 4.4℃ 或更低。在运输到收乳站或牛乳加工厂之前，牛乳必须始终保持冷却。

3. 过滤净化

在奶牛场中挤乳时，乳容易被大量粪屑、饲料、垫草、牛毛和蚊蝇所污染，因此挤下的乳必须及时进行过滤。另外，凡是将乳从一个地方送到另一个地方，或者由一个容器送到另一个容器时，都应进行过滤。简单的过滤是在受乳槽上装不锈钢制金属网加多层纱布进行粗滤，进一步的过滤可采用管道过滤器。管道过滤器可设在受乳槽与乳泵之间，与牛乳输送管道连在一起。一般连续生产都设有两个过滤器交替使用。

使用过滤器时，为加快过滤速度，含脂率在 4% 以上时，须把牛乳温度提高到 40℃ 左右；含脂率在 4% 以下时，应采取 4~15℃ 的低温过滤，但要降低流速，不易加压太大。如果压力差过大，易使杂质通过滤层。

原料乳经过数次过滤后，虽然除去了大部分杂质，但乳中污染的很多极微小的细菌细胞和机械杂质、白细胞及红细胞等，不能用一般的过滤方法除去，需用离心式净乳机进一步净化。大型乳品厂也采用三用分离机（奶油分离、净乳、标准化）来净乳。

4. 标准化

标准化处理就是将不同批次的牛乳进行离心分离得到稀奶油并分离出乳清，然后重新混合至指定的含脂量得到脂肪含量、蛋白质含量及其他成分符合标准的产品。根据我国食品标准规定，每 100mL 消毒乳的含脂率为 3.0g，蛋白质≥2.95g。调节牛奶中脂肪的含量，可加入稀奶油，或加入脱脂奶以获得规定的牛乳含脂率。调节蛋白质的含量可从高蛋白质奶中用超滤法除去多余的蛋白质，或加入可溶性乳蛋白等方法。这个过程必须用天然的牛奶成分。

5. 均质

均质的目的在于既要获得均匀的混合物，又要使得产品的颗粒细微一致，不会产生离析（防止脂肪上浮分层，酪蛋白微粒沉淀）。均质的原理及设备可参见第七章相关内容。使用高压均质机使脂肪球、蛋白质颗粒直径在 $2\mu m$ 以下，可有效抑制脂肪的分离和酪蛋白的沉淀，并使组织细滑、稳定。

6. 杀菌

（1）巴氏杀菌乳

巴氏杀菌的目的是为了除去牛乳中可能含有的致病菌，并且大幅度降低细菌总数，以提高保藏性能。巴氏杀菌还可破坏牛乳中的脂酶和其他天然酶类。许多年来，巴氏杀菌的温度和时间的选择都是以能确保杀灭分枝结核杆菌为依据的，分枝结核杆菌是一种高度耐热的非芽孢细菌，能将结核病传染给人类。目前公认的牛乳巴氏杀菌方法是采用 62~65℃温度处理 30min 或 72~75℃下保持 10~15min 以杀灭分枝结核杆菌。

巴氏杀菌是在加热锅内进行的，锅中装有搅拌器保证均匀加热，并加盖以防止在保温期间受到污染。此外，杀菌锅中还装有温度计，跟踪记录操作的时间和温度。但是现在高温短时杀菌已经基本上取代了批式巴氏杀菌法。

（2）超高温灭菌奶

超高温灭菌奶采用 UHT 灭菌法在极短时间内加温（用 135~150℃加热 2~3s）杀死残留的孢子。该项技术需要较复杂的系统，包含加热板、保温管道、液流转向阀和时间温度记录图表。采用瞬间超高温灭菌法，在一条生产线上，将被包装物料的杀菌、包装盒成形及包装一次完成，即从包装成形至产品充填过程，均在密封无菌区域内进行。含有 5~7 层保护膜的利乐保鲜纸盒能保护牛奶中的维生素不受阳光照射。利乐保鲜包装的超高温瞬间灭菌保鲜奶为"长效奶"，贮存期长，可以使消费者降低购买的频率。产品本身无需冷藏，常温未开封下保质期一般为 8 个月。

7. 冷却

消毒牛乳并非是无菌的，故在巴氏杀菌后必须快速冷却至 5℃以下，以防残存细菌的繁殖，也可防止因温度高而使黏度降低，导致脂肪球膨胀上浮聚合。巴氏杀菌的牛乳不会产生令人厌恶的蒸煮味，对牛乳的营养价值也没有重大影响，仅维生素可能稍有破坏。凡是连续式杀菌的设备，一般都直接通过热回收段和冷却段迅速冷却到 4℃。非连续式杀菌时，还需采用其他方法加速冷却。冷却后的消毒乳可直接分装，及时上市供销。如一时不能发送时，应贮存在 4~5℃的冷库内。

三、牛乳分离产品

牛乳的分离一是指油水相的分离，主要产品有黄油、稀奶油和脱脂乳；二是水的分离，可以生产浓缩乳（炼乳）和乳粉等。

1. 脱脂乳和奶油

脱脂乳和稀奶油是牛乳在离心式奶油分离机内进行分离后得到的。离心式分离机的构造和原理见第四章相关内容。

脱脂乳可以直接用作饮料，也可经浓缩或干燥后用于加工食品。多年来，含脂量 0.5%或以下的脱脂乳被作为饮料消费。由于脂肪分离时脂溶性维生素也被脱除，所以美国标准中规定脱脂乳和低脂乳中必须添加维生素 A。

稀奶油可以直接食用，也可进行冷冻、浓缩、干燥或进一步分离，生产奶油和乳清粉。所有这些产品均可用于生产食品。

2. 炼乳

炼乳可分为淡炼乳和甜炼乳，是通过对牛乳进行浓缩得到的产品（浓缩原理及设备见第七章相关内容）。

淡炼乳的固体含量是正常全脂乳固体含量的 2.25 倍。淡炼乳的加工通常是将全脂原乳进行净乳、浓缩、强化维生素 D、均质、装罐，然后将罐装淡炼乳放入连续式杀菌釜内，于 118℃下杀菌 15min，再冷却。这种热处理法使淡炼乳具有焦糖化淡褐色和蒸煮风味。

甜炼乳是由消毒牛乳经浓缩后补充蔗糖制成的，通过控制浓缩程度和加糖量使最终产品的水分中含有约 63%的糖。与淡炼乳不同，甜炼乳并不是无菌的，但是可通过糖的防腐作用防止存在于产品中的细菌繁殖。

3. 乳粉

采用喷雾干燥或真空干燥法（见第五章相关内容）可将全脂乳脱水至固体含量约为97%。但在贮藏期间乳粉很快会产生异味，通常是氧化酸败的味道。如何完全防止这类异味目前尚不清楚，但这是生产固体饮料商品时，使用脱脂乳粉而不使用全脂乳粉的原因。

四、发酵乳制品

发酵乳制品是指以乳类为原料，经乳酸菌和其他有益菌发酵后加工而成的产品。发酵乳制品在国内外市场上品种繁多，主要是酸奶、奶酪等产品。发酵乳制品因改善消化道微生态环境、利于人体消化吸收、富含 B 族维生素、促进食欲、增强消化机能而广受欢迎。

乳酸菌（LAB）是原料乳中的天然污染菌，也是乳制品发酵的核心。乳酸菌在乳品中有三个主要的作用：酸化、改善质构、产生风味。其他一些细菌、霉菌、酵母菌也有应用。

此外，牛乳中的蛋白质本身不具有生理调节功能，经发酵后，蛋白质大分子可水解成小肽，具有降血压、抗氧化、调节体重、降血糖等作用。因此，乳发酵产品越来越受重视。

1. 酸乳

酸乳是最主要和常见的乳发酵产品。酸乳通常根据其在零售容器中的物理状态和它的货架期来分类，这些特性受生产过程、原料、添加剂成分的影响可分为凝固型、搅拌型、饮用型、杀菌型等。饮用型酸乳饮料是以搅拌型酸乳为基础生产的，其固形物含量较低，且多用果汁替代水果浓缩物。杀菌型酸乳是将发酵好的酸乳经巴氏杀菌并采用无菌灌装，从而延长货架期。凝固型、搅拌型的生产工艺流程为：

牛乳预处理→预热及均质→杀菌→冷却至接种温度→加入发酵剂→

搅拌型酸乳：→大罐发酵→破碎凝乳→冷却→中间贮藏→添加果料→罐装→冷藏

凝固型酸乳：→加入香料、色素→灌装→发酵→冷却（至达到所需 pH 值）→冷藏

酸乳的生产对原料乳要求很高，需检测抗生素的残留。生产过程中的预处理、均质与消毒牛乳相同。杀菌多采用 90℃、30min 加热杀菌，杀灭有毒微生物，减少腐败菌，使微生物总量不会危害发酵剂微生物的生长，并使乳清蛋白变性，保证在货架期内不出现乳清分离现象（对凝固型酸奶尤其重要）。经热处理的牛乳需冷却到一个适宜的接种温度，通常为40~45℃，可在板式换热器或带冷水夹套的贮罐中进行。

链球菌嗜热亚种和德氏乳杆菌保加利亚亚种（常用比例为 1∶1）是传统发酵剂，接种温度约为 42℃，在 45~46℃下发酵大约 4h；若采用保加利亚乳杆菌和乳酸链球菌的混合发酵剂（常用比例为 1∶4），需在 33℃下发酵大约 10h。当 pH 值达到 4.5~4.7 时可终止发酵。

发酵结束后的冷却十分重要。冷却速度太快会引起乳清分离，冷却速度太慢会使酸度继续上升而影响产品质量。通常在发酵结束后 1~1.5h 内将温度降到 10~15℃，冷却至 5℃约需 4h。此外，凝固型酸乳要轻拿轻放，防止破坏蛋白质的凝固结构而使乳清析出。

2. 干酪

干酪可定义为由牛或其他牲畜的乳凝块加工成的产品。凝块是将牛乳酪蛋白用酶（常为凝乳酶）或酸（常为乳酸）凝集而成，凝块进一步加热（或不加热）、加压、加盐、用选定的微生物熟化（发酵）就成为干酪。所有类型的干酪加工都始于凝乳制造，然后采用不同的方式处理凝乳或乳清。

牛乳含有脂肪、蛋白质（主要是酪蛋白，其次是 β-乳球蛋白，再次是 α-乳白蛋白）、乳糖、矿物质和水，当乳中加入酸和/或凝乳酶时，酪蛋白就凝固，凝块中截留大部分脂肪，一些乳糖、水分和矿物质，这就是凝乳。剩下的溶解有乳糖、蛋白质、矿物质和其他微量成分的液体就是乳清。干酪凝乳可用原乳或巴氏杀菌乳制成，但是大多数干酪是用巴氏杀菌乳制成的，因为巴氏杀菌也可消灭大多数腐败菌和不希望的牛乳酶类，使随后的凝乳发酵更容易控制。

第四节　畜牧副产物的综合利用

畜牧产品加工副产物中含有丰富的蛋白质、脂肪和其他生物活性成分。深度开发利用农产品加工副产物，对于农产品加工综合利用和保护环境具有重要意义，而且也能促进畜牧产品的发展，提高资源的综合利用率和附加值，提升农产品加工业的国际竞争力，还能带动相关行业的发展。

目前畜牧副产品综合利用主要表现在三个方面：生化制药、工业原料、饲料。

一、畜禽血液的综合利用

畜禽血液中含有丰富的营养物质和多种生物活性物质。以猪血为例，它含有 18% 的蛋白质和铁、钠、钾、钙、镁等多种矿物质和多种酶类（如淀粉酶、转化酶、脂肪酶、磷酸酶、过氧化氢酶等），还含有 A 族维生素、B 族维生素及多种生物活性物质。

生理状态下血液中血浆占 60%，血细胞占 40%。在血浆中，水分为 90%～92%，血浆中蛋白质主要是血清蛋白、球蛋白、血纤维蛋白三种，这些蛋白质总量占血浆的 5%～8%；在血细胞中，水分约占 80%，血细胞有红细胞、白细胞、血小板等。

近几年来，畜禽血液的利用发展很快，主要产品有血红素、血卟啉衍生物、超氧化物歧化酶（SOD）、免疫血清、氨基酸营养液等。研究表明，禽血具有一定的抗癌作用；猪血是良好的 SOD 来源；猪血蛋白肽具有良好的营养特性，能提供极易吸收的多肽化合物，而且具有极佳的生理功能，是一种非常有前途的功能性食品原料。

1. 血浆蛋白粉

收集的新鲜猪全血，经抗凝剂处理、冷藏密闭运输、过筛、离心分离血浆和血球、物理脱氧处理及活性炭脱色后，将血浆抽滤冷藏保存，超滤浓缩血浆，再经滚筒或喷雾干燥，过筛后无菌包装制得的低灰分血浆蛋白粉。

血浆蛋白粉中挥发性盐基氮含量低，免疫球蛋白含量高，消化率高，溶解性好，安全性高，营养均衡，粗产品可作为饲料蛋白质的补充来源。但是，改善工艺，可使血浆蛋白粉中粗蛋白达 94.5%，每克含铁量大于 0.25g，可用作蛋白质补剂，补充儿童发育所需的组氨酸、赖氨酸等，也可用作铁质补剂，可预防和治疗缺铁性贫血。

2. 血红素

血红素可作为蛋白和铁的补充剂。另外，血红素可作为一种十分重要的抗癌药物——血卟啉的主要原料，还可转化为胆红素作为药用。

血卟啉（又名卟啉铁、氯化血红素、氯化高铁血红素、血红素）是血红素体外的稳定存在形式，是从猪、牛血中提取的。氯化血红素是现代医学公认的防治缺铁性贫血、吸收率高、效果好的生物铁源，无铁腥味，不刺激胃肠，是婴幼儿、孕妇首选的补铁补血产品。氯化血红素可以激活体内多种含血红素酶的活性，是生产补铁食品、药品、保健品、化妆品的首选原料。

3. 超氧化物歧化酶

超氧化物歧化酶是一种含有金属元素的活性蛋白酶，是生物体内清除自由基的首要物质。它可对抗和阻断因氧自由基对细胞造成的损害，并及时修复受损细胞，复原因自由基造成的细胞伤害。超氧化物歧化酶是中国卫生部批准的具有抗衰老、免疫调节、调节血脂、抗辐射、美容功能的物质之一。

超氧化物歧化酶原从牛血中制取，现多从猪血中提取。超氧化物歧化酶经过采血、取血球、丙酮沉淀、热处理、透析、上柱、浓缩、冷冻干燥而得。

二、畜骨的利用

骨约占动物体重的20％～30％，是一种营养价值非常高的肉类加工副产品。骨是由骨组织、骨髓和骨膜所组成的。不同品种动物、不同年龄、不同个体、不同部位、不同处理方法，在骨的组成上会存在很大差别。鲜骨所含营养素非常丰富，猪骨中含蛋白质和脂肪分别为12％和9.6％，猪肉中分别为17.5％和15.1％；牛骨中蛋白质和脂肪含量分别为11.5％和8.5％，牛肉中分别为18.0％和16.4％。骨骼中的蛋白质90％为胶原、骨胶原及软骨素，有加强皮层细胞代谢和防止衰老的作用。骨脂肪酸中含有人体所需的必需脂肪酸，鲜骨中还含有大量的钙磷盐、生物活性物质、镁、钠、铁、锌、钾、氟盐、柠檬酸盐和维生素A、维生素D、维生素B_1、维生素B_2、维生素B_{12}等，骨髓中有大脑不可缺少的磷脂质、磷蛋白等。

1. 全骨产品

全骨产品是指利用粉碎技术将鲜骨研磨成一定大小的微粒，再根据制品的需要加工成相应的产品。主要产品有骨泥、骨浆和骨粉，可作为肉食的替代品，或作为营养剂添加到肉制品、仿肉制品或肉味食品中制成骨类系列食品。

（1）骨泥

采用超微粉碎机将骨磨成200～400目的微粒，其口感润滑鲜美，与肉类很相似，其营养成分比肉类更丰富。骨泥是世界上广泛采用，也是一种较为理想的骨利用方式。骨泥是我国近年来新开辟的食物源，含有许多人体所必需的营养成分，如蛋白质、脂肪、维生素、骨原胶、软骨素和一些微量元素，特别是钙的含量较高。另外，骨泥中还含有大脑不可缺少的磷脂质、磷蛋白，以及能滋润皮肤、补充精血、防止衰老的软骨素和骨胶原等。

骨泥的制备工艺流程为：新鲜畜禽骨→预处理→冷冻→碎骨→拌水→磨骨。

骨泥可作为肉类的代用品，营养成分却比肉类更丰富，如铁的含量为肉的3倍，且钙质含量是肉类无法比拟的。以骨泥为原料的骨类食品有骨泥饼干、高钙米粉等。骨泥还可制作肉丸、肉馅、灌制肉肠及汤圆等。

（2）骨粉

骨粉含有丰富的钾、钙、磷、铁和蛋白质，还含有微量元素、氨基酸等成分，是比较理想的补钙制品。食用超细骨粉可作为食品营养强化剂，粗制骨粉一般作为禽畜饲料的添加剂，促进生长发育，也可作为高效的有机肥，对改良酸性土壤和促进作物生长非常有利。

在骨粉加工中，用超微细粉碎替代常规粉碎，利用强冲击力、挤压力、研磨力，使刚性的骨骼粉碎及细化，得到超细骨粉，其粒径比一般骨粉的粒径小得多。一般超微粒度小于$10\mu m$，很容易被人体吸收，能更好地利用骨粉中的营养元素。超细骨粉可广泛应用于方便、休闲、膨化、餐饮、保健食品，以及调味香精等中。

2. 骨的提取物产品

骨的提取物产品是指运用水解、分离等加工技术，从畜禽骨中分离提取有效成分而得到的产品。

（1）骨素

骨素是指将鲜骨中的水溶性物质浸提而得到的富含氨基酸、肽、核酸以及糖类和无机盐等成分的一种纯天然调味品。成品骨素呈浅褐色或褐色膏状，添加到食品中除了提高产品的品质，还能预防多种营养缺乏症，一般在肉类食品中的常用添加量为 0.5%～5%。

（2）骨胶

骨胶是粉碎后的畜骨经洗涤脱脂，加酸去杂，浸泡熬煮，浓缩成胶冻状的物质。它的化学组成为多肽的高聚物，它是一种纤维蛋白胶原，胶原通过聚合和交联作用而成链状的或网状的结构，因而骨胶具有较高的机械强度，并能吸收水分发生溶胀。

（3）胶原多肽

胶原多肽是胶原经蛋白酶等降解处理后制得的低分子量（3000～20000Dal）、易被人体吸收的一类多肽混合物。胶原多肽与明胶相比具有较强的水溶性，具有较多的生理功能，如抗高血压、预防与治疗骨关节炎和骨质疏松、治疗胃溃疡等疾病、抗衰老和抗氧化等。因此，胶原多肽在保健食品、化妆品等领域具有较广泛的用途。

胶原多肽的生产方法有酸法、碱法、加热法和酶法等；其中酶法以其水解条件温和、易控制及无污染等优点而独具优势。其工艺流程为：

原料骨→预处理→熬制→干燥（明胶）→明胶→吸水膨胀→加热溶化、调节 pH 值→酶解→过滤→浓缩→防腐处理→喷雾干燥→包装→粉状胶原多肽。

（4）骨油

骨中的脂肪类成分可以在高温蒸煮下融化和释出，经过分离后可以得到纯度较高的油脂，成分主要为棕榈酸、硬脂酸、油酸、亚油酸、豆蔻酸、豆蔻油酸等。亚油酸是人体维持各项生理活动所必需的一种脂肪酸，而骨油中的不饱和脂肪酸对于降低胆固醇，预防心血管疾病有一定功效。因此，从畜禽骨骼中提取的油脂，可以作为食用油及多种保健产品的主要原料。骨油的提取方法通常有水煮法、蒸汽法、有机溶剂抽提法三种。

（5）骨钙

骨渣中含有大量的钙，是一种良好的钙源。

提高骨钙的溶解度方法有四种：酸解法、碱解法、酶解法、微生物发酵法。

（6）软骨素

在畜禽的骨骼中，尤其是软骨中含有大量的多糖成分，主要组成是硫酸软骨素、透明质酸、硫酸角质素、硫酸皮肤素、低聚糖等。

在畜禽骨骼所含的各种多糖中，目前对于软骨素的研究比较多，它们主要是从牛、羊、猪的喉、鼻、软肋中提取出来的，可作为软骨素片、软骨素药注射液等药品的重要原料。硫酸软骨素具有抗癌、抗病毒、调节血脂血糖、增强机体免疫力等一系列作用。

硫酸软骨素的提取方法有酶解、碱法、高温高压法和中性盐法等，其分离纯化有乙醇沉淀法、离子交换色谱法、季铵盐配合法、吸附法和纤维分离法。

三、畜禽脏器的利用

脏器的主要成分为蛋白质、脂肪、水分及无机盐，此外还有各种酶类。许多牲畜的脏器和腺体组织含有多种复杂的生化成分，可以深度加工制成药剂。例如，猪心中可提取细胞色素、胸腺素、苹果酸脱氢酶等；猪肝脏中可以提取肝素、酯酶、卵磷脂等；猪胆中可以提取胆红素和去氧胆酸；胰脏中可以提取多酶制剂和胰岛素；肠中可以提取肝素和抗菌肽等。这类药物可以调理生理功能，对某种疾病具有特殊疗效。

1. 肝素钠

肝素钠是由猪或牛的肠黏膜中提取的硫酸氨基葡聚糖的钠盐，属粘多糖类物质。它是粘多糖硫酸酯类抗凝血药。近年来研究证明，肝素钠还有降血脂作用。

其制备工艺为将新鲜的猪肠（或冷冻猪肠自然解冻之后）用清水仔细清洗去除内外污物和外部皮肤脂肪后，绞碎成糜状，在特定 pH 值条件下加入新鲜胰浆作为酶解剂进行酶解提取，趁热过滤除去杂质，进行离子交换吸附处理，经真空烘干，即得肝素钠粗品。

2. 胰岛素

胰岛素是一种蛋白质类激素药物，早已能够人工合成。但是，目前临床应用的还是来自于胰脏以酸性乙醇破坏胰酶后从胰岛中获取的。胰岛素目前主要来源于猪、牛、羊、鱼的新鲜胰脏提取物。

胰岛素由胰腺细胞分泌直接进入血液。当胰腺从身体取下后，在粉碎过程中，若胰酶被激活，胰酶就会分解胰岛素而失去活性。因此，在提取胰岛素过程中要加入酸性酒精让胰酶失活，通过盐析将胰岛素分离出来。

四、畜皮的利用

畜产品的皮除用于皮革工艺、直接添加在肉制品中外，还可用于提取胶原蛋白。动物皮中胶原蛋白的含量可达 90% 以上，因此，畜皮是提取胶原蛋白的好原料。

胶原蛋白提取的传统工艺是，先将原料皮刮脂、洗涤中和后熬胶；或切细加入适量的水混合后，经过高温蒸、在合适的 pH 值条件下加入适量的酶解剂，进行酶解提取，完成后进行精细过滤；滤液进入蒸发浓缩系统浓缩脱水，经浓缩后的液体达到一定浓度后，进入喷雾干燥设备，所得粉末即为胶原蛋白。

参考文献

[1] 沈林生. 农产品加工机械. 北京：机械工业出版社，1988.

[2] 沈再春. 农产品加工机械与设备. 北京：中国农业出版社，1993.

[3] 殷涌光等. 食品机械与设备. 北京：化学工业出版社，2007.

[4] 崔建云等. 食品机械. 北京：化学工业出版社，2007.

[5] 杨同舟. 食品工程原理. 北京：中国农业出版社，2001.

[6] 马海乐. 食品机械与设备. 北京：中国农业出版社，2004.

[7] 高孔荣，黄惠华，梁照为. 食品分离技术. 广州：华南理工大学出版社，1998.

[8] 陈斌，刘成梅，顾林. 食品加工机械与设备. 北京：机械工业出版社，2003.

[9] 陈从贵，张国治. 食品机械与设备. 南京：东南大学出版社，2009.

[10] 武志明，邱高伟，赵美香. 农产品加工技术与装备. 北京：中国社会出版社，2006.

[11] 周巍，马兴胜. 食品工程原理. 北京：中国轻工业出版社，2002.

[12] 陆振曦，陆守道. 食品机械原理与设计. 北京：中国轻工业出版社，1995.

[13] 王如福，李生. 食品工艺学概论. 北京：中国轻工业出版社，2006.

[14] 李书国，张谦. 食品加工机械与设备手册. 北京：科学技术文献出版社，2006.

[15] 张文朴. 普通食品工艺学. 北京：化学工业出版社，2010.

[16] 赵思明. 食品工程原理. 北京：科学出版社，2009.

[17] 陈从贵，张国治. 食品机械与设备. 南京：东南大学出版社，2009.

[18] 朱文学. 食品干燥原理与技术. 北京：科学出版社，2009.

[19] 冯骉. 食品工程原理. 北京：中国轻工业出版社，2013.

[20] 马荣朝杨晓清. 食品机械与设备. 北京：科学出版社，2012.

[21] 张佰清李勇. 食品机械与设备. 郑州：郑州大学出版社，2012.

[22] 张裕中. 食品加工技术装备. 北京：中国轻工业出版社，2000.

[23] 崔建云. 食品加工机械与设备. 北京：中国轻工业出版社，2006.

[24] 李云飞，葛克山. 食品工程原理. 第2版. 北京：中国农业出版社，2009.

[25] 陆振曦. 食品机械原理与设计. 北京：中国轻工业出版社，1995.

[26] 杨同舟，于殿宇. 食品工程原理. 第2版. 北京：中国农业出版社，2011.

[27] 肖志刚，许效群. 粮油加工概论. 北京：中国轻工业出版社，2008.

[28] 李新华，董海洲. 粮油加工学. 北京：中国农业大学出版社，2009.

[29] 于新，胡林子. 谷物加工技术. 北京：中国纺织出版社，2011.

[30] 田建珍温纪平. 小麦加工工艺与设备. 北京：科学出版社，2011.

[31] 朱永义. 谷物加工工艺及设备. 北京：科学出版社，2002.

[32] 姚惠源谷物加工工艺学. 北京：中国财政经济出版社，1999.

[33] 高嘉安. 淀粉与淀粉制品工艺学. 北京：中国农业出版社，2001.

[34] 余平，石彦忠. 淀粉与淀粉制品工艺学. 北京：中国轻工业出版社，2011.

[35] 程建军. 淀粉工艺学. 北京：科学出版社，2011.

[36] 于新，马永全. 果蔬加工技术. 北京：中国纺织出版社，2011.

[37] 祝战斌. 果蔬加工技术. 北京：化学工业出版社，2010.

[38] NORMAN N POTTER, JOSEPH H HOTCHKISS. 王璋，钟芳，徐良增等，译. 食品科学. 北京：中国轻工业出版社，2001.

[39] 孟宪军，乔旭光. 果蔬加工工艺学. 北京：中国轻工业出版社，2012.

[40] 宋纯鹏. 植物衰老生物学. 北京：北京大学出版社，1998.

[41] 叶兴乾. 果品蔬菜加工工艺学. 第3版. 北京：中国农业出版社，2011.

[42] 曾庆孝. 食品加工与保藏原理. 北京：化学工业出版社，2007.

[43] Raija Ahvenainen. 崔建云，任发政等，译. 现代食品包装技术. 北京：中国农业大学出版社，2006.

[44] 马美湖等. 动物性食品加工学. 北京：中国轻工业出版社，2003.

［45］ 张丽萍，李开雄．畜禽副产品综合利用技术．北京：中国轻工业出版社，2009.

［46］ 何东平，刘良忠．多肽制备技术．北京：中国轻工业出版社，2013.

［47］ 褚庆环．动物性食品副产品加工技术．青岛：青岛出版社，2005.

［48］ RALPH EARLY. 张国农，吕宾等，译．乳制品生产技术．北京：中国轻工业出版社，2002.

［49］ 中文期刊镜像站 http//：www.cnki.com.